CMP BOOKS
机工教育

NEW GENERATION OF ARTIFICIAL INTELLIGENCE
FROM DEEP LEARNING TO FOUNDATION MODELS

新一代人工智能

从深度学习到大模型

张重生　著

机械工业出版社
CHINA MACHINE PRESS

本书注重对新一代人工智能相关理论和技术进行深入的原理讲解，共计19章，囊括了深度学习的基础理论、深度学习的优化问题、各种卷积操作、损失函数、经典的卷积神经网络结构、目标识别和度量学习算法、深度学习目标检测技术、图像分割算法、生成对抗网络、蒸馏学习、长尾学习技术、图像增广技术，以及大模型相关的 Transformer 技术、预训练技术、大语言模型、视觉－语言模型及视觉大模型等技术。

本书既可作为高等学校人工智能、智能科学与技术、计算机科学与技术、数据科学与大数据技术等专业的教材，也可作为人工智能领域的科研人员、业界人士、高校教师和爱好者的参考书，以系统掌握新一代人工智能的相关理论和技术。

图书在版编目（CIP）数据

新一代人工智能：从深度学习到大模型／张重生著.
北京：机械工业出版社，2025. 1. —— ISBN 978 - 7 - 111
- 77002 - 2

Ⅰ. TP18

中国国家版本馆 CIP 数据核字第 2024KX3002 号

机械工业出版社（北京市百万庄大街22号　邮政编码100037）
策划编辑：李馨馨　　　　　　责任编辑：李馨馨　李　乐
责任校对：肖　琳　李　杉　责任印制：李　昂
北京捷迅佳彩印刷有限公司印刷
2025 年 2 月第 1 版第 1 次印刷
184mm×240mm · 18.25 印张 · 385 千字
标准书号：ISBN 978-7-111-77002-2
定价：89.00 元

电话服务　　　　　　　网络服务
客服电话：010-88361066　机　工　官　网：www.cmpbook.com
　　　　　010-88379833　机　工　官　博：weibo.com/cmp1952
　　　　　010-68326294　金　书　网：www.golden-book.com
封底无防伪标均为盗版　机工教育服务网：www.cmpedu.com

前　言

深度学习及大模型的知识体系非常庞大，系统学习成本非常昂贵。本书致力于成为系统讲解深度学习和大模型的相关理论和各分支方向代表性算法和技术的"一本通"，读者只需阅读本书，便能系统掌握相关技术，不再需要翻阅不同书籍和资料的耗时操作，能够大大缓解学习新一代人工智能技术时存在的知识碎片化，搜索成本、时间成本、学习成本、试错成本高的突出问题，切实达到"一书在手、深度学习和大模型无忧"的体验感和满意度。

本书囊括了新一代人工智能的经典算法、前沿方向和最新技术，从深度学习的基础理论、深度学习的优化问题，到各种卷积操作、损失函数、经典的卷积神经网络结构、经典的目标识别和度量学习算法、经典的深度学习目标检测技术、图像分割算法、生成对抗网络 GAN、蒸馏学习、长尾学习技术，都有详尽阐述。此外，针对大模型领域，本书还深入介绍了 Transformer 技术、预训练技术、大语言模型、视觉 – 语言模型及视觉大模型等技术。本书对每个算法都有非常深入的原理讲解，便于读者对每个算法和技术达成从快速入门到真正精通的目标。

本书不只是写出来的，更是讲出来的和做出来的，是在编者实际的科研和授课过程中完成的。编者为此书做了大量的准备工作，付出了三年的艰辛努力，通过上课讲授时的即兴发挥，促进相关章节初稿的形成，又回到课堂中去，通过三年实际的科研和讲授实战，取得了较好的人才培养效果，初步达成了用最简洁、最易懂的文字讲解深度学习和大模型的前沿算法和技术的目标。本书的另一特点是内容的易理解性，通过举例和平实易懂的语言，大大降低了初学者和研究人员的学习难度，使读者以最少的时间和付出，达到对深度学习和大模型的相关算法和技术及其关键和精髓之处深入理解的效果，对广大读者有极高的学习和参考价值。

本书的出版，受到河南省研究生教育改革与质量提升工程河南省研究生精品教材项目（YJS2025JC26）的资助及河南大学研究生院和教务处的资助，得到了机械工业出版社李馨馨编辑的鼎力支持和帮助，也得到了我的学生陈杰、侯亚新、邓斌权、李岐龙、韩诗阳、王斌、陈承功、刘大征、李翱帆、曹爽、王汝涵等同学的支持和帮助，在此致以由衷感谢。

著书不易，本书的编写历时三年（2021—2024 年），经历了新一代人工智能从深度学习到大模型的嬗变，使得本书内容一直在调整和增加，以期全面囊括新一代人工智能中的深度学习和大模型相关的技术，并于 2025 年 1 月形成终稿。尽管编者已倾尽全力，但书中错缪之处在所难免，恳请读者朋友批评指正，邮箱：cszhang@ henu. edu. cn。最后，再次感谢所有为本书提供帮助的师友同学，感谢读者。

张重生

2025 年 1 月

目　录

第 1 章

绪论

本章主要内容
- 人工智能的概念及其发展现状
- 人工智能的主要发展历程
- 深度学习/新一代人工智能的研究与应用领域

1.1　人工智能的概念及其发展现状

1.1.1　人工智能的概念与定义

人工智能对应的英文名称是 Artificial Intelligence, 简称 AI, 其中的 Artificial, 中文翻译为人造的、人工的、人为的、非自然的；Intelligence, 中文翻译为智能。因此 Artificial Intelligence 可译为人造智能、类人智能、机器智能, 如此翻译没有歧义。但由于多年形成的传统, 我国已习惯使用"人工智能"指代 Artificial Intelligence, 尽管很多业内人士认为该术语可能会被大众误解为"人工完成的智能", 不如"机器智能""类人智能"更为贴切和准确, 但为了与已经形成的传统保持一致, 本书仍沿用"人工智能"。

人工智能是用于模拟、延伸和扩展人类智能的理论、方法和技术[1-3]。具体而言, 结合人类认知能力涉及的主要方面, 人工智能具体涉及五方面的能力：①能看, 通过机器视觉技术（基于摄像头等设备）, 识别图像、视频, 如人脸识别、文字识别、动作识别；②能听, 语音识别技术；③能说, 语音合成技术；④能想, 含自然语言理解能力, 归纳、推理、联想能力, 涉及文本分析、机器翻译、问答系统（如 2022—2023 年的热门技术 ChatGPT）；⑤能动, 智能设备和机器人技术。高级的人工智能往往需要综合运用上述能力, 如智能问答系统需要具备能看、能想、能听、能说的综合能力。

人工智能是一门交叉学科, 涵盖了很多学科, 首先是计算机学科, 从事计算机视觉研究和模式识别的科研和工程技术人员现在都可以说从事人工智能研究。第二个相关的学科是机器人学科, 人工智能需要机器人或智能设备作为载体（如无人驾驶汽车便是人工智能的载体）。人工智能与机器人的关系是：人工智能是机器人的大脑，而机器人是人工智能的载体。第三个学科是集成电路设计（芯片）。国内很多学校都朝着计算机软件的方向开设人工智能课程，但很少有学校在人工智能芯片方向专攻，这更是我国的刚需和目前面临的卡脖子技术领域。当然还有其他更多的相关学科，如脑科学、认知神经科学等。

1.1.2　新一代人工智能

新一代人工智能，是为了与过去的人工智能在定义上进行区分。国内也称新一代人工智能是人工智能 2.0 时代。新一代人工智能在技术上依赖的三大要素是数据、算法和算力。其中，数据主要是指大数据，新一代人工智能需要大规模的数据才能训练出来好的模型；算法主要是指以深度学习和大模型为代表的技术；算力，即计算能力，指新一代人工智能需要使用高性能计算设备（尤其是 GPU 设备）进行高效的模型训练。简言之，新一代人工智能的三大要素是数据、算法和算力，有时亦称为算资、算法、算力。

人类社会自 2012 年进入新一代人工智能时代以来，一系列人工智能技术在性能上不断得到突破，相关应用如雨后春笋般应运而生，或基于深度学习和大模型技术对相关应用和系统进行技术重塑（如车牌识别行业）。新一代人工智能的典型应用包括：旷世科技公司研发的 Face＋＋人脸识别系统，百度团队研发的阿波罗无人驾驶汽车，以及在武汉落地应用的"萝卜快跑"自动驾驶出行服务平台，科大讯飞公司开发的语音识别系统，阿里巴巴推出的拍立淘图像识别系统等。还有 2022—2023 年兴起的 ChatGPT，是自然语言理解领域和通用人工智能的重大突破，必将重塑自然语言理解领域的研究范式，很多该领域的技术问题需要按照 ChatGPT 和大模型范式重新研究，以便产生更佳的性能效果。

需要说明的是，新一代人工智能所依赖的深度学习技术，往往需要使用大规模的数据才能训练出较好的模型，而真正的人工智能应该是使用少量数据便能学习到好的模型，因此现在的基于深度学习的人工智能技术（简称数据智能、数智）还不是终极的人工智能。

1.1.3　人工智能、深度学习与机器学习的关系辨析

除了人工智能外，人们还经常提到机器学习和深度学习等术语，因此需要厘清它们之间的关系。如图 1-1 所示，人工智能是一个更大的概念，人工智能的一个分支方向是机器学习，而深度学习又是机器学习的一个细分方向。因此，三者的关系是：人工智能包含机器学习和深度学习，机器学习包含深度学习。而深度学习是一种基于深度神经网络的机器学习技术。

图 1-1　人工智能、机器学习、深度学习三个概念之间的关系

1.1.4　人工智能产业发展现状

下面简单介绍人工智能产业的发展现状，据李国杰院士 2017 年的数据统计："目前 90% 以上的人工智能企业处于亏损状态"。根据李院士的介绍，某语音识别巨头虽是盈利状态，但是市盈率不高。现在的人工智能仍处于前期积累阶段，后续 20 年还会进一步发展。

据李院士介绍：人工智能的研发有基础层、技术层和应用层三个层面，其中基础层只有 3.3% 的从业人员，而 34.9% 的人才属于技术层，还有 61.8% 的人才属于应用层，可见基础层人才极为匮乏。李院士还举了一个比较有意思的比喻：蜜蜂在农业里面非常重要，因为大家都知道蜜蜂传粉，如果没有蜜蜂的话，很多农作物和果树如玉米、梨树等都不会结果实，所以蜜蜂的主要贡献在于传粉，而蜜蜂自身的市场（蜂蜜）可能并不是特别大。李院士认为，人工智能的作用就像蜜蜂一样，也许人工智能本身没有非常盈利，但是人工智能却像蜜蜂传粉一样促进或者带动其他行业的发展，这就是人工智能的作用，不能简单地用经济效益来衡量。

1.1.5　深度学习研究的代表性学者

深度学习领域的代表性学者是 Geoffery Hinton（杰弗里·辛顿）、Yann Lecun（杨立昆）和 Yoshua Bengio（约书亚·本吉奥）。他们在 2018 年获得了计算机界的最高奖——图灵奖。其中，Hinton 是多伦多大学教授、谷歌副总裁（2023 年 5 月已离职），Lecun 是纽约大学教授、Meta（Facebook）首席人工智能科学家，Bengio 是加拿大麦吉尔大学教授。他们一直在从事神经网络的研究，即便在低谷期，也从未放弃。

Lecun 于 1960 年在巴黎出生，在巴黎第六大学获得博士学位；Bengio 于 1964 年在巴黎出生，后移居加拿大蒙特利尔，获得加拿大麦吉尔大学学士、硕士、博士学位；Hinton 于

1947 年出生于英国，获得英国爱丁堡大学人工智能博士学位。Lecun 曾是 Hinton 的博士后，而 Lecun 和 Bengio 都曾在美国 AT&T 贝尔实验室工作，前者是后者的组长。

Hinton 于 1986 年发明了反向传播算法（Back Propagation，BP）。Lecun 基于反向传播算法，在 1989 年设计了最早的卷积神经网络 LeNet，并付诸实践（邮政信封中的手写数字识别）。2012 年，Hinton 和他的学生 Alex Krizhevsky 又在 LeNet 的基础上，设计了 AlexNet 卷积神经网络，并在当年的 ImageNet 竞赛中获得了冠军且远超第二名，使得深度学习威名远扬，人类自此进入了新一代人工智能时代。Bengio 的主要贡献是高维词嵌入（Word Embedding），首次提出利用神经网络进行自然语言处理（语言模型）；他还与 Ian Goodfellow 等研究者一起提出了生成对抗网络（GAN），产生了重要影响。另外，Hinton 和 Hopfield 共获 2024 年度诺贝尔物理学奖，其中，Hopfield 的最著名贡献是 Hopfield 循环神经网络。

1.2　人工智能的主要发展历程

若以时间为轴，20 世纪 50 年代，出现了人工智能的概念；20 世纪 80 年代，进入专家系统和机器学习时代；2012 年左右，进入深度学习时代（新一代人工智能时代）。

文献［1］介绍了人工智能发展的历史脉络。总的来说，人工智能的发展整体上经历了三起两落：

1）人工智能发展的第一阶段在 1956 年到 1974 年期间，典型代表是启发式搜索。该时期又称推理期。1956 年，美国达特茅斯学院的一次暑期专题研讨会上第一次提出了人工智能的概念。1957 年，Frank Rosenblatt（理查德·罗森布拉特）提出了感知机模型（perceptron model），是人工神经网络中的一种典型结构；但 Minsky（明斯基）等在 1969 年出版的《感知机》一书指出了人工神经网络的局限，使得神经网络研究陷入低谷。由于人们期望过高、而当时的科研人员低估了人工智能的难度，使得人们对人工智能的前景期望蒙上一层阴影，在 1974 年到 1980 年之间，人工智能进入了第一个低谷。

2）人工智能发展的第二阶段在 1980 年到 1987 年期间，出现了专家系统，将专家的经验、知识通过计算机程序实现出来，辅助专家决策。该时期又称为知识期。这一时期，Hinton 等人在 1986 年提出了反向传播算法，降低了神经网络在模型更新方面的运算量，使其更加成熟实用。但随着商业机构在硬件市场的失败和人工智能理论研究的迷茫，人工智能第二次跌入低谷：从 1987 到 2012 年，将近 30 年几乎没有人提及自己在从事人工智能研究。但在此期间，机器学习技术得到了长足发展，涌现出了 C4.5、SVM、Random Forests、Gradient Boosting Decision Trees 等一批性能优异的机器学习算法（尤其适用于结构化/关系型数据）。只是该时期学者们在介绍自己的研究方向时习惯用机器学习，而非人工智能。

3）直到 2012 年，在 ImageNet 竞赛中，基于深度神经网络的 AlexNet 算法以绝对优势超越排名第二的算法，使得科学界再次认识到神经网络的强大能力。2013 年，深度学习被《麻省理工学院评述》评价为十大最有前途的技术之一。2016 年，DeepMind 研发的技术在围棋比赛中以 4∶1 战胜了世界冠军李世石，使得人工智能得到了全世界的广泛关注。人们将深度学习用到人工智能的各种细分方向和应用中，使得基于深度学习的人工智能研究百花齐放，也使人类进入新一代人工智能时代。该时期又称爆发期，从 2012 年一直持续至今。

4）2022—2023 年兴起的 ChatGPT 是自然语言理解领域的重大突破，很多自然语言理解/自动问答领域的问题和人工智能技术将基于大模型的范式进行重新研究和设计。

1.3　深度学习/新一代人工智能的研究与应用领域

深度学习的最常见应用是人脸识别、语音识别和无人驾驶。除此之外，人工智能在快递行业，智慧教育、智慧养老、智慧城市、智慧警务、智慧法院等行业和领域中均有应用。下面介绍深度学习的细分研究领域。

1.3.1　物体分类/图像分类

物体分类，又称目标分类或图像分类，是指预测图像中物体的类别。目标分类是深度学习最为常见的应用。图 1-2 介绍了物体分类模型的发展历程，除了基于深度学习的方法，还包含之前的传统方法，如 SIFT、HOG、SURF、LBP 算子。深度学习流行之后，陆续出现了 AlexNet、VGGNet、ResNet、DenseNet 等代表性的神经网络模型，尤其是 ResNet，直到今天仍被普遍采用。最近几年，随着深度学习技术的不断演进，基于注意力机制的 Transformer 模型逐步用于图像分类/计算机视觉任务中，展现出更好的分类性能。

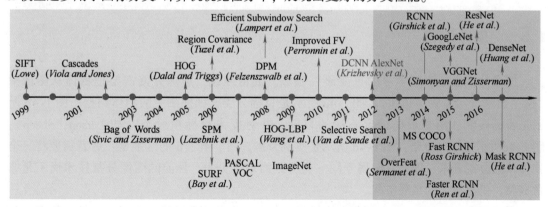

图 1-2　物体分类模型的发展历程

1.3.2 目标检测

　　深度学习的另一个常见应用是目标检测，又称目标定位，是指在图像中锁定/框定目标对象。尤其是当一幅图像中有多个或多种物体时，目标检测需要把每一个物体框定。框定目标后，有时还需要粗分框内目标所属的类别（大类，如人、汽车、建筑等）。

　　图 1-3 展示了基于深度学习的目标检测技术的发展历程。2013 年至今，涌现出以 R-CNN、Faster R-CNN、YOLO、SSD、Mask R-CNN 为代表的数百种目标检测神经网络。其中，Faster R-CNN 系列（含 Mask R-CNN）和 YOLO 系列的目标检测算法，已成为经典的目标检测神经网络，至今仍被广泛采用，Transformer 和大模型技术产生后，代表性的目标检测技术是 DETR 系列技术。

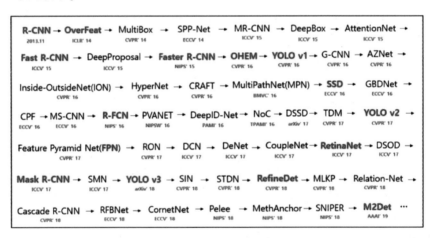

图 1-3　基于深度学习的目标检测网络发展历程

1.3.3 图像分割

　　图像分割也是深度学习的重要研究领域。通俗地说，图像分割需要把物体从图像中"抠"出来（沿着物体边缘）。图 1-4a 所示是目标分类，识别图中的物体类型；图 1-4b 所示是目标检测，用矩形框锁定不同的目标，并对框内目标粗分类（如 Person，Sheep）；图 1-4c 所示是语义分割；图 1-4d 所示是实例分割。图 1-4c、d 的区别是：后者需要将每个物体单独分割开来，即便它们属于同一类，因而难度更大。目前的图像分割技术尚不是非常成熟，仍有很大的发展空间。

　　图 1-5 来自 CityScapes 数据集，用于自动驾驶所需的街景图像分割任务。第一幅图像是

原始的自然场景图像，第二幅图像是期望分割算法得到的效果图，第二幅图像和第三幅图像都是标注的图像分割效果。用于图像分割的代表性深度神经网络有 FCN、U-Net、U-Net＋＋、DeepLabs、Mask R-CNN 等，Transformer 和大模型技术产生后，代表性的图像分割模型是 SAM2，另外 DINOv2 也可以用于图像分割任务。

a）目标分类

b）目标检测

c）语义分割

d）实例分割

图 1-4　图像分割示例

图 1-5　街景图像分割示例

1.3.4　自然语言理解

近年来，深度学习在自然语言处理方面取得了重要突破，基于深度学习的语言模型预训练技术已成为主流的自然语言处理范式，代表性工作有 BERT、GPT-3 等。BERT 是在 33 亿文本上进行训练的，最终的模型有约 3 亿个参数，是一个非常庞大的基于神经网络的语言模型。GPT-3 是在 45TB 上的数据进行训练，最终的模型含 1750 亿个参数，规模更加惊人。国内相关高校和团队推出了"悟道 2.0"，构建以中文为核心的超大规模预训练语言模型，参数量达 1.75 万亿。很多机构还研制了多模态预训练大模型（含文本、图像等），如 CLIP、ViLBERT、SimVLM 和 BEiT-3，引导文本和图像的预训练迈向大一统。

2022—2023 年兴起的 ChatGPT 是自然语言理解领域和通用人工智能的重大突破，能够像人一样自然交流（问答系统），并具备文案/作文、程序设计、翻译、创作等功能，将对人工智能领域的相关行业、研究人员、开发者产生重要影响。

1.3.5　人脸识别

在人脸识别之前需要先进行人脸检测，框定人脸区域。除了人脸检测外，还有人脸特征点定位，如图 1-6 所示。人都有五官特征，都有眼睛、眉毛、鼻子、嘴巴等关键特征点（关键点），而这些人脸关键点相连后的线段的距离的比值是固定的，一般不随着年龄和身高（脸部）的增加而改变。比如说小时候的自己和现在的自己，算法验证两幅图像中的人脸是否为同一个人时，可根据这些关键点之间相连的线段的长度比例是否相同进行确认。

图 1-6　人脸检测、人脸关键点定位、人脸识别、人脸验证及人脸搜索示例

在生活中，常见的人脸识别应用多为人脸验证，而非人脸识别。如刷脸登录、金融交易前的人脸验证场景，算法将登记的人员对应的身份证图像与摄像头实时捕捉的人脸图像进行比对，验证是否属于同一个人，这是 1∶1 人脸验证，本质上是一对图像之间的比对，

属于人脸验证（Face Verification）问题。在人脸验证的过程中，往往需要人主动配合摄像头，才能保证算法的准确度。若没有主动配合摄像头，而出现侧脸等情况，则人脸验证的准确度将达不到商用要求。据了解，自然场景（无约束场景）下的人脸识别正确率只有50%左右。

而真正意义上的人脸识别，是 $1:N$ 的问题，将摄像头实时捕捉的一幅人脸图像，与基准的人脸数据库比对，例如我国约有 14 亿人口的人脸数据库，属于人脸识别（Face Identi-fication）问题，此种情况下的人脸识别仍充满挑战。还有一种介于两者之间的应用场景，即较小范围内的人脸识别，如大学门禁系统的刷脸识别，将实时捕捉的图像，与数据库中的 5 万幅左右的师生的脸部图像集进行比对，尽管仍是 $1:N$ 的问题，但识别或比对的范围限定在仅有 5 万幅图像的数据库中，识别正确率能够得到较高保证。5 万的基数相较于 14 亿的基数，完全不在一个数量级上，难度降低了很多。上述小范围内的人脸识别，主要有两种实现方式：第一种是依次进行 $1:1$ 人脸验证，进行 5 万次；第二种是直接进行多分类预测，输入一幅图像，模型直接预测该输入图像对应的人物身份，返回前 K 个最相似的结果。

还有一个相关应用是人脸搜索。人脸搜索与人脸识别有一定关联，但又不完全相同。人脸搜索时，不一定需要准确识别图像中的人物身份，且往往没有基准参照库（不同于人脸验证和小规模人脸识别的场景），而需要在海量的视频或图像中寻找与输入图像相似的图像，如寻找目标人物的行动轨迹。人脸搜索往往需要在海量的视频或图像中进行查找，既要求搜索质量，又强调搜索的时间效率。尤其是输入图像为非正脸图像（如侧脸图像）时，人脸搜索难度较大、准确度不足，在技术上仍需进一步突破。

1.3.6　文字识别

文字识别是指从图像中自动识别出文字内容。图 1-7 左部分是传统的扫描文档，用扫描仪把白纸黑字的文章扫描到计算机中得到扫描图像，进行光学字符识别，这就是传统的文字识别。扫描文档图像中的文字识别，基本上属于已经解决的问题。近 20 年，学界重点关注自然场景文本图像识别，即将相机或手机拍摄的图像中的文字，定位、识别出来。照片中的文字内容，对图像的理解非常有帮助，文字内容对图像理解的作用有时就像是画龙点睛。在进行文字识别前，往往需要先进行文本检测（文字定位）。基于深度学习的场景文本检测算法主要有 EAST 和 CRAFT，基于深度学习的场景文字识别算法主要有 CRNN 和 AS-TER 等，大模型技术产生后，涌现出 Layout LMV3 和 TextMonkey 等文档理解大模型。

目前，英文场景文本检测和识别的研究较多，而中文场景文本识别的研究还不足，其难度更大，现有算法在性能方面尚不能满足精密应用的要求，在复杂版面文档和低质量文档图像上，需要较多的人工干预和参与，有比较大的研究空间。

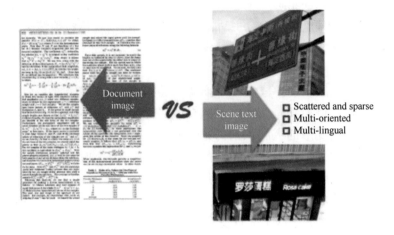

图 1-7 文字识别示例

1.3.7 医学图像分析

深度学习在医学领域中的应用是一个极为重要的研究方向，如利用深度学习技术进行肺部疾病、视网膜疾病、胃肠道疾病及前列腺癌等疾病的诊断[4]。著名的 U-Net 深度分割网络，就是面向医学图像设计的，发表在 MICCAI 2015（国际医学图像计算和计算机辅助干预会议，该会议为医学人工智能领域的顶级国际会议）上，Transformer 和大模型技术出现后，涌现出 TransUnet、SLIViT 和 SAM-Med3D 等新模型。

1.3.8 行人重识别和步态识别

行人重识别或者行人再识别[5]的英文简称是 ReID，如一个人在街道上走，会跨越多个镜头（通常是穿相同的衣服）。如图 1-8 所示，输入一幅图像，返回与之最为相似的前 10 幅图像。此种情况下，人脸信息往往不可用，由于看不清楚脸部或只有侧脸图像，故无法进行人脸识别。行人重识别本质上属于图像检索问题，旨在研究如何从多个镜头的视频中将某个人物的相关图像检索出来。基于深度学习的行人重识别方法主要有表征学习法、度量学习法、排序优化法等方法。整体而言，封闭场景下的行人重识别技术（Closed-world Re-ID）已较为成熟，而开放场景下的行人重识别（Open-World Re-ID）是近年的研究热点。

步态识别（Gait Recognition）[6,7]的输入是动作序列图像，需要通过走路时的步态序列识别行人的身份。步态识别一般基于轮廓特征（见图 1-9）和骨架特征，现有的基于深度学习的步态识别技术主要从时序学习、特征表征和神经网络架构设计等方面进行研究。从姿态角度，这些方法又可以分为姿态相关的技术和姿态无关的技术，相关的框架和模型有 Open-Gait，Gait Base，Big Gait，Multi Gait ++ 等。

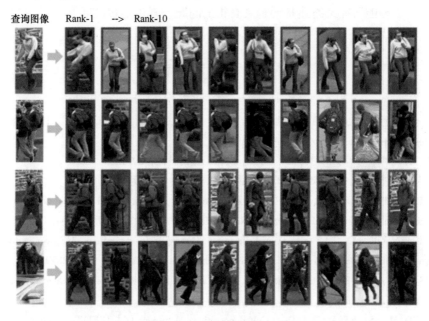

图 1-8　行人重识别示例

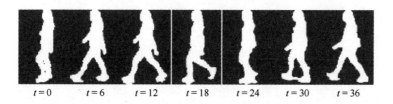

$t=0$　　$t=6$　　$t=12$　　$t=18$　　$t=24$　　$t=30$　　$t=36$

图 1-9　步态识别示例

1.4　结束语

2017 年，李国杰院士在中科曙光智能峰会上发表了演讲《从未知到可能》，主要观点包括：①未来 10 年到 15 年，对经济贡献最大的可能不是大数据和人工智能的新技术，而是这两种技术深入融合到各个产业和各个行业形成的新业态、新模式。②很多重大发明或突破都不是规划出来的，而是自己冒出来的。③不管是计算机、大数据、人工智能、计算机视觉，最终都需要满足社会的需要，不能只停留在概念和口号上，而要真正解决问题。④发展人工智能不要追求"另立山头，分道扬镳"，不能忽略通用的计算机技术的巨大包容力。

总之，人工智能研究最终还是要解决真正的问题，真正地解决问题。

本章参考文献

［1］朱松纯. 正本清源：初探计算机视觉的三个源头、兼谈人工智能［EB/OL］.（2017-11-01）［2023-09-06］. https://www.sohu.com/a/249747043_468689.

［2］邱锡鹏. 神经网络与深度学习［M］. 北京：机械工业出版社，2020.

［3］刘鹏. 人工智能：从小白到大神［M］. 北京：中国水利水电出版社，2021.

［4］KATHER J N, PEARSON A T, HALAMA N, et al. Deep learning can predict microsatellite instability directly from histology in gastrointestinal cancer［J］. Nature Medicine，2019，25（7）：1054-1056.

［5］YE M, SHEN J B, LIN G J, et al. Deep Learning for Person Re-Identification：A Survey and Outlook［J］. IEEE Transactions on Pattern Analysis and Machine Intelligence，2022，44（6）：2872-2893.

［6］SANTOS C F G, OLIVEIRA D S, PASSOS L A, et al. Gait Recognition Based on Deep Learning：A Survey［J］. ACM Computing Surveys，2023，55（2）：1-34.

［7］MOGHADDAM A S, ETEMAD A. Deep Gait Recognition：A Survey［J］. IEEE Transactions on Pattern Analysis and Machine Intelligence，2023，45（1）：264-284.

第 2 章

数据思维

本章主要内容
- 新一代人工智能时代数据的重要性
- 数据思维中的常见错误与陷阱
- 深度学习/新一代人工智能研究的 16 类经典数据集介绍

2.1 新一代人工智能时代数据的重要性

2.1.1 人工智能时代数据的重要性

数据对于新一代人工智能的重要性可以用一句话来概括：AI 未动，数据先行。

（1）大数据与人工智能的关系 数据是人工智能发展的三大推动力之一，即数据、算法、算力。如今，大数据与人工智能已经在发展中融合，在融合中共同发展。当前，大数据通常存储在云计算中心中，云计算是大数据的主要载体，如中国移动云、阿里云、腾讯云等。

深度学习/新一代人工智能技术是数据驱动的，主要体现在两个方面：①人工智能技术的进步相当程度上依赖于各种有挑战性数据集的提出，以及实际落地问题和场景来促进其发展；②人工智能模型的训练，本身就需要大量的数据。可以说，没有大数据，就没有新一代人工智能的蓬勃发展；没有数据，一切也都是空谈。总之，新一代人工智能是数据驱动的，在解决 AI 问题之前，一定要先看清数据、摸清数据，深入了解具体应用场景和需求。

（2）数据驱动与模型驱动的对比 模型驱动的算法和模型不太依赖于数据，期望同一个模型能够适配于不同样本，在全部或多数数据集上都能达到较好的运行效果，但这只是一种理想状态。模型驱动设计出来的算法是优美的，且可解释性很强。但设计一个模型驱动的算法，可能需要大量的推演、试错和优化，设计成本较高、难度较大。

深度学习时代，数据驱动是指利用深度神经网络，在大量的数据中不断迭代训练，自动地从图像、视频中提取关键特征。换言之，在深度学习时代，特征提取是全自动的；不像在传统方法时代，特征提取依靠手工设计的特征（如 Gabor、SIFT、HoC 特征等）。当然，深度学习时代，数据驱动的方法仍存在一些问题，如很多深度学习模型的调参问题，需要进行"炼丹"，通过反复调参，寻找性能最优的模型。因此，大量的调参优化问题是新一代人工智能广为诟病的缺点之一。另一方面，数据驱动的方法通常泛化能力弱，在一个数据集上训练得到的模型，通常会在另外一个数据集上表现欠佳。例如，在猫狗数据集训练出来的模型，用于识别其他数据集中的动物时（尤其是未曾见过的动物），效果往往不佳。

（3）数据中台和数据即服务思维　数据中台的概念最早由阿里巴巴提出（2015 年），是为了应对企业内部的众多业务部门千变万化的数据需求和时效性要求而产生的。其目标是将企业的数据抽象封装为数据 API 服务，使得业务部门所需的数据和服务的开发速度不受后台技术团队系统开发速度（含复杂算法设计和调优）的影响。

数据中台建设过程中涉及数据治理、大数据平台建设、数据仓库建设、模型算法、数据服务等一系列工程，需要对海量数据进行采集、存储、加工、计算，并形成统一标准和口径，提供数据 API 服务。宏观上说，数据中台是加速企业从数据到业务价值过程的中间层，旨在将企业的数据利用起来，实现数据智能，更好地服务于业务部门。

数据中台提供服务的方式是数据 API。通过数据中台，业务部门的工作人员，可以自行标注数据（打标签）、准备数据，并通过拖拽等简单操作，便可运用数据中台提供的接口、算法、模型，建立多种不同的业务模型（如数百个模型）和统计报表（尤其是实时统计），满足不同的业务需要。这一过程中，业务部门甚至不需要懂技术和开发，只需学会平台的操作技能即可。当然，也可以有一支配合业务部门的技术团队，基于数据中台的 API 服务，进行快速开发和建模。总之，数据中台的核心理念就是数据即服务，利用数据科学与智能技术更好地服务于业务部门，为企业创造更大的价值。

2.1.2　广义的数据思维概述

广义的数据思维是指高度重视数据的价值，注重搜集数据、治理数据，利用数据提供服务、支持决策、创造价值。

数据被称为 21 世纪最有价值的资源之一，因此要注重收集数据、提炼好的数据，学会使用数据、分析数据、解读数据，挖掘数据中的规律及其价值，形成数据价值观。除此之外，还要具备数据思维的能力，能够了解数据背后的场景、业务和应用，形成能够落地的、创造商业价值或实用价值的模型。

为了更好地利用数据，数据科学从业人员至少需要具备三方面的数据思维能力：

（1）采集数据　互联网上的行为数据较易采集；而对银行等传统行业而言，数据本身已经汇聚其数据库中。但社会、经济、心理数据却较难采集，如获得感和满意度数据，这些数据很难量化，需要通过调查问卷等方式获得。而调查问卷设计，本身就具有一定的主观性和诱导性，问卷的投放对象和覆盖范围也需要通盘考虑，才能保证数据的代表性和统计意义。

（2）洞察数据 对已经获取的数据需要进行全面分析，查看数据是否具有代表性，是否具有统计意义，因为数据可能存在不全面、不准确、有噪声、数据维度不够等问题。如果数据是片面的，那么通过数据获得的结论是不可靠的。所以，在获取到数据之后一定要带着批判的态度去审查数据。

（3）分析数据 分析数据更多的是运用一些技术手段来完成，例如：数据可视化、机器学习、深度学习、推荐算法与系统、实时分析技术等。

如今，数据思维在很多知名公司的市场推广策略中已经变得较为常见。例如：亚马逊电子商城中通过推荐达成的销售占到其销售总额的 30% 以上（或更多）；在线电影平台的电影推荐等。另外，广告投放、客户流失预测及潜在客户的挖掘、产品与服务的爱好及流行度预测都是基于数据思维制定的决策和手段。

2.2 数据思维中的常见错误与陷阱

2.2.1 过分相信数据

不要过分相信数据，因为数据本身可能存在缺陷，具体的缺陷有以下几种可能：

1）数据可能缺乏统计意义和代表性。数据可能是专家主观地，或按照某种逻辑收集整理的，因此，主观意识可能会对数据的客观性造成影响。其次，数据在规模上和代表性上也可能存在先天不足。例如：在夏天收集的数据不一定在冬天或者其他季节适用，如果用夏天收集来的数据建立起来的模型（如销售量预测）用在冬天的场景上，那么该模型也许不能很好地工作。总之，数据采集可能在源头上就存在缺陷，导致数据科学从业人士使用一些片面的、不完整的数据去推导模型和结论。心理学中的启发性偏见在数据科学中也广泛存在：如典型性偏好（有意识或无意识地挑选自己偏好的样本数据）、小数定律（试图用小规模数据上得到的结论概括整体）、锚定效应（采集和分析数据时，心理上带有倾向性）。

2）数据的特征设计可能不合适或维度不够。例如，机器学习领域的经典数据集 Abalone 上的分类预测正确率始终很难提高，时至今日，其分类正确率大概只有 30% 左右甚至更低。这可能与 Abalone 数据集的规模、特征不足或表征能力不佳有一定关系。除此之外，模型本身也会存在一些问题，比如股票价格预测模型，股票价格在短时间内，除了可以量化的客观指标和因素外，还受到人为干预因素及国家新政策的影响，这些因素很难量化、很难实时体现在模型中。例如，某公司董事长的不当言行可能在短期内使公司股票急剧下跌；又如，国家对校外培训机构出台的新政策，可能会在短期内对少数企业及其股票价格产生一定的影响。

3）数据可能存在噪声和瑕疵。有些数据标注不准确或者不完整，存在漏标、误标。比如，ImageNet 的验证集中有 6% 的图像标签是有误的。因此，在使用数据时一定要保证数据的质量。

4）数据缺乏通用性和泛化性。比如，基于深度学习技术在中文文本训练出来的模型是不能用在拉丁文或者其他语言上的，因为这种模型的泛化能力较弱。因此，在构建可靠的、有代表性的数据集的过程中，仍然需要人类智慧理解业务、理解场景，方能构造好的数据和好的特征（维度）。

2.2.2 过分相信模型和算法

不要过分相信模型和算法，因为它们可能存在缺陷，或者已经被利用/攻击。

1）在训练过程中误用测试集。科学研究中，数据通常划分为训练集、验证集和测试集。有些初学者，经常在训练模型的过程中，在测试集上进行调参。这相当于提前看到了标准答案，不断对模型参数进行调整，使其靠近标准答案。事实上，据笔者了解，很多研究生就曾经在测试集上直接进行调参，却浑然不知这样做是不客观的。这些常识性的错误，需要避免。总之，在模型训练过程中不应触碰测试集，只有模型彻底训练结束了，才可以利用测试集检验。

2）对算法的使用不求甚解、生搬硬套。很多机器学习算法是包含超参数的，如 SVM、GBDT 和 Random Forests，以及其他一些聚类算法，也包括很多深度学习算法（如 CosFace 人脸识别算法）。如果不了解算法的原理和真谛，只是工程性地简单调用，会导致关键细节把握不准，最终得到的模型的准确率可能提升不上去。准确率不够也会导致使用者误认为该算法或模型不行，而最终错失得到最佳模型的机会。

3）评估指标本身可能存在问题。在不同应用中，设计合理的评估指标非常关键。$IoU = 0.5$ 或 0.7 的指标用于人脸检测和物体检测尚可，但若用于文本检测，则很多检测到的候选文本框恐怕不能满足后续的文本识别任务要求。又如，长尾（不均衡）学习中，如果只关注整体正确率，那么算法在关键少数类上的性能可能无法体现，如疾病诊断等。

4）模型即便成功，仍可能存在巧合性和被攻击或人为利用。模型达到了规定要求，并不是就可以万事大吉了，可能测试数据划分恰巧与该模型比较吻合，所以一定要在多种不同的数据集划分上进行验证；要尝试使用不同种类的数据集进一步验证。除了巧合之外，还有可能出现算法规律被人为利用的情况，如基于大学餐厅消费数据识别家庭困难的学生，但若提前了解并掌握了算法的判断规律后（如每日餐卡消费的额度低于一定数值），可能会出现算法规律被极少数人员利用以致模型失效的问题。

2.3 深度学习/新一代人工智能研究的 16 个经典数据集介绍

2.3.1 ImageNet 数据集

ImageNet 数据集是华人教授李飞飞的杰作，该数据集是一个十分庞大的数据集。据说，在该数据集的构建中，除了投入金钱外，她和她的团队（Jia Deng 等人）更是耗费了数年的时间进行研究。著者认为，这些无形的人员、时间、精力和智力的持续投入，其代价远超过金钱方面的投入。总之，ImageNet 数据集是一个非常伟大的数据集，在新一代人工智能时代中具有划时代的影响和里程碑式的意义。构建该数据集是一个巨大的工程，即便后来使用了众包平台 Amazon Mechanical Turk 对图像进行标注，但 ImageNet 的第一个版本历时两年多才完成（2007 年启动，2009 年发布）。后面又对该数据集进行了不断完善，直到今天，该数据集形成了 1400 万幅标注图像的规模。图 2-1 所示是 ImageNet 数据集的经典 Logo。另外，该数据集的构建是有章可依的，并不是随机的，因为该数据集依据普林斯顿大学著名语言学教授构建的 WordNet 词典词网进行图像采集。基于 WordNet 词典，ImageNet 数据集中的不同类别的图像之间不再是割裂地存在，而是产生了语义关联（如哺乳动物和犬科动物，犬科动物与牧羊犬之间的层次/包含与被包含关系）。图 2-2 展示了哺乳动物和犬科动物图像之间的语义关系及交通工具相关概念之间的层次包含关系。李飞飞教授团队及第三方标注人员基于 WordNet 词典，逐个搜集每个单词对应的相关图像并分别进行标注，最终得到的 1400 万幅图像便自然而然地分布在 WordNet 网络中的每个单词上。最终，这 1400 万幅图像之间的语义关系就能通过 WordNet 来定义和体现。这是该数据集的重要优点之一。

工业领域对算法的精准度有着极为苛刻的要求，基本上是追求完美的。这跟学术研究不完全相同。在工业领域/实际应用领域，厂商不关心算法是否是最新算法或最前沿的算法，而只关心该技术能否在相关产品的应用中达到完美的效果。下面以自动咖啡机为例，讲述一个真实的故事。在深度学习时代来临之前，美国有一个著名教授，在构建一个完美的、能自动识别不同杯子（如纸质杯子、玻璃杯、瓷器杯、一次性塑料杯等）的自动咖啡机的过程中，为了追求算法的精度达到完美的程度，当算法已经充分优化，他不得不在数据集上下功夫，让学生去购买所有能见到的不同杯子，并进行各种角度的图像拍摄,最终算法才达到了较为理想的实用效果。由此可见,为了追求真正实用的技术,除了在算法上要追求完美之外,在数据集上也要下大功夫,以便让算法/模型更加健壮、更加精准。也许,李飞飞教授在 ImageNet 数据集构建上的初衷,与该教授的深刻认知不谋而合。

图 2-1　ImageNet 数据集示例图

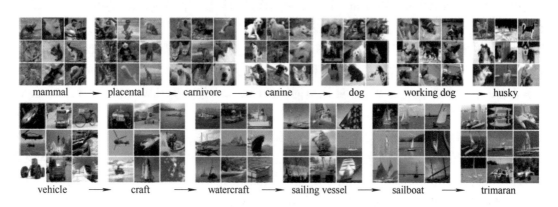

图 2-2　ImageNet 中图像之间的语义关系展示

2.3.2　ILSVRC 数据集——ImageNet 竞赛数据集

ImageNet 数据集 2009 年发布后,一开始并没有引起业界的重视。2010 年开始举办 ImageNet 竞赛,竞赛名字为 ILSVRC(ImageNet Large Scale Visual Recognition Competition),使用的数据集是轻量版的 ImageNet 数据集,即 ImageNet 数据集的一个子集。ILSVRC 2012 数据集又称 ImageNet 1K 数据集,它包含了 1000 个类别,120 万幅训练图像,5 万幅验证集图像，10 万幅测试集图像。竞赛任务主要有分类、检测等。图 2-3 展示了图像识别的训练和测试过程，其中最左侧四列为测试图像及其对应的前五个预测结果，中间一列是测试图像，其后的六列为与测试图像的特征最为相似的前六幅图像。

图 2-3　ILSVRC 数据集的图像示例

2012 年，AlexNet 神经网络在该竞赛中夺得冠军，且以超过第二名 10% 以上的准确率的压倒性胜利宣布了深度学习时代的到来（即新一代人工智能时代的到来）。同时，也证明了 ImageNet 数据集的重要性和意义。若不是因为 ImageNet 数据集（ILSVRC 数据集），Alex-Net 算法也不可能取得如此高的性能。ImageNet 数据集成就了 AlexNet；AlexNet 也凸显了 ImageNet 数据集的重要性。但 ImageNet 数据集的标注也存在错误，据报道，其图像标签的标注错误率在 6% 左右。有时，数据集的标注错误是不可避免的，例如图像上的物体本身较难识别，或物体本身存在歧义性；图像本身质量不高也会对图像标注带来影响；及无意识的标记错误等。

2.3.3　CIFAR-10 与 CIFAR-100 数据集

CIFAR-10 和 CIFAR-100 是容量较小的数据集，也是深度学习小规模实验的常用数据集。CIFAR-10 数据集包含 10 个类别，每个类别包含 6000 幅图像，共计 6 万幅图像。其中，训练集 5 万幅，测试集 1 万幅，图像尺寸为 32×32 像素。由于数据集较小，CIFAR-10 数据集已经基本被"攻破"，通常用来快速验证模型。CIFAR-10 数据集的示例图像如图 2-4 所示，它包含了 10 个类别（airplane，automobile，bird，cat，deer，dog，frog，horse，ship，truck 等）。

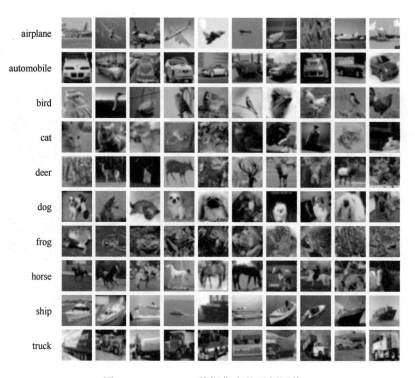

图 2-4　CIFAR-10 数据集中的示例图像

CIFAR-100 数据集与 CIFAR-10 数据集比较类似，但 CIFAR-100 数据集共有 100 个类，每个类包含 600 幅图像，共计 6 万幅图像。图像尺寸亦为 32 × 32 像素。这 100 个类又可以归纳为 20 个超类。因此，每幅图像的标签既有 20 个超类的粗标签，又有 100 个细分的类标签。CIFAR-100 数据集比 CIFAR-10 数据集更有挑战性。总之，在进行深度学习研发时，常使用 CIFAR-10 和 CIFAR-100 作为小规模实验数据集，以快速验证算法的性能和效果。

需要注意的是，CIFAR-10 和 CIFAR-100 都是以物体为中心的图像集，且物体往往位于图像中心。

2.3.4　CUB-200 数据集

CUB-200 数据集是细粒度鸟类图像数据集，由加州理工学院构建，包含 200 种不同类别的鸟，共计 11788 幅图像。CUB-200 数据集是图像细分类（Fine-Grained Visual Classification，FGVC）任务中的经典数据集，其中的部分鸟类图像差别非常细微，区分起来较为困难。该数据集也常被用于小样本学习中，即 Few Shot Learning 中。图 2-5 展示了 CUB-200 的部分数据集。不难发现，该数据集具有相当的挑战性。直到今天，该数据集仍然被人们广泛使用。

图 2-5　CUB-200 数据集示例图像

2.3.5　iNaturalist 数据集

iNaturalist 物种分类和检测数据集是由谷歌公司的研究人员构建的一款由多种类型动植物图像构成的大型数据集。其样例图像如图 2-6 所示。

该数据集包含有 5000 多种不同植物和动物，共计 859000 幅图像。如今，iNaturalist 数据集是进行大规模物种识别和长尾学习时的常用数据集之一。在该数据集发布时，使用经典方法在该数据集上进行识别，最高识别准确性只有 67%，由此可见该数据集极具挑战性。例如，部分昆虫的种类很难区分，如图 2-7 所示。也正是因为该数据集具有挑战性，使得该数据集更有价值，能够推动研究人员设计更好的算法去解决这些挑战。除了上述挑战外，该数据集还有来自长尾分布的挑战。该数据集是长尾分布（不均衡分布）的原因是：

1）某些生物，如青蛙和蚕及梅花鹿，它们数量较多且容易用相机捕捉到；

2）还有些生物，即便数量不是很少，但由于一些客观原因，例如形体极其微小且飞行速度快的飞虫，很难用相机捕捉到，导致图像偏少；

3）还有一些生物，本身数量很少，例如稀有动物和植物。即便能用相机拍摄到，但是图像数量很有限。

最后，1）涉及的生物对应的图像，与 2）和 3）涉及的生物对应的图像，在数量方面呈现长尾分布，亦称不均衡/不平衡分布。

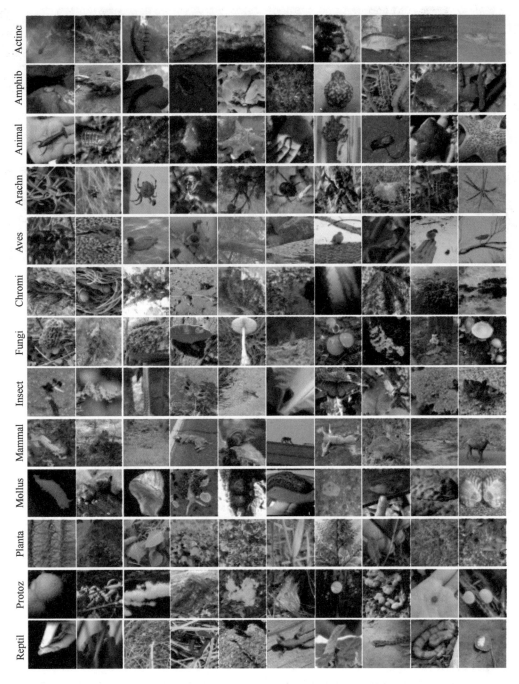

图 2-6 iNaturalist 数据集样例图像

图 2-7　iNaturalist 数据集中部分昆虫图像的放大图

2.3.6　PASCAL VOC 数据集

　　PASCAL VOC 数据集有两个版本，原始的版本是 PASCAL VOC 2007 数据集，该数据集中包含了约 1 万幅图像、2.4 万个物体。另一个版本是 PASCAL VOC 2012 数据集，该数据集囊括了 2.3 万幅图像、5.5 万个物体。因此，从规模上来看，PASCAL VOC 2012 数据集的规模大概是 PASCAL VOC 2007 数据集的两倍。在 2012 年及之前，PASCAL VOC 数据集是目标检测领域最为经典的数据集之一，且直到今天仍被使用。如图 2-8 所示，图像中都用一个框将目标物体框了起来，其中框的形状可以是矩形，也可以是四边形。把物体用框标出来的过程，就相当于是目标检测（物体定位）的过程。

　　PASCAL VOC 数据集的数据可以分为 20 个粗分类，这 20 个类又可以归纳为四个大类（人、车、动物、家具电器等）。PASCAL VOC 数据集曾是世界级的计算机视觉挑战赛使用的基准数据集，包括目标检测与识别、图像分割等任务，从 2005 年举办一直到 2012 年。现在常用的 YOLO、SSD 等经典的基于深度学习的目标检测算法都是基于该数据集提出的。

　　除了目标检测，图像分割的研究也经常使用 PASCAL VOC 数据集。如图 2-9 所示，左边是原始图像，右边是期望的分割效果图。

图 2-8　PASCAL VOC 数据集的目标检测与识别任务（PASCAL VOC 2007）

图像　　　　　　物体分割（实例分割）　　　　　类别分割

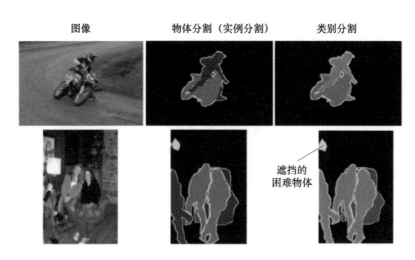

遮挡的
困难物体

图 2-9　PASCAL VOC 数据集的图像分割任务（PASCAL VOC 2007）

2.3.7　MS COCO 数据集

　　MS COCO 数据集是由微软公司开发的一个包含32万幅图像、250万个物体、91个类别的数据集。图 2-10 所示为该数据集的样例图像，其中，用彩色标出来的都是对图像进行像素级标注的可视化呈现，是图像分割研究的常用数据集。该数据集挑战性非常大，目前，基于该数据集的目标检测最高准确率只有 60% 左右，而基于该数据集的图像实例分割最高准确率也只有 52% 左右。实例级图像分割如图 2-11 所示。由于该数据集上的算法性能提升空间巨大，如今，仍然有许多研究者使用 MS COCO 数据集来验证算法的性能。

图 2-10　MS COCO 数据集示例图像

　　MS COCO 数据集除可用于图像分割之外，还通常用于全景分割和人体姿态估计的研究中。所谓全景分割，就是要对图像中的每一个地方都进行分割，如包括天空、树木、河流等。图 2-12 所示为全景分割的样例图像。

图 2-11　实例级图像分割

图 2-12　全景分割的样例图像

　　如图 2-13 所示，由于该数据集中也对人体关键点进行了标注，因此，人体姿态估计方面的研究也可以利用该数据集。

2.3.8　CityScapes 数据集

　　CityScapes 数据集是由奔驰公司构建、面向自动驾驶研究的数据集。与 MS COCO 数据集相似，它也用于图像分割；不同的是，MS COCO 数据集中的图像分割不局限于某些特定的场景，而 CityScapes 数据集聚焦于城市街道图像的分割，其示例图像如图 2-14 所示，从图中可以清晰地看出，不同类型的物体用不同颜色标注/呈现。

图 2-13　人体姿态估计示例图像

图 2-14　城市街道图像的语义分割示例图像

　　CityScapes 数据集的提出，是为了辅助无人驾驶的研究：当汽车在城市内部行驶时，自动检测和识别目标。该数据集包含了 30 个大类，含道路、辅道、栅栏、天空、植物、行人、标注、建筑等。该数据集中的图像是在 50 多个城市的街道场景采集的，共计 25000 幅图像，含 5000 幅精细标注的图像及 2 万幅粗标注的图像。总之，该数据集对城市街景图像的分割和语义理解，对自动驾驶的研究具有积极的促进作用。图 2-15 所示是该数据集对于不同的城市街景图像的分割效果。直到今天，CityScapes 数据集仍然是街景图像分割中最常用的数据集之一，极具代表性。

图 2-15　期望的街景图像分割效果

2.3.9　LVIS 数据集

LVIS 数据集是由 Meta（FaceBook）研究院在 2019 年发布的一个大型数据集。该数据集由超过 1200 类、16.4 万幅图像所构成，包含 200 万个实例及像素级标注，如图 2-16 所示。可以看到，LVIS 的每一幅图像都进行了非常精细的像素级标注，即使场景很复杂，图像标注仍非常精细，特别是在重叠图像里，标注质量仍然很高，LVIS 是以场景（scene）为中心的数据集。

LVIS 数据集呈长尾分布。有些物体的样本量（数据量）很大，另外一些物体的数据量不足。例如，人们更乐意拍摄户外轮滑人员的优美动作瞬间，而较少有人拍摄卫生间内部的图像。最终，某些主题/类别的图像数量很多，而另外一些主题/类别的图像数量相对较少，导致不同类别的样本数量呈长尾分布：少部分类别的物体的图像数量众多，而多数物体的数据量不足。

目前，LVIS 数据集是极具挑战的数据集。如今，开展目标检测、实例分割和长尾学习相关的研究，LVIS 数据集是必用的数据集之一。

LVIS 数据集与 PASCAL VOC 数据集和 MS COCO 数据集的用途类似，都可以用于目标检测和语义分割。但相较于上述数据集，LVIS 数据集有其独特优势。PASCAL VOC 数据集

只有 20 个类，MS COCO 数据集也只有 80 个类，在这两个数据集上训练得到的分割模型很
难泛化到新的类别（未见过的类）上和长尾分布的数据集上；而 LVIS 的物体种类高达
1200 种，远远超过了上述两个数据集，且数据集中的不同类别呈长尾分布，种类更加丰富，
更加贴近真实应用场景。

图 2-16　LVIS 数据集部分样例图像

2.3.10　VGG-Face2 数据集

　　VGG-Face 数据集发布于 2015 年，包括 2622 个人、260 万幅图像，是早期基于深度学
习的人脸识别的常用数据集之一。VGG-Face2 数据集是对 VGG-Face 数据集的扩展，主要用
于大规模人脸识别。该数据集包含了 9131 个人、331 万幅图像。这些人员的年龄、种族、
职业、姿态等方面存在很大差异。

　　该数据集捕捉了不同姿态的人脸图像。如图 2-17、图 2-18 所示，每一个人脸都包含了
5 种不同的面部姿态。除了姿态不同，图像的尺寸大小各异[⊖]，该数据集除用于人脸识别之
外，还可用于年龄估计。

⊖　笔者已经对图 2-17、图 2-18 中的人脸图像进行了等比例缩放。

图 2-17   VGG-Face2 数据集示例图像一

图 2-18   VGG-Face2 数据集示例图像二

2.3.11   MS-Celeb-1M（MS1M）数据集

MS1M 数据集是由微软公司于 2016 年发布的包含网红/名人的人脸图像数据集，该数据集原本包含了全世界 100 万个名人，后来根据活跃度，筛选出了 10 万个最为活跃的名人。在筛选出来的 10 万个名人里，再利用搜索引擎为每个人搜集到了约 100 幅图像，共计 1000 万幅图像。MS1M 数据集在推出后，由于隐私方面的考虑，在官方网站上删除了，但是它早已广泛存在全世界的网盘中。如今，研究人员依然利用 MS1M 数据集进行人脸识别相关方面的研究。

MS1M 数据集目前是人脸识别研究的最常用数据集之一，也是目前规模最大的人脸识别数据集。很多人脸识别模型都是在这个数据集上训练出来的。除此之外，还有 IJB、WID-ER FACE、LFW、300-W 等常用的人脸数据集，但这些数据集都不如 MS1M 数据集更有挑战性和代表性。

2.3.12   KoDF（算法生成的人脸视频）数据集

KoDF 数据集，是发表在顶会 ICCV 2021 上的最新数据集。该数据集包含了 62166 段真实的人脸视频和 175776 段 AI 生成的人脸视频，且 AI 生成的人脸视频非常逼真，质量很高。KoDF 数据集对于人脸相关的对抗攻击与防御的研究有积极意义。图 2-19 所示是虚假人脸图像的示例。

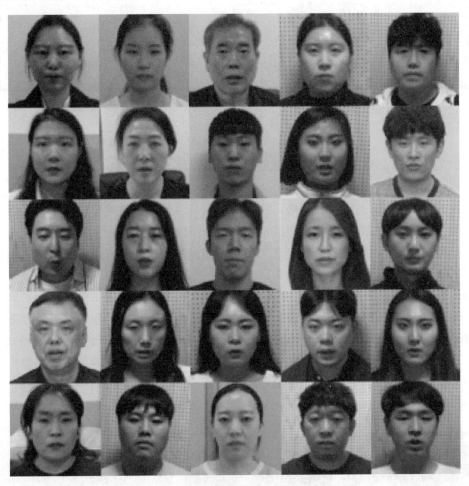

图 2-19　KoDF 数据集虚假人脸图像示例

该数据集的真实数据来源于 403 个不同的韩国志愿者，每个志愿者录制 150 段小视频，在录制时，每个志愿者都需要面对镜头，朗读相关材料，每个小视频不低于 90s。获得了这些真实视频后，利用虚假人脸图像生成技术，如 FaceSwap、DeepFaceLab、FSGAN 等六种技术，生成了与真实视频对应的虚假（fake）视频。生成的这些虚假视频极其逼真，很难分辨。如图 2-20 所示，左边是来自志愿者的真实数据，右边是利用 AI 换脸技术生成的虚假视频。不难发现，已很难对照片/视频的真伪进行辨别。

图 2-20　KoDF 数据集的真实人脸图像（左）和生成的虚假人脸图像（右）

2.3.13　ICDAR 2013、2015 和 2017 数据集

当人们行走在街道上的时候，见到最多的应该是街景和街道两旁的商铺，而每个商铺都有标牌，街景和标牌图像是城市中最常见的景致。在自然场景下（非受限场景下）拍摄的图像称为场景图像。场景图像中包含文字的图像，称为场景文本图像。下面介绍极具代表性的场景文本图像数据集——ICDAR 数据集。

如图 2-21 所示，最左侧的图像是 ICDAR 2013 数据集中的样例图像。可以看到，该数据集中的图片对文字部分进行聚焦，文字部分非常清晰。这是在拍摄时，摄像者故意对文字区域进行聚焦的结果。中间的图像是 ICDAR 2015 数据集中的样例图像，与 ICDAR 2013 相比，该数据集中的图像在拍摄过程中并未对文字区域聚焦，而是随手拍的图像，只不过图像中含有文字内容，所以，对 ICDAR 2015 数据集进行文字识别是有一定困难的。最右侧图像是摘自 ICDAR 2017/2019 MLT 数据集。在之前的数据集中，图像中的文字都是以英文、

图 2-21　ICDAR 系列的三个数据集的样例图像

拉丁文为主，而 ICDAR 2017/2019 MLT 数据集涵盖了 9/10 国语言，包括中文、日语、韩语等。因此，ICDAR 2017/2019 MLT 数据集是一个典型的多国语言场景文本数据集。

在数据集的规模方面，ICDAR 2013 的训练集和测试集总共只有不到 500 幅图像；ICDAR 2015 数据集的训练集为 1000 幅图像，测试集为 500 幅图像。ICDAR 2017/2019 MLT 数据集包含了 9/10 种语言，每种语言包含 2000 幅图像。

2.3.14　RCTW 和 MTWI 中文场景文本数据集

从 2017 年（或 2014 年）开始，我国的研究者开始对中文场景文本识别进行研究，代表性的中文场景文本数据集是 RCTW 数据集和 MTWI 数据集。

RCTW 数据集由华中科技大学白翔老师团队构建，多数图像通过户外拍摄得到，部分图像通过手机和计算机截屏等方式获得。该数据集共有 12000 多幅图像，其中包含 8000 多幅训练图像和 4000 多幅测试图像。如图 2-22 所示，左侧图像为 RCTW 数据集的样例图像。RCTW 数据集既包含中文，又包含英文。

图 2-22　RCTW 和 MTWI 数据集示例图像

MTWI 数据集是华南理工大学金连文教授团队及阿里巴巴公司在 2018 年 ICRP 竞赛中发布的数据集。MTWI 数据集中的图像主要来源于阿里巴巴电商平台（淘宝）。出于商品推销的动机，很多商家为了吸引消费者的眼球，往往会在原有拍摄得到的图像之上添加了一些显著的文字内容。图 2-22 中的右侧图像，就是 MTWI 数据集中的常见图像。可以看出，该图像上文字内容较多，且文字大小不固定，有的字体较大，有的字体较小，这增加了文字识别的难度。总之，MTWI 数据集是比较有挑战性的场景文本图像数据集，常用于中文场景文字检测与识别领域。在多语种方面，该数据集既包含中文，又包含英文。部分图像中的英文字体小且密集，识别难度较大。

2.3.15 ShopSign 数据集

ShopSign 数据集是我国街景商铺标牌图像数据集（中文标牌图像数据集），该数据集包含了 25770 幅图像和约 20 万个文本行。ShopSign 数据集是由河南大学张重生老师团队构建，得到了业界的高度关注，很多大型公司都前来咨询和洽谈合作。该数据集发表于 2019 年，从图像采集到数据集发表共耗时约 2.5 年。该数据集的图像采集过程横跨 20 个城市和地区，包括上海、北京、厦门、开封、郑州、呼和浩特、乌鲁木齐、信阳、葫芦岛、牡丹江及部分县级城市；共有 40 多位同学参与图像采集，使用了 50 种不同的手机或相机。在最初的图像采集阶段，采集了约 30000 多幅图片，但鉴于图像质量、文本质量等原因，最后只选取了 25770 幅图像进行标注，约 10 位同学对图像进行了标注。图 2-23 所示是 ShopSign 数据集的示例图像。

图 2-23　ShopSign 数据集的示例图像

2.3.16　OracleBone-8000 数据集——AI 与古文字研究结合之作

OracleBone-8000 数据集是一个用于甲骨文识别的数据集，是 AI 与古文字结合研究所需的数据集，如图 2-24 所示，该数据集取自《甲骨文合集》，由甲骨拓片图像组成。OBRejoin 是用于人工智能自动缀合甲骨残片的数据集。两个数据集由河南大学张重生老师、门艺老师和首都师范大学莫伯峰老师及各自所在的团队整理和标注的，主要用于人工智能驱动的甲骨文识别和残片缀合。

（1）甲骨残片缀合　由于甲骨埋藏时间长、本身易碎，且实物广泛分布在世界各地，因此，甲骨缀合是甲骨学研究中最具基础性的研究课题。甲骨缀合的问题可以通俗地理解为，想要将残缺的甲骨碎片拼接成原始的模样，其难度无异于将上千版龟壳随机打碎并混合并从中随机去掉一部分，目标是完成剩余碎片的复原。而且，更为困难的是，甲骨残片的边缘大多已经部分残缺或模糊不清，因此，两幅图像之间基本不存在完美的密合。就是在这样的情况下，笔者及团队与莫伯峰老师、门艺老师进行了联合攻关，构建了 OBRejoin 数据集，并经过长时间的钻研和学科交叉融合，研制了缀多多算法。该算法主要用于甲骨残片缀合，在 OBRejoin 实验数据集上的准确率达到了 99% 左右。在真实的应用场景中，其准确率达到了 84.5% 左右，已投入实际使用。相关成果发表在数据科学顶级国际会议 KDD 2022 上。图 2-25 展示的两幅图像，便是利用该算法发现的新缀成果，该成果还得到了国家图书馆甲骨文馆藏部相关研究人员的实物验证。张重生（著者）在 2020 年第二十三届中国古文字年会上进行了主题报告，并得到了新华社、中国青年网、河南卫视、河南日报等媒体的广泛报道。2023 年 11 月，CCTV-10《透视新科技》栏目特邀莫伯峰（首都师范大学）、张重生（本书作者，河南大学教授）参加"智破甲骨之谜"节目的录制，两位嘉宾一起阐述了如何利用人工智能推动甲骨学的研究，含甲骨缀合、甲骨去重、甲骨文识别，以及未释读甲骨文的破译。

（2）甲骨文识别　如图 2-26 所示，甲骨文在龟甲上的文字排列非整齐排布，既不按列，也不按行，再加上文字边缘的残缺、噪声干扰等，使得甲骨文识别有一定难度。笔者及团队构建了 OracleBone-8000 数据集，含 7824 幅甲骨文拓片图像，对其进行了字符级标注，以此数据集为基础，使用 EAST 文字检测算法，训练了甲骨文单字定位模型，然后基于自主设计的神经网络模型进行甲骨文识别。目前，该研究取得了一定进展，但在出现次数较少的甲骨文上的识别率方面仍有一定的提升空间。

人工智能与古文字结合的研究仍有许多问题需要进一步解决，例如，甲骨图像的边缘检测十分有挑战。我们将和学界共同努力，不断推进相关的研究，并吸引、带动更多的研究者投入其中，以利用 AI 解决古文字研究中的真实问题，推动古文字研究的进展，为中华文明的传承弘扬贡献科技力量。

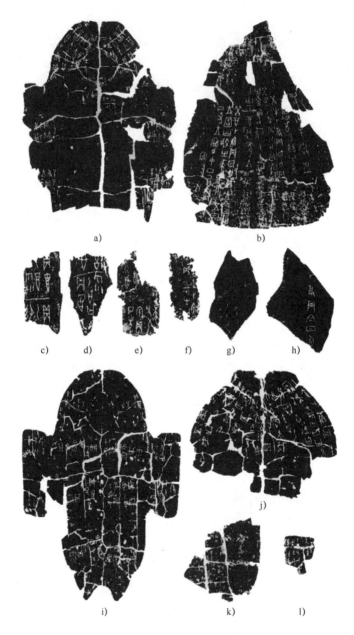

图 2-24　郭沫若先生主编的《甲骨文合集》的原始拓片图像示例图像

　　除了上述数据集之外，还有谷歌的 Open Images 数据集。该数据集包含 900 万幅图像，但其目标检测任务对应的标注是模型自动生成的，而非人工标注。除此之外，每个细分的研究领域，都有针对性的数据集，如步态识别研究的数据集有 USF、Mobo 和 CASIA 等数据集；行人重识别的常用数据集有 DukeMTMC-reID、CUHK03 和 Market1501 等数据集。

Kaggle（https：//www.kaggle.com/）是全球顶级的数据科学和人工智能竞赛平台。各行各业、不同的企业和机构，都能通过该平台发布所需攻关的数据科学或人工智能难题，并提供酬金，驱动全球的开发者参与参赛，激励他们投入时间和精力，促进问题的解决，得到最佳的解决方案。冠军方案的提供者也将获得奖金（每个竞赛酬金数万美元，甚至更多）。Kaggle 平台的存在，充分体现和发挥了数据科学和人工智能的价值，有利于发现、解决不同行业、不同单位的真实问题。对于开发者和爱好者而言，通过 Kaggle 能够寻找到合适的问题和任务，能够发挥自己的聪明才智，并获得不菲的报酬，充分证明自身的能力和价值；对于问题和任务的发布者而言，能够在全世界范围内寻找最佳的解决方案，相较于传统的通过签合同方式委托乙方公司（即便是大公司）完成任务的模式，能够花更少的钱、取得更佳的效果。这也是群体智慧/集体智能（Collective Intelligence），简称群智的独特魅力和优势所在。

总之，AI 未动，数据先行。

图 2-25　利用缀多多算法得到的甲骨缀合成果示例

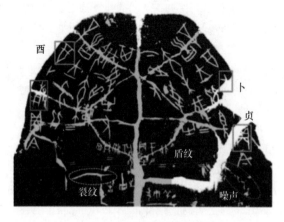

图 2-26　原始甲骨拓片图

2.4 结束语

1）与其说大数据，不如说数据科学；与其说人工智能，不如说机器智能。

2）新一代人工智能的技术范式是数据驱动，通过数据科学揭示数据中蕴藏的规律，尤其是事先未发现的规律。人工智能技术不断向前发展的主要动力是数据集和落地应用场景。

3）物体识别、目标检测、图像分割，每个领域都有对应的专业数据集；人脸识别、文字识别等应用领域亦有专门的数据集。了解一个领域，首先要了解相关的数据集和任务。

4）MS COCO、MS1M、iNaturalist、LVIS 是当今非常主流和专业的数据集。

5）AI 未动，数据先行。学会观察数据、分析数据，形成数据思维的习惯和能力。

6）批判地看待数据和算法模型。学会审视数据、反思数据，审视模型、反思模型。

本章参考文献

[1] DENG J, DONG W, SOCHER R, et al. ImageNet：A large-scale hierarchical image database［C］//IEEE Conference on Computer Vision and Pattern Recognition（CVPR）. Piscataway：IEEE，2009：248-255.

[2] KRIZHEVSKY A, SUTSKEVER I, HINTON G E. ImageNet Classification with Deep Convolutional Neural Networks［C］//Annual Conference on Neural Information Processing Systems（NeurIPS）. Cambridge：MIT Press，2012：1106-1114.

[3] HORN G V, AODHA O M, SONG Y, et al. The INaturalist Species Classification and Detection Dataset［C］//IEEE Conference on Computer Vision and Pattern Recognition（CVPR）. Piscataway：IEEE，2018：8769-8778.

[4] EVERINGHAM M, GOOL L V, WILLIAMS C K I, et al. The Pascal Visual Object Classes（VOC）Challenge［C］//International Journal of Computer Vision（IJCV）. Berlin：Springer，2012：303-338.

[5] LIN T Y, et al. Common Objects in Context［C］//13th European Conference on Computer Vision（ECCV）. Berlin：Springer，2014：740-755.

[6] CORDTS M, et al. The Cityscapes Dataset for Semantic Urban Scene Understanding［C］//IEEE Conference on Computer Vision and Pattern Recognition（CVPR）. Piscataway：IEEE，2016：3213-3223.

[7] GUPTA A, DOLLÁR P, GIRSHICK R B. LVIS：A Dataset for Large Vocabulary Instance Segmentation［C］//IEEE Conference on Computer Vision and Pattern Recognition（CVPR）. Piscataway：IEEE，2019：5356-5364.

[8] CAO Q, SHEN L, XIE W D, et al. VGGFace2：A Dataset for Recognising Faces across Pose and Age［C］//IEEE International Conference on Automatic Face & Gesture Recognition（FG）. Piscataway：IEEE，

2018：67-74.

［9］ GUO Y D, ZHANG L, HU Y X, et al. MS-Celeb-1M：A Dataset and Benchmark for Large-Scale Face Recognition ［C］//14th European Conference on Computer Vision（ECCV）. Berlin：Springer, 2016：87-102.

［10］ KWON P, YOU J, NAM G, et al. KoDF：A Large-scale Korean DeepFake Detection Dataset ［C］//IEEE International Conference on Computer Vision（ICCV）. Piscataway：IEEE, 2021：10724-10733.

［11］ ZHANG C S, DING W P, PENG G W, et al. Street View Text Recognition With Deep Learning for Urban Scene Understanding in Intelligent Transportation Systems ［C］//IEEE Transactions on Intelligent Transportation Systems（IEEE T-ITS）. Piscataway：IEEE, 2021：4727-4743.

［12］ ZHANG C S, ZONG R X, CAO S, et al. AI-Powered Oracle Bone Inscriptions Recognition and Fragments Rejoining ［C］//Proceedings of the Twenty-Eighth International Joint Conference on Artificial Intelligence（IJCAI）. San Francisco：Morgan Kaufmann, 2020：5309-5311.

［13］ 张重生. AI 驱动的甲骨缀合——附新缀十则 ［N］. 中国社科院先秦史研究网, 2020-09-20（1）.

［14］ 莫伯峰, 张重生, 门艺. AI 缀合中的人机耦合 ［N］. 出土文献, 2021-03-15（1）.

［15］ 吴振武. 古文字考释与人工智能 ［N］. 光明日报, 2020-11-07（12）.

［16］ 郭沫若. 中国社会科学院历史研究所. 甲骨文合集 ［M］. 北京：中华书局, 1978.

［17］ ZHANG C S, WANG B, CHEN K, et al. Data-Driven Oracle Bone Rejoining：A Dataset and Practical Self-Supervised Learning Scheme ［C］//The 28th ACM SIGKDD Conference on Knowledge Discovery and Data Mining（KDD）. New York：ACM, 2022：4482-4492.

［18］ KUZNETSOVA A, ROM H, ALLDRIN N, et al. The Open Images Dataset V4 ［C］//International Journal of Computer Vision（IJCV）. Berlin：Springer, 2020：1956-1981.

［19］ KARANAM S, GOU M, WU Z Y, et al. A Systematic Evaluation and Benchmark for Person Re-Identification：Features, Metrics, and Datasets ［C］//IEEE Transactions on Pattern Analysis and Machine Intelligence（TPAMI）. Piscataway：IEEE, 2019：523-536.

第 3 章

人工神经网络

本章主要内容

- 人工神经网络的前向计算
- 人工神经网络的误差反向传播原理
- 人工神经网络实现

人工神经网络（Artificial Neural Network，ANN），是深度学习技术的重要基础。人工神经网络通过模仿人脑神经元之间的连接，来模拟人脑的思维过程。人工神经网络通常包含多层，每层包含多个神经元，每个神经元一般包括激活前和激活后的值，激活是为了给神经网络加入非线性因素，以解决复杂问题。虽然单个神经元结构和功能简单，但是大量神经元逐层连接构成的网络，却能够达到较强的学习能力。

神经网络在训练阶段，样本对应的真实类别（标签）已知，利用损失函数计算神经网络的预测结果与真实标签之间的误差，再通过误差反向传播，优化神经网络的权值（权重）参数。神经网络通过迭代、交替执行前向计算（前向传播）和误差反向传播（后向传播），神经网络中的权值参数将不断得到优化，预测误差将越来越小，模型学习到的知识/规律也将越来越符合真实情况。

3.1 人工神经网络的前向计算

人工神经网络包含前向计算/前向传播和误差反向传播两个计算过程。本节先讲解人工神经网络的前向计算。图3-1 给出了一个简单的人工神经网络示例。整体而言，人工神经网络包括输入层、隐层和输出层。输入层是神经网络的第一层，输出层即神经网络的最后一层，而介于输入层和输出层之间的每层都是隐层（又称隐含层、隐藏层）。每层神经网络都包含若干个神经元。神经元是神经网络的基本组成单元，用于模拟人脑神经元活动。每个神经元本质上都是一组数学运算，包括两部分，即线性运算和激活函数。线性运算将多个输入该神经元的值线性加权求和，再通过激活函数对该值进行非线性变换，输出一个激活后的值[⊖]。

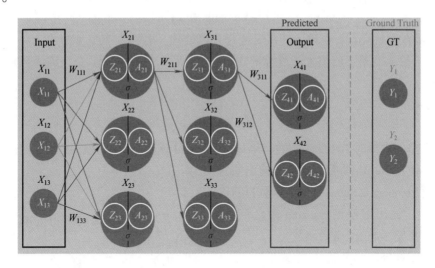

图 3-1　简单的人工神经网络示例

　　神经元的编号（索引）规则为 X_{ij}，下标 i 表示该神经元位于神经网络的第 i 层，例如，第一层是输入层，此时 $i=1$，第二层是隐藏层，简称隐层，此时 i 等于 2；下标 j 表示该神经元是该层的第 j 个神经元。注意，每一层的神经元的个数不一定相同。W_{ijk} 表示神经网络的第 i 层的第 j 个神经元（即 X_{ij}）和第 $i+1$ 层的第 k 个神经元（即 $X_{(i+1)k}$）之间的权重/权值。例如，W_{311} 表示神经元 X_{31} 和下一层的神经元 X_{41} 之间的权重。B_{41} 是神经元 X_{41} 对应的偏置（偏移量）。

　　令 Z_{ij} 表示神经元 X_{ij} 激活前的值，以第四层的 X_{41} 神经元为例，则 Z_{41} 计算公式（神经网络的前向计算/前向传播公式）如下：

$$Z_{41} = A_{31} \times W_{311} + A_{32} \times W_{321} + A_{33} \times W_{331} + b_{41} \tag{3-1}$$

令 A_{ij} 是神经元 X_{ij} 激活前的值 Z_{ij} 使用激活函数 σ 或 f 激活之后得到的值，计算公式如下：

$$A_{ij} = \sigma(Z_{ij}) = f(Z_{ij}) \tag{3-2}$$

常用的激活函数 σ 有 Sigmoid 函数，其公式如下：

$$f(x) = \sigma(x) = \frac{1}{1 + e^{-x}} \tag{3-3}$$

Sigmoid 函数的特点是：将输入变量 x 的值变换后的值挤压到（0,1）范围内。

Sigmoid 函数对 x 的求导结果如下：

$$f'(x) = f(x) \times (1 - f(x)) \tag{3-4}$$

⊖　激活函数的名字比较抽象，其本质是一个增加非线性因素/进行非线性变换的函数。

除了 Sigmoid 函数外，ReLU 函数是另一种常用的激活函数，其公式如下：

$$f(x) = \max\{0, x\} \tag{3-5}$$

ReLU 函数的特点是，对输入变量 x 进行分段处理：若输入变量 x 的值为负，则激活时将 x 置 0；若输入变量 x 的值大于或等于 0，则激活后 x 的值保持不变。该函数对 x 求导的结果如下：

$$f(x) = \begin{cases} 0, x < 0 \\ 1, x \geqslant 0 \end{cases} \tag{3-6}$$

可以看出，求导时 ReLU 函数的运算量比 Sigmoid 函数要小。在深度神经网络中，隐层神经元通常使用 ReLU 激活函数，而输出层神经元常使用 Softmax 或 Sigmoid 激活函数进行激活（本章中，输出层使用 Sigmoid 激活函数；后续章节将介绍 Softmax 激活函数）。

说明：①神经网络的输入层（即第一层）不使用激活函数，如 X_{11}，它是原始的输入值（一个样本在某个属性上的值），不需要激活。②最后一层（输出层）的神经元使用激活函数。如果是分类任务，则输出层神经元的数量与数据集的类别种类（真实标签种类）相同。

下面通过举例说明人工神经网络的前向计算/前向传播过程。图 3-2 给出了某个人工神经网络的结构[⊖]，表 3-1 是该神经网络的相关权值（权重）参数的初始化值（权值初始化技术将在本书第 6 章给出）。

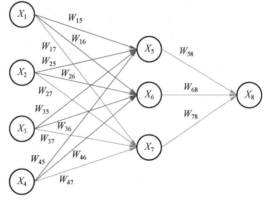

图 3-2　人工神经网络前向计算过程示例

表 3-1　人工神经网络中的相关权值和参数的初始值

权 值 编 号	初 始 值	权值/偏置编号	初 始 值
W_{15}	0.5	W_{46}	0.5
W_{16}	0.2	W_{47}	− 0.1
W_{17}	− 0.5	W_{58}	0.6
W_{25}	− 0.2	W_{68}	− 0.2
W_{26}	0.3	W_{78}	0.1
W_{27}	0.4	b_5	0.2
W_{35}	0.8	b_6	− 0.5
W_{36}	− 0.6	b_7	0.4
W_{37}	0.4	b_8	0.6
W_{45}	0.6		

⊖　该例中输出层仅有一个神经元，但也可以有多个。

人工神经网络进行前向计算时，将根据上述权值，基于式（3-1），从前往后计算除神经网络的输入层（第一层外）的每层神经元激活前和激活后的值，见表3-2。如此，神经网络便完成了第一轮前向计算过程。

表 3-2 人工神经网络的第一轮前向计算过程示例

神经元编号	神经元激活前的值	该神经元激活后的值
X_1	1	—
X_2	0	—
X_3	1	—
X_4	1	—
X_5	$1 \times 0.5 + 0 \times (-0.2) + 1 \times 0.8 + 1 \times 0.6 + 0.2 = 2.1$	$1/(1 + e^{-2.1}) = 0.8909$
X_6	$1 \times 0.2 + 0 \times 0.3 + 1 \times (-0.6) + 1 \times 0.5 - 0.5 = -0.4$	$1/(1 + e^{0.4}) = 0.40131$
X_7	$1 \times (-0.5) + 0 \times 0.4 + 1 \times 0.4 + 1 \times (-0.1) + 0.4 = 0.2$	$1/(1 + e^{-0.2}) = 0.54983$
X_8	$0.8909 \times 0.6 + 0.40131 \times (-0.2) + 0.54983 \times 0.1 + 0.6 = 1.1093$	$1/(1 + e^{-1.1093}) = 0.752$

总之，人工神经网络的前向计算/前向传播过程，是根据当前权值，结合输入数据的值（输入层神经元的值），基于式（3-1），从前往后、逐层更新每层的神经元激活前和激活后的值的过程。需要强调的是，此过程仅涉及神经元值的更新（激活前/激活后），但并不涉及权值更新和偏移量更新，较为简单和直接。

3.2 人工神经网络的误差反向传播原理

本节介绍人工神经网络的误差反向传播原理，掌握神经网络的权值及偏置更新原理。

令 L 表示损失函数，本章使用简单的均方差损失。令 c 表示输出层的神经元个数（代表数据集的类别种类/真实标签种类），Y_k 表示某个样本在输出层第 k 个神经元上对应的真实值，O_k 表示输出层第 k 个神经元激活后的值（预测值）。均方差损失函数公式如下：

$$L = \frac{1}{2} \sum_{k=1}^{c} (Y_k - O_k)^2 \tag{3-7}$$

对输出层的每个神经元，对每个样本，先计算该神经元上的预测值 O_k 和真实值 Y_k（Ground Truth，GT）之差的平方（损失）；再求所有神经元上的损失之和，得到神经网络在该样本上的最终损失值（预测误差值）。然后，基于该损失值，神经网络将进行误差反向传播和权值更新。下面将分别介绍输出层神经元、隐层神经元和两个神经元之间的权值，以及某个神经元上的偏置的偏导计算过程/原理。

3.2.1 输出层神经元求导

首先，利用式（3-7）中的损失函数 L，对每个输出层的神经元 O_k 求导，公式如下：

$$\frac{\mathrm{d}}{\mathrm{d}O_k}L = \frac{\mathrm{d}}{\mathrm{d}O_k}\left[\frac{1}{2}\sum_{k=1}^{c}(Y_k - O_k)^2\right] = O_k - Y_k \tag{3-8}$$

对输出层的每个神经元，对应的求导结果都是（$O_k - Y_k$），k 是神经元在该层中的编号。

举例：图 3-1 中，神经网络对输出层第一个和第二个神经元激活后的值的求导结果如下：

$$\frac{\mathrm{d}}{\mathrm{d}O_1}L = O_1 - Y_1 \tag{3-9}$$

$$\frac{\mathrm{d}}{\mathrm{d}O_2}L = O_2 - Y_2 \tag{3-10}$$

注：此处的 O_1 对应于图 3-1 中的 A_{41}，O_2 对应于 A_{42}；Y_1 和 Y_2 分别是两个神经元对应的真实值。因此，上述两个公式中的求导结果等价于

$$\frac{\mathrm{d}}{\mathrm{d}A_{41}}L = A_{41} - Y_1 \tag{3-11}$$

$$\frac{\mathrm{d}}{\mathrm{d}A_{42}}L = A_{42} - Y_2 \tag{3-12}$$

以上是神经网络对输出层神经元激活后值的求导结果，下面对激活前神经元的值求偏导。根据前述符号说明，神经元 X_{41}、X_{42} 激活后的值分别为 A_{41} 和 A_{42}，激活前的值分别为 Z_{41} 和 Z_{42}。激活函数为 Sigmoid，符号表示为 σ 或 f，该激活函数的求导公式为式（3-4）。

损失函数 L 对输出层的两个神经元激活前的值 Z_{41} 和 Z_{42} 的求导过程及结果如下 [其中，蓝色部分对应激活函数 Sigmoid 对待激活（激活前）的值（此处是 Z_{41} 或 Z_{42}）的求导公式/结果]：

$$\frac{\mathrm{d}}{\mathrm{d}Z_{41}}L = \frac{\mathrm{d}}{\mathrm{d}A_{41}}L \times \frac{\mathrm{d}}{\mathrm{d}Z_{41}}A_{41} = (A_{41} - Y_1) \times f(Z_{41}) \times (1 - f(Z_{41}))$$

$$= (A_{41} - Y_1) \times A_{41} \times (1 - A_{41}) \tag{3-13}$$

$$\frac{\mathrm{d}}{\mathrm{d}Z_{42}}L = \frac{\mathrm{d}}{\mathrm{d}A_{42}}L \times \frac{\mathrm{d}}{\mathrm{d}Z_{42}}A_{42} = (A_{42} - Y_2) \times f(Z_{42}) \times (1 - f(Z_{42}))$$

$$= (A_{42} - Y_2) \times A_{42} \times (1 - A_{42}) \tag{3-14}$$

3.2.2 隐层神经元求导

下面对第三层（隐层）神经元 X_{31} 激活前的值 Z_{31} 求导。令 $\mathrm{D}Z_{ij}$ 表示损失函数 L 对 Z_{ij} 的

偏导值,则 $\mathrm{D}Z_{31}$ 表示损失函数 L 对 Z_{31} 的偏导值,以此类推。回顾 Z_{41} 和 Z_{42} 的计算公式(神经网络的前向计算), Z_{41} 的计算过程在式(3-1)中已给出;类似地, Z_{42} 的计算公式如下:

$$Z_{42} = A_{31} \times W_{312} + A_{32} \times W_{322} + A_{33} \times W_{332} + B_{42} \tag{3-15}$$

通过式(3-1)和式(3-15)可知,神经元 X_{31} 参与了 Z_{41} 和 Z_{42} 的计算。事实上,人工神经网络中,当前层的每个神经元都会与下一层的所有神经元相连(有对应权值)。所以,计算损失函数 L 对当前神经元 X_{31} 激活前的神经元值 Z_{31} 的偏导时,将涉及下一层的所有神经元(此处是 X_{41} 和 X_{42},分别对应其激活前的神经元值 Z_{41} 和 Z_{42} 及激活后的神经元值 A_{41} 和 A_{42})。

根据链式求导法则, $\mathrm{D}Z_{31}$ 的求导过程如下:

$$\begin{aligned}
\mathrm{D}Z_{31} &= \frac{\mathrm{d}}{\mathrm{d}Z_{31}}L = \mathrm{D}Z_{41} \times \frac{\mathrm{d}}{\mathrm{d}A_{31}}Z_{41} \times \frac{\mathrm{d}}{\mathrm{d}Z_{31}}A_{31} + \mathrm{D}Z_{42} \times \frac{\mathrm{d}}{\mathrm{d}A_{31}}Z_{42} \times \frac{\mathrm{d}}{\mathrm{d}Z_{31}}A_{31} \\
&= \mathrm{D}Z_{41} \times W_{311} \times \frac{\mathrm{d}}{\mathrm{d}Z_{31}}A_{31} + \mathrm{D}Z_{42} \times W_{312} \times \frac{\mathrm{d}}{\mathrm{d}Z_{31}}A_{31} \\
&= (\mathrm{D}Z_{41} \times W_{311} + \mathrm{D}Z_{42} \times W_{312}) \times \frac{\mathrm{d}}{\mathrm{d}Z_{31}}A_{31} \\
&= (\mathrm{D}Z_{41} \times W_{311} + \mathrm{D}Z_{42} \times W_{312}) \times A_{31} \times (1 - A_{31}) \\
&= \sum_{k=1}^{2}(\mathrm{D}Z_{4k} \times W_{31k}) \times A_{31} \times (1 - A_{31})
\end{aligned} \tag{3-16}$$

归纳为符号表示,损失函数 L 对某个隐层神经元激活前的值的求导公式如下:

$$\mathrm{D}Z_{ij} = \sum_{k=1}^{N_{i+1}}(\mathrm{D}Z_{(i+1)k} \times W_{ijk}) \times A_{ij} \times (1 - A_{ij}) \tag{3-17}$$

其中, N_{i+1} 是下一层(即第 $i+1$ 层)的神经元个数。从该式可知,对隐层神经元 X_{ij}(第 i 层第 j 神经元),损失函数 L 对 X_{ij} 激活前的值 Z_{ij} 的偏导值,等于 L 对第 $i+1$ 层每个神经元激活前的值 $Z_{(i+1)k}$ 的偏导值分别乘其与 X_{ij} 之间的权值 W_{ijk},求和后再乘以神经元 X_{ij} 激活后的值 A_{ij} 对激活前的值 Z_{ij} 的偏导,即 $A_{ij} \times (1 - A_{ij})$,因为本例使用 Sigmoid 激活函数,其求导公式已在式(3-4)中给出。

再回顾式(3-8),总损失函数对每个输出层神经元激活前的值的偏导可统一表示如下:

$$\mathrm{D}Z_{ij} = (A_{ij} - Y_j) \times A_{ij} \times (1 - A_{ij}) \tag{3-18}$$

综上,对每个神经元激活前的值求偏导时,根据该神经元位于隐层还是输出层,分别利用式(3-17)和式(3-18)偏导求解。

3.2.3 权值和偏移量求导

上节介绍了损失函数对隐层和输出层神经元激活前神经元的值求偏导的过程和公式,

但这些求导结果将最终服务于损失函数对神经元之间权值的求导。因为，在进行前向计算/正向传播时，如式（3-1）和式（3-15）所示，神经网络将从输入层的下一层（第一个隐层）开始，根据前一层神经元的值及前一层所有神经元与当前神经元之间的相关权值，计算当前层每个神经元的输出（激活前和激活后的值）。因此，相邻层神经元之间的权值将在神经网络的前向计算过程中直接发挥作用。人工神经网络的学习过程，本质上就是权值更新的过程。

令 W_{ij} 表示神经网络的第 i 层第 j 个神经元（即 X_{ij}）和第 $i+1$ 层第 k 个神经元（即 $X_{(i+1)k}$）之间的权重/权值，$\mathrm{D}W_{ijk}$ 表示损失函数 L 对该权值 W_{ijk} 的偏导值。相邻层的两个神经元之间仅有唯一的权值，如神经元 X_{ij} 和 $X_{(i+1)k}$ 之间，有且仅有唯一的权值 W_{ijk}。因此，根据式（3-1）可知，$\mathrm{D}W_{ijk}$ 仅与 A_{ij} 和 $Z_{(i+1)k}$ 有关，如 $\mathrm{D}W_{311}$ 仅与 A_{31} 和 Z_{41} 有关，结合式（3-1），其求导过程如下：

$$\mathrm{D}W_{311} = \frac{\mathrm{d}}{\mathrm{d}W_{311}}L = \frac{\mathrm{d}}{\mathrm{d}Z_{41}}L \times \frac{\mathrm{d}}{\mathrm{d}W_{311}}Z_{41} = \mathrm{D}Z_{41} \times A_{31} \tag{3-19}$$

归纳为符号表示，权值的求导公式如下：

$$\mathrm{D}W_{ijk} = \frac{\mathrm{d}}{\mathrm{d}W_{ijk}}L = \frac{\mathrm{d}}{\mathrm{d}Z_{(i+1)k}}L \times \frac{\mathrm{d}}{\mathrm{d}W_{ijk}}Z_{ij} = \mathrm{D}Z_{(i+1)k} \times A_{ij} \tag{3-20}$$

因 $\mathrm{D}W_{ijk}$ 仅与 A_{ij} 和 $Z_{(i+1)k}$ 有关，故损失函数 L 对权值 W_{ijk} 的偏导值 $\mathrm{D}W_{ijk}$ 是，损失函数对该权值相连的后面的神经元 $X_{(i+1)k}$ 激活前值的偏导值乘以前面的神经元 X_{ij} 激活后的值 A_{ij}。

另外，根据式（3-1），损失函数 L 对偏置 B_{ik} 的偏导值 $\mathrm{D}B_{ik}$ 的计算过程如下：

$$\mathrm{D}B_{ik} = \frac{\mathrm{d}}{\mathrm{d}B_{ik}}L = \frac{\mathrm{d}}{\mathrm{d}Z_{ik}}L \times \frac{\mathrm{d}}{\mathrm{d}B_{ik}}Z_{ik} = \mathrm{D}Z_{ik} \tag{3-21}$$

式（3-21）表明，某个神经元上的偏置的偏导值与该神经元激活前值的偏导值相同。

注：求损失函数 L 对 W_{ijk} 和 B_{ik} 的导数时，不区分隐层和输出层。

综上，本节推导了人工神经网络反向传播/误差回传和权值更新中涉及的四个求导公式，分别为损失函数对隐层和输出层神经元激活前值的求导公式［式（3-17）、式（3-18）］，以及损失函数对神经元之间的权值及神经元上的偏移量的求导公式［式（3-20）、式（3-21）］。主要求导结论归纳如下：

1）对隐层神经元激活前的值求偏导：对某个隐层神经元 X_{ij}，损失函数 L 对 X_{ij} 激活前的值 Z_{ij} 的偏导值 $\mathrm{D}Z_{ij}$，等于 L 对第 $i+1$ 层每个神经元激活前的值 $Z_{(i+1)k}$ 的偏导值分别乘以其与 X_{ij} 之间的权值 W_{ijk}，求和后再乘以 $A_{ij} \times (1 - A_{ij})$，如式（3-17）所示，得到 $\mathrm{D}Z_{ij}$。

2）对输出层神经元激活前的值求偏导：对某个输出层神经元 X_{ij}，损失函数 L 对 X_{ij} 激活前的值 Z_{ij} 的偏导值 $\mathrm{D}Z_{ij}$，等于该神经元的预测值与真实值之差乘以 $A_{ij} \times (1 - A_{ij})$，$A_{ij}$ 表示该神经元激活后的值，如式（3-18）所示，得到 $\mathrm{D}Z_{ij}$。

3）对某个神经元上的偏置求偏导：损失函数 L 对某个神经元上的偏置 B_{ik} 的偏导值

DB_{ik}，等于该神经元激活前值的偏导，即 DB_{ik} 等于 DZ_{ij}，而 DZ_{ij} 根据 1）或 2）可得到。

4）对两个神经元之间的权值求偏导：损失函数 L 对两个神经元 X_{ij} 和 $X_{(i+1)k}$ 之间的权值 W_{ijk} 的偏导值 DW_{ijk}，等于该权值相连的后面的神经元激活前值的偏导值与前面的神经元激活后值的乘积，即 $DW_{ijk} = DZ_{(i+1)k} \times A_{ij}$，如式（3-20）所示。最后，权值的求导结果是神经网络更新时最终使用的、也是最重要的偏导结果。

3.3　人工神经网络实现

本节介绍人工神经网络的算法实现。伪代码涉及的相关符号说明如下：

L 表示最终的损失函数，本章默认使用均方差损失；

n 是神经网络的总层数（含输入层和输出层）；

N_i 是神经网络的第 i 层神经元的数量；

W_{ijk} 是从神经网络的第 i 层第 j 个神经元与第 $i+1$ 层第 k 个神经元之间的权值的值；

B_{ik} 是神经网络的第 i 层第 k 个神经元所对应的偏置值；

A_{ij} 是神经网络第 i 层第 j 个神经元激活后的值；

DZ_{ij} 是损失函数 L 对第 i 层的第 j 个神经元激活前的值求导得到的偏导值；

DB_{ik} 是损失函数 L 对 B_{ik} 求导得到的偏导值；

DW_{ijk} 是损失函数 L 对 W_{ijk} 求导得到的偏导值。

3.3.1　人工神经网络的前向传播算法实现

以图 3-1 为例，神经网络的前向传播/前向计算的算法实现过程如下：

1）首先定义/输入神经网络的总层数及每层的神经元数量。

n 是神经网络总层数，如 $n=4$。N 是每层神经元的数量，如 $N=[3,3,3,2]$。

2）然后定义并初始化 7 个数组。

初始化二维数组 A[ ][ ]，Z[ ][ ]，B[ ][ ]，DZ[ ][ ]，DB[ ][ ]，初始化三维数组 W[ ][ ][ ]，DW[ ][ ][ ]。

前向计算的伪代码如下：

```
1:      For i = 2 … n    # 前向计算，从第 2 层开始，到第 n 层/输出层
2:          For k = 1 … N_i    # 当前层的第 1 个神经元到第 N_i 个神经元
3:              For j = 1 … N_{i-1}    # 当前层的前一层的第 1 个神经元到第 N_{i-1} 个神经元
4:                  Z_ik += A_{(i-1)j} × W_{(i-1)jk}
5:              Z_ik += B_ik
6:          A_ik = f(Z_ik)    # f 为激活函数，如 Sigmoid 激活函数
```

3.3.2 人工神经网络的误差反向传播和权值更新算法实现

人工神经网络反向传播/误差回传和权值更新中涉及的四个求导公式，使用本节定义的符号，表示如下：

1. 输出层神经元（激活前）求导

i 是输出层神经元（$i=n$ 表示输出层），n 为总层数；$j=1,2,\cdots,N_i$，且

$$DZ_{ij} = (A_{ij} - Y_j) \times A_{ij} \times (1 - A_{ij}),\ 即\ DZ_{nj} = (A_{nj} - Y_j) \times A_{nj} \times (1 - A_{nj}) \quad (3\text{-}22)$$

2. 隐层神经元（激活前）求导

i 是输出层神经元，即 $i=n-1,n-2,\cdots,2$；$j=1,2,\cdots,N_i$，且

$$DZ_{ij} = \sum_{k=1}^{N_{i+1}} (DZ_{(i+1)k} \times W_{ijk}) \times A_{ij} \times (1 - A_{ij}) \quad (3\text{-}23)$$

3. 两个神经元之间的权值和偏置的求导公式（不用区分隐层和输出层）

$$DW_{ijk} = DZ_{(i+1)k} \times A_{ij} \quad (3\text{-}24)$$

$$DB_{ij} = DZ_{ij} \quad (3\text{-}25)$$

误差反向传播的伪代码如下：

1）首先计算输出层（第 n 层）的各偏导值 DZ_{nj}

```
1:    For j = 1 ⋯ Nₙ    # 输出层，从第 1 个神经元到第 Nₙ 个神经元
2:        DZ_nj = (A_nj − Y_j) × A_nj × (1 − A_nj)
```

2）然后从第 $n-1$ 层开始，依次计算 DZ_{ij}

```
1:    For i = n − 1 ⋯ 2   # 从第 n − 1 层到第 2 层（均为隐层），因为第 1 层（输入层）神经元
                              不需要激活
2:        For j = 1 ⋯ N_i   # 当前层从第 1 个神经元到第 N_i 个神经元
3:            DZ_ij = ∑_{k=1}^{N_{i+1}} (DZ_{(i+1)k} × W_ijk) × A_ij × (1 − A_ij)
```

3）从第 n 层（输出层）到第 2 层（即隐层与输出层），计算 DB_{ij}，更新偏置 B_{ij}

```
1:    For i = n ⋯ 2   # 从第 n 层到第 2 层
2:        For j = 1 ⋯ N_i   # 当前层从第 1 个神经元到第 N_i 个神经元
3:            DB_ij = DZ_ij
4:            B_ij − = λ × DB_ij   # 更新偏置值，λ 为学习率，如 λ = 0.1
```

4）从第 $n-1$ 层（第一个隐层）到第 1 层，计算 DW_{ijk}，更新权值 W_{ijk}

```
1:    For i = n − 1 ⋯ 1   # 从第 n − 1 层到第 1 层
2:        For j = 1 ⋯ N_i   # 当前层从第 1 个神经元到第 N_i 个神经元
```

3：	For $k = 1 \cdots N_{i+1}$	# 当前层的下一层从第 1 个神经元到第 N_{i+1} 个神经元
4：	$\mathrm{D}W_{ijk} = \mathrm{D}Z_{(i+1)k} \times A_{ij}$	
5：	$W_{ijk} -= \lambda \times \mathrm{D}W_{ijk}$	# 更新权值，λ 为学习率

总结而言：在误差反向传播的过程中，首先计算输出层每个神经元的预测值和真实值之间的误差，然后从后到前，逐层计算偏导值 $\mathrm{D}Z_{ij}$、$\mathrm{D}W_{ijk}$、$\mathrm{D}B_{ij}$，并更新 W_{ijk}、B_{ij}。所有的权值 W_{ijk} 更新完毕后，神经网络再进行一轮前向计算。后续迭代执行若干轮 {误差反向传播→前向计算} 的交替过程，使得神经网络中的所有权值不断得到优化。

本章参考文献

[1] ROSENBLATT F. Principles of neurodynamics：Perceptrons and the theory of brain mechanisms ［M］. Washington DC：Spartan books，1962.

[2] RUMELHART D E，HINTON G E，WILLIAMS R J. Learning representations by back-propagating errors ［J］. Nature，1986，323（6088）：533-536.

[3] GOODFELLOW I，BENGIO Y，COURVILLE A. Deep learning ［M］. Cambridge：MIT Press，2016.

第 4 章

卷积神经网络

本章主要内容

- 卷积神经网络原理
- 经典的卷积神经网络介绍
- 卷积神经网络的误差反向传播原理

卷积神经网络（Convolutional Neural Networks，CNN），是新一代人工智能时代初期在图像处理和计算机视觉领域所采用的最为重要的技术之一。卷积神经网络发端于 1989 年提出来的 LeNet，成名于 2012 年的 AlexNet，因其在同年度的 ImageNet 竞赛中 AlexNet 以压倒性的优势获得冠军，引起了学术界的高度关注，从而开启了新一代人工智能时代。AlexNet 算法成功的另外一个原因是高性能计算设备尤其是 GPU 等设备的成熟和普及，1989 年 LeNet 提出时，内存较小且十分昂贵，CPU 等设备的计算能力也很弱，无法支撑神经网络在海量数据尤其是海量图像数据上的计算。事实上，AlexNet 相较于 LeNet，在神经网络结构上并没有太大的创新，只是卷积层的层数多了几层而已。因此，AlexNet 及深度学习的成功可谓是生逢其时。

卷积神经网络在神经网络结构和运算上与人工神经网络有一定差别。卷积神经网络通常依次包含卷积层、池化层（下采样层）和全连接层。其中，在卷积层（卷积阶段）中，当前层的特征矩阵与卷积核（滤波器）进行滑窗点乘运算/卷积操作，当前层（当前特征矩阵）中滑窗内的元素只与下一层（即进行卷积操作后得到的特征矩阵）中的一个元素相关（有运算关系）；且相邻层之间所使用的卷积核中的权值是被所有滑动窗口共享的，也即，尽管当前层矩阵和下一层矩阵均有很多元素值，但两层之间的权值数量却非常有限（如只有 9 个），而不再是人工神经网络中相邻层之间的任意两个神经元之间都有各自的权值（人工神经网络的两层之间的权值数量等于 $N_i \times N_{i+1}$，N_i 和 N_{i+1} 分别代表两层中的神经元数量）。池化的目的是缩减特征图的大小，有最大池化、平均池化等具体实现方法。卷积神经网络的全连接层的全连接操作则与人工神经网络的全连接操作完全一致，且人工神经网络的前向计算和反向传播在卷积神经网络的全连接层中同样适用。

4.1　卷积神经网络原理

4.1.1　卷积运算

卷积，英文是 Convolution，中文的翻译比较抽象。通俗地说，卷积操作类似于滑动窗口或滤波方法，读者则对卷积会有更直观的了解。卷积时，需要使用一个滑动窗口，其大小是用户指定的（等于卷积核的尺寸），如图 4-1 中的虚线框 W 是 3×3 的滑动窗口，另外还有一个滑动步幅参数，即每隔几个像素/元素滑动一次，如果步幅是 1 的话，每次往前滑一个元素（一个位置）；如果步幅是 2 的话，每次滑动的时候跳过一个元素。滑动窗口通常是沿图像或矩阵，按照从左到右、从上到下的顺序依次滑动。如图 4-1 图像（Image）上的滑动窗口大小是 3×3，步幅是 1，它沿着矩阵 A 从左到右滑动，滑到最右侧后，再从下一行的开头继续从左往右滑动，如此循环往复，就是滑窗过程。卷积神经网络在滑窗时，均将当前窗口中的数据 W 与卷积核矩阵点乘，输出一个值。下面便介绍卷积核的概念。

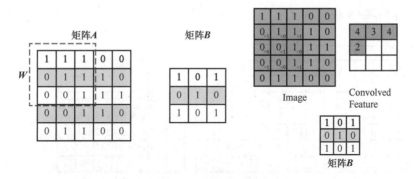

图 4-1　二维图像的卷积操作示例

图 4-1 中矩阵 B 称作卷积核，其大小与滑动窗口相同。矩阵 A 中的滑动窗口在每次滑动的过程中，窗口的数据 W 都将和 B 进行点乘，即每个元素按位相乘，点乘运算示例如下，当滑动窗口位于第二行元素的起始位置时：

$$0 \times 1 + 1 \times 0 + 1 \times 1 + 0 \times 0 + 0 \times 1 + 1 \times 0 + 0 \times 1 + 0 \times 0 + 1 \times 1 = 2 \quad (4\text{-}1)$$

点乘后得到的值最终所形成的矩阵，称为卷积特征（Convolved Feature）。令 W 表示输入图像或矩阵 A 的宽度，w 表示卷积核 B 的宽度，stride 表示步幅，ceil 表示向上取整函数，padding 表示补零，即在图片外围补上一些元素值，值置 0。卷积后得到的特征矩阵的宽度 w_o 的计算公式如下：

$$\text{Valid}: w_o = \text{ceil}\left(\frac{|W| - w + 1}{\text{stride}}\right) \quad (\text{无 padding}) \tag{4-2}$$

$$\text{Same}: w_o = \text{ceil}\left(\frac{|W|}{\text{stride}}\right) \quad (\text{有 padding}) \tag{4-3}$$

还有另一种形式的带 padding 的卷积后得到的特征的宽度计算公式（p 为单侧补零的列数），即

$$\text{Valid}: w_o = \text{ceil}\left(\frac{|W| - w + 2 \times p}{\text{stride}} + 1\right) \quad (\text{有 padding}) \tag{4-4}$$

式（4-4）与式（4-3）是等价的。滑动窗口和卷积核的尺寸必须相同，卷积核一般是正方形，但也存在长条形卷积核，如 1×5 或 5×1。卷积后得到的特征的高度计算公式类似。

图 4-1 的输入图像/矩阵是单个矩阵（如灰度图像），下面考虑输入图像是多维矩阵的情形，以 RGB 彩色图像为例，彩色图像可通过三个矩阵 $\boldsymbol{R}$、$\boldsymbol{G}$、$\boldsymbol{B}$ 联合表示。图 4-2 中，输入的是三维矩阵（包含 RGB 三个通道/矩阵的彩色图像），卷积核也是三维矩阵，其尺寸为 $3 \times 3 \times 3$，卷积核的三个对应矩阵中的数值/权值已在图中的 $\boldsymbol{R}$、$\boldsymbol{G}$、$\boldsymbol{B}$ 矩阵中分别给出。滑动窗口将是三维的，每个当前滑动窗口中的对应数据，记作 $\boldsymbol{W}_R$、$\boldsymbol{W}_G$、$\boldsymbol{W}_B$，将分别与 $\boldsymbol{R}$ 矩阵/卷积核、$\boldsymbol{G}$ 矩阵/卷积核和 $\boldsymbol{B}$ 矩阵/卷积核进行点乘，分别得到三个值，将三者相加，最

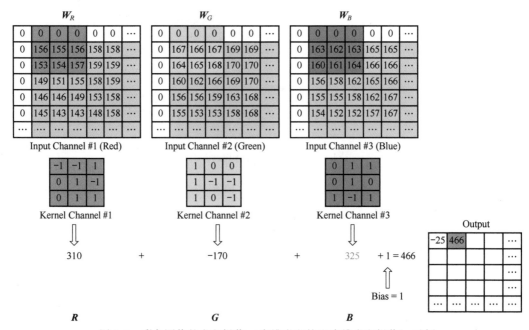

图 4-2　彩色图像的卷积操作（多维卷积核和多维卷积操作）示例

终得到一个值。这便是三维（多维）卷积核和三维（多维）卷积操作的概念。如图 4-2 所示，一个三维的输入矩阵，经过（三维）卷积操作之后，得到一个一维矩阵（卷积特征）。

4.1.2 卷积核的物理意义

卷积核的物理意义类似于滤波器，表示图像的某种特征，如边缘特征。图 4-3a 中是手写数字 9 的像素矩阵，凡是笔画经过的地方，像素值为 1；而笔画没有经过的地方，像素值置为 –1。图 4-3b 所示是 9 的上半部分，该图像周围一圈的像素值全是 1，而唯一的一个中间像素值为 –1，将这些特点表达为一种特征，将形成如图 4-3c 所示的卷积核（矩阵）。

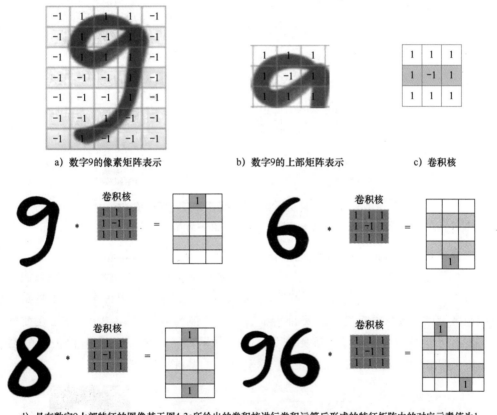

a) 数字9的像素矩阵表示 b) 数字9的上部矩阵表示 c) 卷积核

d) 具有数字9上部特征的图像基于图4-3c所给出的卷积核进行卷积运算后形成的特征矩阵中的对应元素值为1

图 4-3 计算某幅图像是否包含 9 的上部笔画特征的示例

在图 4-3d 中，分别将手写数字 9、6、8、96 的图像，利用图 4-3c 所给出的卷积核进行卷积运算，运算过程中读者将发现，滑窗时/卷积过程中，数字 9 的上半部分和卷积核点乘后得到的值（平均值）为 1，表示当前滑动窗口中的局部图像具备该特征，即卷积核对应的特征，也就是周围一圈的像素值全是 1，而唯一的一个中间像素值为 -1 的特征。同理，数字 6、8、96 中的局部图像区域也都具有卷积核对应的特征/特点。其中 8 上下两半部分均包含了卷积核对应的特征/特点；96 是左右两部分的部分图像区域中也包含了卷积核对应的特征/特点。总之，卷积核的物理意义是某种特征的矩阵表示，与滤波器的物理意义基本相同。

在计算机视觉中，有很多经典的滤波器，图 4-3c 所示的卷积核与经典的拉普拉斯滤波器的特征比较接近，如图 4-4d 所示。另外，还有 Sobel 滤波器，如图 4-4a、b 所示，如图 4-4b 所示的矩阵左侧列的特征值是 -1、-2、-1，然后中间列的特征值是 0、0、0，右侧列的特征值是 1、2、1。除此之外，还有 Scharr 卷积核，如图 4-4e、f 所示。

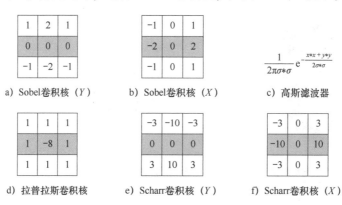

a) Sobel卷积核（Y）　　　b) Sobel卷积核（X）　　　c) 高斯滤波器

d) 拉普拉斯卷积核　　　e) Scharr卷积核（Y）　　　f) Scharr卷积核（X）

图 4-4　传统计算机视觉技术中常用的几种卷积核示例

注：X 表示检测纵向边缘，Y 表示检测横向边缘。

再以经典的 Voila&Jones 人脸检测算法为例，它使用的滤波器/卷积核是类 Harr 特征，基于 AdaBoost 算法进行分类。该算法所使用的脸部四种特征的滤波器/卷积核矩阵如图 4-5a 所示。譬如，嘴部特征可用直线特征滤波器/卷积核表示，鼻部可用边缘特征 1 表示。如果一个图像区域同时具备眉毛特征、鼻部特征、嘴部特征等特征，AdaBoost 算法在大量迭代训练后，有可能将该图像区域准确判定为人脸图像区域。总之，卷积核/滤波器的物理意义，本质上是某种特征/特点的矩阵表示，表达图像的某种特征/特点。

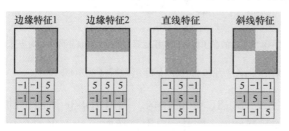

a) 特征的矩阵表示

b) 脸部特征示例

图 4-5　Voila&Jones 人脸检测算法所用的类 Harr 特征示例

4.1.3　卷积神经网络中卷积核/滤波器的特点

上述滤波器，都是传统的边缘检测技术中常用的卷积核，但这些卷积核均由专家设计、提炼。而在卷积神经网络中，卷积核/滤波器中的参数值（权值）初始化后，深度神经网络将通过误差回传自动更新卷积核中的值，最终得到最优的卷积核（滤波器）。

换言之，传统的计算机视觉中的卷积核是需要计算机专家指定卷积核/滤波器中的数值，这些值都是专家根据经验，手工调整出来的非常好的参数值。但是在神经网络中，卷积核中的权值参数是神经网络通过误差反向传播自动学习的。这就是神经网络神奇的地方：原来需要专家手工设计的滤波器，现在通过神经网络，通过大量的迭代训练和误差反向传播，自动学习、优化卷积核中的权值，最终得到参数优化的卷积核，甚至比专家设计的滤波器还要好。

4.1.4　卷积神经网络与人工神经网络的区别与联系

不同之处一：神经网络结构不同。卷积神经网络包括两大部分，即卷积层（含池化操作）和全连接层。而人工神经网络仅包含全连接层，没有卷积层和卷积操作。

不同之处二：权值数量和连接方式不同。人工神经网络是全连接，而卷积神经网络的卷积层是稀疏连接。在人工神经网络中，相邻两层，当前层的每个神经元都会与下一层的所有神经元进行连接，称作全连接，即人工神经网络中相邻两层的神经元是全连接的，两个神经元连接时的权值均不与其他神经元共享。但在卷积神经网络的卷积层（卷积阶段）中，只有当前滑动窗口中的神经元/元素（如 9 个）会与下一层的某个神经元/元素相连，是部分连接、稀疏连接，而且两层之间的神经元连接时用到的权值是共享的，即仅使用卷积核中的权值（如只有 9 个）。由于连接较少，卷积神经网络的运算速度相较于人工神经网络，有极大的提升。

举例：一幅 1024×1024 像素的图像，图像中的每个像素点都是一个神经元，输入层/第一层有 1048576 个（约一百万个）神经元。第二层即便只有 10 个神经元，如果是全连接的话，1048576 乘以 10，对应 10485760 个（约一千万个）权值。而对于卷积神经网络，如果卷积核的尺寸是 3×3，则输入层和下一层之间仅有 9 个权值（即 3×3 卷积核中的 9 个元素的值），这 9 个权值两层之间的神经元连接所共享。因此，卷积神经网络中，相邻两层间的权值数量比人工神经网络要少得多。当然，卷积神经网络的这种滤波处理，主要是利用了图像中相邻像素的空间邻域特性。

图 4-6a 所示是一个人工神经网络，相邻两层，前一层的每个神经元都会与下一层的所有神经元相连，每个连接均有一个专有权值，不与其他连接共享。该例共有 12 个权值。而在图 4-6b 中的卷积神经网络中，每个权值被多个神经元之间的连接所共享。具体而言，

在图 4-6b 中，当前滑动窗口中的神经元与下一层的神经元连接时，所需要的权值参数从卷积核中获取，如第一个滑动窗口中，当前窗口中的第一个神经元 X_{11} 与下一层的神经元 X_{21} 连接时，对应权值是卷积核中的 W_{111}；第二个滑动窗口中，当前窗口中的第一个神经元 X_{12} 与下一层的神经元 X_{21} 连接时，同样使用了卷积核中的权值 W_{111}。该例仅有 2 个权值（卷积核中仅有两个参数/权值），得到三个输出（下一层神经元及其值）。图 4-6b 与图 4-6a 对比，权值数量从 12 减少为 2，由此可见，卷积神经网络中卷积层的权值数量较全连接运算有显著减少。

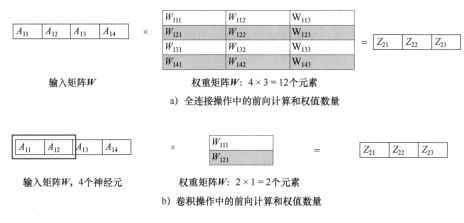

a）全连接操作中的前向计算和权值数量

b）卷积操作中的前向计算和权值数量

图 4-6　卷积神经网络和人工神经网络的前向计算对比

相关之处一：人工神经网络是卷积神经网络的基础，卷积神经网络是人工神经网络的发展，尤其适用于图像数据。

相关之处二：卷积神经网络除了包含位于前端的卷积层及池化层之外，还包含位于末端的全连接层，而卷积神经网络中全连接层的全连接操作，其性质、设计原则和计算方式与人工神经网络的全连接操作完全相同。例如，进行图像分类/目标识别任务时，卷积神经网络和人工神经网络的全连接层的最后一层（输出层）的神经元数量都是需要识别（数据集中）的类别数量，设计该层的神经网络时的目的和物理意义完全相同。

4.2　经典的卷积神经网络介绍

4.2.1　卷积神经网络的前向计算示例

前文讲解了卷积神经网络中卷积操作的过程和原理。下面从整体上介绍卷积神经网络的前向计算/前向传播过程。图 4-7a 所示是 MNIST 数据集中一幅数字 7 的图像。该图像为黑白图像（只有一个通道/输入矩阵），图像尺寸为 28×28 像素。令滑动窗口和卷积核的尺寸均为 3×3，且只有一个卷积核（卷积核的初始值为拉普拉斯卷积核/滤波器，如图 4-7b 所示）。卷积过程中，滑动窗口按照从左到右、从上而下的顺序滑动，每次滑动均能得到一个 3×3 的子矩阵。每个子矩阵分别与卷积核中的元素按位相乘，得到一个特征值。令滑动步幅为 1，无补零，参考式（4-2），得到卷积后特征的宽度和高度，该特征（图）为一个 26×26 的矩阵，如图 4-7d 所示。然后，该特征（图）中的每个元素还需要激活，若使用 ReLU 激活函数，则负值全部变 0，正值保持不变。一般每个卷积操作之后都会跟上一个激活操作，激活后的特征图大小保持不变。接着，再对该激活后的 26×26 的矩阵，进行降采样（Pooling）操作，若采用 2×2 的最大值降采样（Max Pooling），就是 4 个值里面选一个最大值，相当于特征的宽高大小均减半，得到 13×13 的矩阵/特征（图）。上面是一次卷积（Conv1）→激活（ReLU）→池化（MaxPool）的组合操作得到特征图。后续还可以进行第二次卷积→激活→池化的组合操作，以此类推。由此可见，卷积层的本质是上一层的矩阵与卷积核进行卷积运算后得到下一层矩阵（并对其中的每个元素激活）即本质上就是矩阵运算。

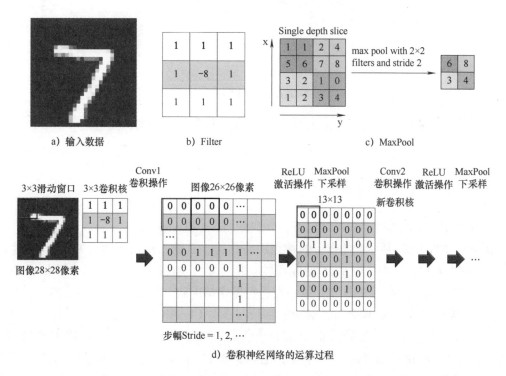

a）输入数据　　　　　　b）Filter　　　　　　c）MaxPool

d）卷积神经网络的运算过程

图 4-7　卷积神经网络的前向计算示例（使用一个卷积核的情况）

图 4-7 是使用一个卷积核的示例，图 4-8 给出了三个卷积核的卷积示例。同图 4-7d 类似，图 4-8 中的每个卷积核在第一组卷积操作（卷积）后，将分别得到一个 26×26 的特征

（图）/矩阵，三个卷积核，卷积完成后，最后得到一个 $26 \times 26 \times 3$ 的三维特征矩阵。将其激活后，进行降采样，将得到·个 $13 \times 13 \times 3$ 的特征/矩阵。卷积操作结束后，先将该 $13 \times 13 \times 3$ 的特征拉平/reshape 为一维向量，后面便是全连接层/人工神经网络部分，此处可以设置若干个全连接层（如 FC1、FC2 等），最后是输出层，如图 4-8 所示，该层包括 10 个神经元，用于预测手写数字的类别（分类问题）。总体而言，卷积神经网络通常包含两部分：卷积层和全连接层。卷积部分是稀疏连接，本质上是矩阵运算、滤波操作而全连接层的操作和计算则与人工神经网络完全相同。

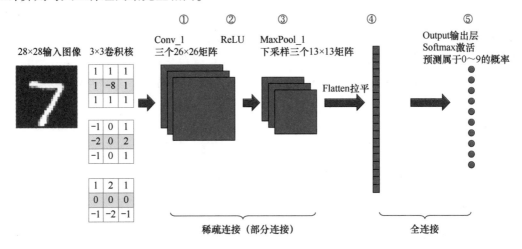

图 4-8 卷积神经网络的前向计算过程示例（使用多个卷积核的情况）

4.2.2 两个经典的卷积神经网络介绍

下面介绍两个经典的卷积神经网络，分别是 LeNet 和 AlexNet。

图 4-9 及图 4-10a 所示是 LeNet 的神经网络结构，其输入是灰度图（28×28 像素的矩阵），第一次卷积，使用 6 个 5×5 的卷积核，带补零（padding），使用每个卷积核卷积后得到的特征（图）大小为 28×28，第一次卷积操作结束后，将得到一个 $28 \times 28 \times 6$ 的特征（图）C1。第一次卷积运算之后，对应的特征（图）C1 中的每个元素均进行激活，LeNet 使用 Sigmoid 进行激活，激活后特征图大小保持不变。然后，进行第一次下采样操作，LeNet 使用平均池化（AvgPool）下采样，也就是 2×2 窗口中的 4 个值求平均值，下采样后，特征图尺寸减半，变为 $14 \times 14 \times 6$ 的特征（图）S1。然后，进行第二次卷积，使用 16 个 $5 \times 5 \times 6$ 的卷积核（6 是卷积核的维度），不带补零，得到 $10 \times 10 \times 16$ 的特征图 C3。C3 特征图是 16 个通道，每个通道的尺寸都是 10×10。然后，使用平均池化进行第二次下采样操作，得到 $5 \times 5 \times 16$ 的特征图 S4。将该特征图拉平后，将得到一个包括 400 个神经元的一

维特征向量，然后是两个全连接层，它们与人工神经网络的全连接层是一样的，第一个全连接层的神经元数量是 120，第二个全连接层的数量是 84，最后的输出层，也是一个全连接层，因为任务是数字识别（0~9），故输出层/最后一个全连接层的神经元数量是 10。

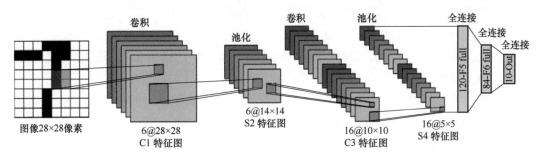

图 4-9　LeNet 神经网络结构

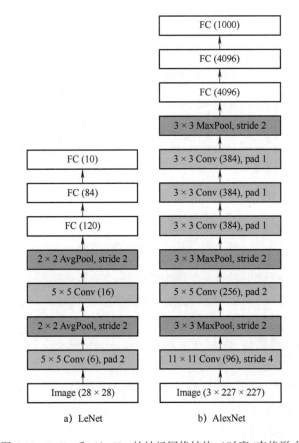

图 4-10　LeNet 和 AlexNet 的神经网络结构（时序/表格形式）

图 4-11 及图 4-10b 所示是 AlexNet 的神经网络结构，其输入是 $227 \times 227 \times 3$ 的彩色图像，第 次卷积，使用的卷积核尺寸是 $11 \times 11 \times 3$，卷积核数量是 96，不带补零，步幅是 4，卷积后的特征图的宽度和高度是 $\text{ceil}[(227 - 11 + 1)/4]$，等于 55，故第一次卷积后得到的特征图为尺寸是 $55 \times 55 \times 96$ 的矩阵。后续，读者可以参阅图 4-10b，按照从下往上的顺序，卷积神经网络将依次执行 3×3 的最大池化，256 个带补零的 $5 \times 5 \times 96$ 的卷积，3×3 的最大池化，然后再连续执行三次卷积，每次卷积使用 384 个 3×3 的卷积核（三次卷积的卷积核的维度分别为 256、384、384），带补零，再执行 3×3 的最大池化。最后是两个全连接层，每层神经元的数量均为 4096，而输出层/最后一个全连接层的神经元数量为 1000，因为 AlexNet 默认使用 ImageNet 竞赛数据集（1000 个类），进行分类任务。实际应用中，可根据具体数据集中的类别数量，确定最后一层中的神经元数量。

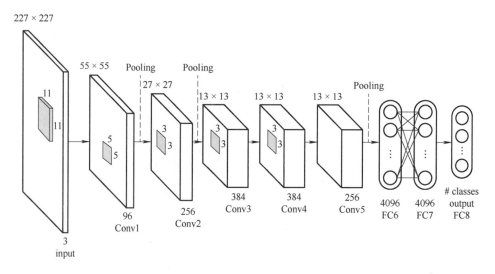

图 4-11　AlexNet 神经网络结构

概括而言，LeNet 包括两个卷积层、两个池化层、三个全连接层（含一个输出层），使用平均池化（AvgPool）和 Sigmoid 激活函数，卷积核尺寸均为 5×5，三个全连接层神经元数量分别为 120、84 和 10。而 AlexNet 包含五个卷积层、三个池化层、三个全连接层（含一个输出层），使用最大池化和 ReLU 激活函数。第一次卷积使用 96 个 11×11（$\times 3$）的卷积核，后续卷积使用的卷积核尺寸是 5×5 和 3×3。三个全连接层的神经元数量分别为 4096、4096 和 1000。其中，前两个全连接层之间的权值数量约为 1600 万个，计算量巨大。为了减少计算量，同时避免过拟合，AlexNet 还引入了 Dropout 技术，对前两层全连接层，随机丢弃一半的神经元（将其值置 0），使其不在前向计算和误差反向传播中发挥作用，有利于解决过拟合的问题，提高了模型的泛化能力，也加快了运算速度。

4.3　卷积神经网络的误差反向传播原理

图 4-12 给出了一个卷积神经网络示例，基于该示例，本节将讲解卷积神经网络的误差反向传播原理。与人工神经网络相同，卷积神经网络也是按照从后到前的顺序进行误差反向传播的。由于卷积神经网络通常包括一个或多个卷积层和全连接层，那么，从后往前进行误差反向传播时，首先进行的全连接层的误差反向传播，其原理和人工神经网络的误差反向传播原理完全相同；然后是卷积层的误差反向传播。总体而言，卷积神经网络进行误差反向传播时，需要解决以下五个关键问题：

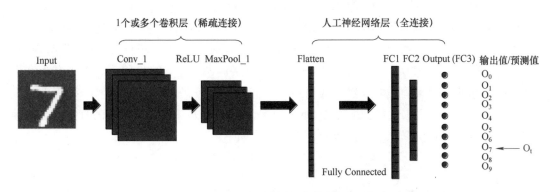

图 4-12　卷积神经网络示例

1）Softmax 交叉熵损失函数求导。如果不采用均方差损失，而采用 Softmax 交叉熵损失，如何实现 Softmax 交叉熵损失函数的求导？

2）输出层所用的 Softmax 激活函数和隐层所用的 ReLU 激活函数的求导问题。卷积神经网络中，输出层采用 Softmax 激活函数，而其他层（隐层）采用 ReLU 激活函数，那么，Softmax 激活函数和 ReLU 激活函数如何求导？

3）卷积神经网络的全连接层的权值、偏置项和神经元值的求导问题。在该步骤中，卷积神经网络的全连接层的误差反向传播的原理和人工神经网络的误差反向传播原理完全相同。

4）池化层的求导问题。卷积神经网络中，下采样层（池化层）中神经元的值如何求导？

5）卷积层，卷积核中的权值和卷积操作前后的矩阵中元素值的求导问题。

本节所用符号的含义与第 3 章人工神经网络中的符号说明相同。输出层本身也是一个全连接层，人工神经网络一章中，输出层采用了均方损失函数（MSE），而本章卷积神经网络采用 Softmax Cross-Entropy Loss（Softmax 交叉熵损失）函数，它是卷积神经网络中最常用的损失函数。Softmax 交叉熵损失规定输出层神经元使用 Softmax 激活函数，然后再利用交叉熵损失（Cross-Entropy Loss）函数计算损失。其他层（隐层）使用 ReLU 激活函数。

4.3.1 Softmax 交叉熵损失求导

交叉熵损失函数的公式如下（对数以自然常数 e 为底）：

$$L = -\log(O_t) \tag{4-5}$$

式中，t 是 Ground Truth Index，是输入样本的真实类别对应的编号（在 one-hot 编码中）。如当前图像中的数字是 7，即其真实类别是 7，而类别 7 在 one-hot 编码中的索引编码是 7（或 8，如果 0 是第一个类的话），故 $t = 7$（或 8）。

注：交叉熵公式为 $\sum\limits_{i=1}^{10} y_i \mathrm{Log} P_i$，$y_i$ 为真实值，P_i 为预测值，由于使用 one-hot 编码，只有 t 对应的 y_t 为 1，其余的 y_i 均为 0，故交叉熵公式简化为 $-\log(O_t)$。

O_t 是神经网络对输入样本的预测结果向量在类别 t 上的对应预测值。期望是 $O_t = 1$，或越接近 1 越好。举例：当 $O_t = 1$ 时，$L = -\log(O_t) = -\log(1) = 0$，即损失为 0，没有损失；$O_t = 0.9$ 时，$L = -\log(O_t) = -\log(0.9) = 0.1054$；$-\log(0.8) = 0.2231$。$O_t$ 离 1 越近，损失值越小。因此，交叉熵损失虽然公式简单，但能较好地反映神经网络预测准确程度，即损失值的大小。交叉熵损失函数 L 对 O_t 所在的神经元（O_t 是输入样本对应的真实类别在输出层中的对应神经元）激活后的值求导，求导公式如下：

$$\frac{\mathrm{d}}{\mathrm{d}O_t} L = -\frac{1}{O_t} \tag{4-6}$$

根据式（4-5），L 与 O_t 之外的其他输出层神经元激活后的值无关。因此，对于其他类别 i，$i\,!=t$，O_i 与损失函数 L 无关，对应的偏导值为 0，即 $\dfrac{\mathrm{d}}{\mathrm{d}O_i} L = 0$。

如图 4-13 所示，在求得总损失函数 L 对输出层每个神经元激活后的值偏导之后，下一步还需要求解损失函数 L 对输出层每个神经元激活前值的偏导值，下面具体介绍。

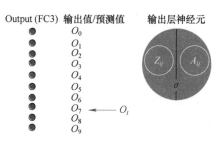

图 4-13　卷积神经网络输出层示意图

4.3.2 损失函数对输出层神经元激活前的值求偏导

首先介绍 Softmax 激活函数的公式

$$O_i = \frac{\mathrm{e}^{z_i}}{\sum\limits_{j=1}^{k} \mathrm{e}^{z_j}} \tag{4-7}$$

式中，k 是输出层神经元数量，Z_i 是输出层某个神经元激活前的值。当分子 $i = t$ 时，Softmax 激活函数的对应输出值是 O_t。由于分母是输出层的各个神经元激活前值的自然常数的 Z_j $(j=1,2,\cdots,k)$ 次方求和，因此，O_t 与输出层的各个神经元激活前的值存在函数关系，而 O_t 是神经网络对输入样本的预测结果向量在其真实类别 t 上的预测值。

对于输出层每个神经元激活前的值，求损失函数 L 对其的偏导值，结合式（4-3）、式（4-4），若 $i=t$，则根据链式法则，损失函数 L 对真实类别 t 对应的输出层神经元激活前值的偏导等于［此时式（4-7）激活函数中，分子和分母都包含了变量 O_t］

$$
\begin{aligned}
\frac{\mathrm{d}}{\mathrm{d}Z_t}L &= \frac{\mathrm{d}}{\mathrm{d}O_t}L \times \frac{\mathrm{d}}{\mathrm{d}Z_t}\left(\frac{\mathrm{e}^{Z_t}}{\sum\limits_{j=1}^{k}\mathrm{e}^{Z_j}}\right) \\
&= \frac{\mathrm{d}}{\mathrm{d}O_t}L \times \frac{\mathrm{e}^{Z_t} \times \sum\limits_{j=1}^{k}\mathrm{e}^{Z_j} - \mathrm{e}^{Z_t} \times \mathrm{e}^{Z_t}}{\left(\sum\limits_{j=1}^{k}\mathrm{e}^{Z_j}\right)^2} \\
&= -\frac{1}{O_t} \times (O_t - O_t^2) \\
&= O_t - 1
\end{aligned}
\tag{4-8}
$$

若 $i\,!=t$，此时式（4-7）激活函数中，只有分母包含了变量 Z_i，而分子 e^{Z_t} 可视作常量，则有

$$
\begin{aligned}
\frac{\mathrm{d}}{\mathrm{d}Z_i}L &= \frac{\mathrm{d}}{\mathrm{d}O_t}L \times \frac{\mathrm{d}}{\mathrm{d}Z_i}\left(\frac{\mathrm{e}^{Z_t}}{\sum\limits_{j=1}^{k}\mathrm{e}^{Z_j}}\right) \\
&= \frac{\mathrm{d}}{\mathrm{d}O_t}L \times \frac{\mathrm{e}^{Z_t} \times (-\mathrm{e}^{Z_i})}{\left(\sum\limits_{j=1}^{k}\mathrm{e}^{Z_j}\right)^2} \\
&= -\frac{1}{O_t} \times O_t \times (-O_i) \\
&= O_i
\end{aligned}
\tag{4-9}
$$

总之，损失函数 L 对输出层某个神经元激活前值的偏导值求法及伪代码如下：

```
1：    # 输入图像的真实标签为 t
2：    For j in range (0, k)
3：        DZij = Oj
4：    DZit = Ot - 1
```

如此，得到损失函数 L 对输出层每个神经元激活后值和激活前值的偏导值。下面，将求输出层的前一层（隐层）中的神经元激活后和激活前的值的偏导值。

4.3.3 损失函数对隐层神经元激活前的值求偏导

图 4-14 所示是输出层的前一层，是全连接层（隐层，图 4-14 的第 3 层）。需要求损失函数 L 对该层每个神经元激活后值和激活前值的偏导值。由于该隐层使用 ReLU 激活函数，故需探讨 ReLU 激活函数的偏导值求法。

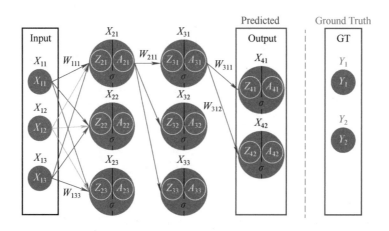

图 4-14　全连接层示意图

回顾 ReLU 激活函数，其公式如下：

$$f(x) = \max\{0, x\} \tag{4-10}$$

某个神经元若使用 ReLU 激活函数激活，则当 $Z_{ij} \geq 0$ 时，$A_{ij} = Z_{ij}$；当 $Z_{ij} < 0$ 时，$A_{ij} = 0$。当 $Z_{ij} \geq 0$ 时，损失函数 L 对该层某个神经元激活前值的偏导值为

$$\frac{\mathrm{d}}{\mathrm{d}Z_{ij}}L = \frac{\mathrm{d}}{\mathrm{d}A_{ij}}L \times \frac{\mathrm{d}}{\mathrm{d}Z_{ij}}A_{ij} = \frac{\mathrm{d}}{\mathrm{d}A_{ij}}L \times 1 = \frac{\mathrm{d}}{\mathrm{d}A_{ij}}L \tag{4-11}$$

当 $Z_{ij} < 0$ 时，损失函数 L 对该层某个神经元激活前值的偏导值为

$$\frac{\mathrm{d}}{\mathrm{d}Z_{ij}}L = \frac{\mathrm{d}}{\mathrm{d}A_{ij}}L \times \frac{\mathrm{d}}{\mathrm{d}Z_{ij}}A_{ij} = \frac{\mathrm{d}}{\mathrm{d}A_{ij}}L \times 0 = 0 \tag{4-12}$$

因此，使用 ReLU 激活函数时，若神经元激活前的值 $Z_{ij} \geq 0$，则损失函数 L 对该神经元激活前值和激活后值的偏导值相同，即 $\frac{\mathrm{d}}{\mathrm{d}Z_{ij}}L = \frac{\mathrm{d}}{\mathrm{d}A_{ij}}L$，且 $A_{ij} = Z_{ij}$。若神经元激活前的值 $Z_{ij} < 0$，则其相对于损失函数 L 的偏导值为 0，即 $\frac{\mathrm{d}}{\mathrm{d}Z_{ij}}L = 0$，且 $A_{ij} = 0$。但 $\frac{\mathrm{d}}{\mathrm{d}A_{ij}}L$（记作 DA_{ij}）不一定为 0。

损失函数 L 对隐层神经元激活前值的偏导值求法对应的伪代码如下：

> 1：　　# ReLU 激活，对于第 i 层神经网络（隐层），求损失函数 L 对神经元激活前的值的偏导值
> 2：　　# 局限于当前层神经元激活前值的偏导计算，但无法计算得到 DA_{ij}
> 3：　　For j in $1 \cdots N_i$
> 4：　　　if $Z_{ij} < 0$：
> 5：　　　　$DZ_{ij} = 0$
> 6：　　　　$A_{ij} = 0$
> 7：　　　else：
> 8：　　　　$DZ_{ij} = DA_{ij}$

下面探讨 DA_{ij} 的偏导值求法。

4.3.4　损失函数对隐层神经元激活后的值求偏导及权值求偏导

上节讨论了对卷积神经网络中的全连接层/人工神经网络层，损失函数 L 对隐层神经元激活前值的偏导值求法。本节探讨损失函数 L 对隐层神经元激活后值的偏导值 DA_{ij} 的求解方法。简言之，卷积神经网络的全连接层的前向计算和误差反向传播的原理与人工神经网络完全相同，因此，卷积神经网络的全连接层隐层神经元激活前值/激活后值的偏导求解原理，与人工神经网络隐层神经元激活前值/激活后值的偏导求法完全相同。以图 4-15 中卷积神经网络中的全连接层为例，最后一个卷积操作得到的特征矩阵拉平（Flatten），便是全连接层的输入层/第一层（该层同时是卷积神经网络的卷积层的最后一次卷积操作得到的特征矩阵，只是拉平为一维特征向量）。FC1、FC2、FC3 分别对应于卷积神经网络的全连接层的第二层、第三层和输出层。

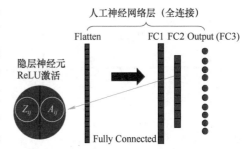

图 4-15　全连接层神经网络结构

回顾人工神经网络中，当前层的某个神经元激活前的值与前一层每个神经元激活后的值及当前神经元与其之间的权值之间的关系如下：

$$Z_{41} = A_{31} \times W_{311} + A_{32} \times W_{321} + A_{33} \times W_{331} + B_{41} \tag{4-13}$$

卷积神经网络的全连接层中，因当前层的某个神经元与下一层的所有神经元连接，则损失函数 L 对隐层神经元激活后值的偏导值 DA_{ij} 为

$$DA_{ij} = \sum_{k=1}^{N_{i+1}} \left(DZ_{(i+1)k} \times W_{ijk} \right) \tag{4-14}$$

可以看到，隐层神经元激活后值的偏导值 DA_{ij} 与激活函数无直接关系，它只与当前神经元与下一层每个神经元之间的权值，以及下一层的每个神经元激活前值的偏导值有关。

注：人工神经网络一章中，没有介绍损失函数 L 对隐层神经元激活后值的偏导公式，但其偏导值与式（4-14）完全相同。

结合式（4-10）~ 式（4-14），DZ_{ij} 与 DA_{ij} 的关系探讨如下：由于隐层神经元使用 ReLU 激活函数，当某隐层神经元激活前的值大于或等于 0 时，其激活后的值等于激活前的值，即 A_{ij} 等于 Z_{ij}，则根据链式法则，有 $DZ_{ij} = DA_{ij}$，而 $DA_{ij} = \sum_{k=1}^{N_{i+1}} (DZ_{(i+1)k} \times W_{ijk})$。若激活前的神经元值小于 0，根据 ReLU 激活函数，则激活后的神经元值为 0，即 $A_{ij} = 0$，而 $DA_{ij} = \sum_{k=1}^{N_{i+1}} (DZ_{(i+1)k} \times W_{ijk})$，$DZ_{ij} = 0$，因为根据链式法则，$DZ_{ij}$ 等于 DA_{ij} 乘以 A_{ij} 对 Z_{ij} 的偏导值（当 $A_{ij} = 0$ 时，A_{ij} 对 Z_{ij} 的偏导值等于 0）。

结合式（4-13），卷积神经网络的全连接层中，隐层神经元激活前的值、两层神经元之间的权值、每个神经元上的偏置项的偏导求解公式如下：

$$DZ_{ij} = DA_{ij} = \sum_{k=1}^{N_{i+1}} (DZ_{(i+1)k} \times W_{ijk}), \quad Z_{ij} \geq 0 \tag{4-15}$$

$$DZ_{ij} = 0, \quad Z_{ij} < 0 \tag{4-16}$$

$$DW_{ijk} = DZ_{(i+1)k} \times A_{ij} \tag{4-17}$$

$$DB_{ij} = DZ_{ij} \tag{4-18}$$

综上，损失函数对隐层神经元激活前值/激活后值及权值和偏置项的偏导求导伪代码如下：

```
1:    # ReLU 激活, 对于第 i 层神经网络（隐层），全连接层
2:      # 注：事先已计算得到下一层神经元的 DZ(i+1)j
3:     For j in range (1,1 + Ni)
4:        For k in range (1,1 + Ni+1)
5:           DAij += DZ(i+1)k × Wijk      # 激活后神经元求偏导值
6:           DWijk = DZ(i+1)k × Aij       # 相邻层神经元之间的权值求偏导值
7:        if Zij < 0:                      # 对神经元激活前的值求偏导, 区分 Zij 是否大于或
                                            等于 0
8:           DZij = 0
9:        else:
10:          DZij = DAij
11:     DBij = DZij      # 当前神经元对应的偏置项求偏导值
```

4.3.5 卷积神经网络的池化操作涉及的神经元值偏导求法

图 4-16 所示是最大池化操作（MaxPooling）的示例，其中 Conv_1 是卷积层使用 ReLU

激活后的特征矩阵，假定其大小为 4×6，池化窗口为 2×2，步幅是 2。池化层没有需要学习的权值参数，最大池化操作依次选定 Conv_1 的每个滑动窗口中的最大值（滑动步幅为 2），形成池化后的特征矩阵，即 MaxPool_1，其尺寸是 2×3。进行误差反向传播时，池化前的每个滑动窗口中的最大值将参与误差反向传播的计算，而同一个滑动窗口中的其余的值不参与误差反向传播过程。

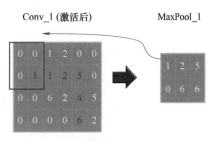

图 4-16　最大池化操作示例

　　最大池化前后的特征矩阵中的元素的偏导求解方法伪代码如下：

```
1:  # 对每个池化窗口中的每个元素 Zij 及最大池化后的特征矩阵中的对应元素 Pij
2:  if Zij 是当前窗口中的最大值
3:      d/dZij L = d/dPij L
4:  else
5:      d/dZij L = 0  # 即 DZij = 0
```

　　分析最大池化操作的偏导计算方法可知，根据链式法则，按照从后往前的顺序，在池化操作得到的特征矩阵的偏导值 DP_{ij} 已有的情况下，求解池化操作前的特征矩阵（池化操作的输入矩阵）中的每个元素的偏导值时，其偏导值要么为 0，要么等于 DP_{ij}（输入矩阵的每个池化窗口中的最大值对应的元素/神经元的偏导值为池化操作得到的特征矩阵中的对应元素/神经元的偏导值，即 DP_{ij}）。注意，该池化操作的输入矩阵实际上为某个卷积操作得到的特征矩阵激活后的值，因此，该输入矩阵中的神经元激活后的值的偏导要么是 0，要么是 DP_{ij}。该输入矩阵中 3/4 的神经元/元素激活后的值的偏导值为 0。再继续往前进行误差回传时，这些神经元激活前的值的偏导值可直接置为 0，运算速度较快。

　　如果是平均池化，每个池化窗口中的 4 个元素的平均值为平均池化操作得到的特征值。平均池化前后的特征矩阵中的元素的偏导求解伪代码如下：

```
1:  # 对每个池化窗口中的每个元素 Zij 及平均池化后的特征矩阵中的对应元素 Pij
2:  d/dZij L = 1/4 × d/dPij L = 1/4 × DPij
```

　　分析平均池化操作的偏导计算方法可知，根据链式法则，按照从后往前的顺序，在池化操作得到的特征矩阵的偏导值 DP_{ij} 已有的情况下，求解池化操作前的特征矩阵（池化操作的输入矩阵）中的每个元素的偏导值时，每个元素/每个神经元激活后的值的偏导值均为 $DP_{ij}/4$。

4.3.6　卷积操作涉及的输入矩阵中的元素和卷积核中权值的偏导计算方法

卷积神经网络中，卷积操作之后得到的特征矩阵，元素值（特征值）对应的偏导值已通过前述的反向传播得到。现在需要计算卷积前的矩阵中的元素值（特征值）的偏导值（求卷积前的特征矩阵中的每个元素值激活后/激活前的值的偏导值）。进行卷积操作时，卷积前的特征矩阵中的元素值（特征值，下同）与卷积之后得到的特征矩阵中的元素值之间，共享卷积核中的参数/权值。这是卷积神经网络的卷积操作与人工神经网络的全连接操作的重要不同。

举例：假定卷积前的特征矩阵 A 的尺寸为 4×4，卷积核大小为 3×3，对矩阵 A 进行卷积操作/前向计算，$\otimes$ 是卷积操作，则卷积后得到尺寸为 2×2 的特征矩阵，包括 4 个元素（特征值）。该卷积运算的矩阵表示如下：

$$\begin{pmatrix} A_{11} & A_{12} & A_{13} & A_{14} \\ A_{21} & A_{22} & A_{23} & A_{24} \\ A_{31} & A_{32} & A_{33} & A_{34} \\ A_{41} & A_{42} & A_{43} & A_{44} \end{pmatrix} \otimes \begin{pmatrix} W_{11} & W_{12} & W_{13} \\ W_{21} & W_{22} & W_{23} \\ W_{31} & W_{32} & W_{33} \end{pmatrix} = \begin{pmatrix} Z_{11} & Z_{12} \\ Z_{21} & Z_{22} \end{pmatrix} \tag{4-19}$$

误差反向传播是从后往前的求导顺序，因此，卷积后得到的尺寸为 2×2 的特征矩阵中的元素值（Z_{11}、Z_{12} 等）激活前和激活后的值的偏导值已通过前面章节得到。现在需要对卷积前的特征矩阵 A 中的元素值（A_{11}、A_{12} 等）及卷积核中的权值（W_{11}、W_{12} 等）求偏导。

为偏于理解相关的求导过程，现将式（4-19）展开如下（其中 b 为该卷积核对应的偏置值，每个卷积核有且仅有一个偏置参数）：

$$\begin{aligned} Z_{11} = &A_{11} \times W_{11} + A_{12} \times W_{12} + A_{13} \times W_{13} + A_{21} \times W_{21} + A_{22} \times W_{22} + \\ &A_{23} \times W_{23} + A_{31} \times W_{31} + A_{32} \times W_{32} + A_{33} \times W_{33} + b \end{aligned}$$

$$\begin{aligned} Z_{12} = &A_{12} \times W_{11} + A_{13} \times W_{12} + A_{14} \times W_{13} + A_{22} \times W_{21} + A_{23} \times W_{22} + \\ &A_{24} \times W_{23} + A_{32} \times W_{31} + A_{33} \times W_{32} + A_{34} \times W_{33} + b \end{aligned}$$

$$\begin{aligned} Z_{21} = &A_{21} \times W_{11} + A_{22} \times W_{12} + A_{23} \times W_{13} + A_{31} \times W_{21} + A_{32} \times W_{22} + \\ &A_{33} \times W_{23} + A_{41} \times W_{31} + A_{42} \times W_{32} + A_{43} \times W_{33} + b \end{aligned}$$

$$\begin{aligned} Z_{22} = &A_{22} \times W_{11} + A_{23} \times W_{12} + A_{24} \times W_{13} + A_{32} \times W_{21} + A_{33} \times W_{22} + \\ &A_{34} \times W_{23} + A_{42} \times W_{31} + A_{43} \times W_{32} + A_{44} \times W_{33} + b \end{aligned}$$

对卷积核中的权值进行求导，根据上述展开式，这些权值的偏导求解示例如下：

$$\begin{aligned} \frac{\mathrm{d}}{\mathrm{d}W_{11}}L &= A_{11} \times \frac{\mathrm{d}}{\mathrm{d}Z_{11}}L + A_{12} \times \frac{\mathrm{d}}{\mathrm{d}Z_{12}}L + A_{21} \times \frac{\mathrm{d}}{\mathrm{d}Z_{21}}L + A_{22} \times \frac{\mathrm{d}}{\mathrm{d}Z_{22}}L \\ &= A_{11} \times \mathrm{D}Z_{11} + A_{12} \times \mathrm{D}Z_{12} + A_{21} \times \mathrm{D}Z_{21} + A_{22} \times \mathrm{D}Z_{22} \end{aligned}$$

$$\begin{aligned}
\frac{\mathrm{d}}{\mathrm{d}W_{12}}L &= A_{12} \times \frac{\mathrm{d}}{\mathrm{d}Z_{11}}L + A_{13} \times \frac{\mathrm{d}}{\mathrm{d}Z_{12}}L + A_{22} \times \frac{\mathrm{d}}{\mathrm{d}Z_{21}}L + A_{23} \times \frac{\mathrm{d}}{\mathrm{d}Z_{22}}L \\
&= A_{12} \times \mathrm{D}Z_{11} + A_{13} \times \mathrm{D}Z_{12} + A_{22} \times \mathrm{D}Z_{21} + A_{23} \times \mathrm{D}Z_{22}
\end{aligned}$$

$$\begin{aligned}
\frac{\mathrm{d}}{\mathrm{d}W_{13}}L &= A_{13} \times \frac{\mathrm{d}}{\mathrm{d}Z_{11}}L + A_{14} \times \frac{\mathrm{d}}{\mathrm{d}Z_{12}}L + A_{23} \times \frac{\mathrm{d}}{\mathrm{d}Z_{21}}L + A_{24} \times \frac{\mathrm{d}}{\mathrm{d}Z_{22}}L \\
&= A_{13} \times \mathrm{D}Z_{11} + A_{14} \times \mathrm{D}Z_{12} + A_{23} \times \mathrm{D}Z_{21} + A_{24} \times \mathrm{D}Z_{22}
\end{aligned}$$

$$\begin{aligned}
\frac{\mathrm{d}}{\mathrm{d}W_{21}}L &= A_{21} \times \frac{\mathrm{d}}{\mathrm{d}Z_{11}}L + A_{22} \times \frac{\mathrm{d}}{\mathrm{d}Z_{12}}L + A_{31} \times \frac{\mathrm{d}}{\mathrm{d}Z_{21}}L + A_{32} \times \frac{\mathrm{d}}{\mathrm{d}Z_{22}}L \\
&= A_{21} \times \mathrm{D}Z_{11} + A_{22} \times \mathrm{D}Z_{12} + A_{31} \times \mathrm{D}Z_{21} + A_{32} \times \mathrm{D}Z_{22}
\end{aligned}$$

$$\begin{aligned}
\frac{\mathrm{d}}{\mathrm{d}W_{22}}L &= A_{22} \times \frac{\mathrm{d}}{\mathrm{d}Z_{11}}L + A_{23} \times \frac{\mathrm{d}}{\mathrm{d}Z_{12}}L + A_{32} \times \frac{\mathrm{d}}{\mathrm{d}Z_{21}}L + A_{33} \times \frac{\mathrm{d}}{\mathrm{d}Z_{22}}L \\
&= A_{22} \times \mathrm{D}Z_{11} + A_{23} \times \mathrm{D}Z_{12} + A_{32} \times \mathrm{D}Z_{21} + A_{33} \times \mathrm{D}Z_{22}
\end{aligned}$$

$$\begin{aligned}
\frac{\mathrm{d}}{\mathrm{d}W_{23}}L &= A_{23} \times \frac{\mathrm{d}}{\mathrm{d}Z_{11}}L + A_{24} \times \frac{\mathrm{d}}{\mathrm{d}Z_{12}}L + A_{33} \times \frac{\mathrm{d}}{\mathrm{d}Z_{21}}L + A_{34} \times \frac{\mathrm{d}}{\mathrm{d}Z_{22}}L \\
&= A_{23} \times \mathrm{D}Z_{11} + A_{24} \times \mathrm{D}Z_{12} + A_{33} \times \mathrm{D}Z_{21} + A_{34} \times \mathrm{D}Z_{22}
\end{aligned}$$

$$\begin{aligned}
\frac{\mathrm{d}}{\mathrm{d}W_{31}}L &= A_{31} \times \frac{\mathrm{d}}{\mathrm{d}Z_{11}}L + A_{32} \times \frac{\mathrm{d}}{\mathrm{d}Z_{12}}L + A_{41} \times \frac{\mathrm{d}}{\mathrm{d}Z_{21}}L + A_{42} \times \frac{\mathrm{d}}{\mathrm{d}Z_{22}}L \\
&= A_{31} \times \mathrm{D}Z_{11} + A_{32} \times \mathrm{D}Z_{12} + A_{41} \times \mathrm{D}Z_{21} + A_{42} \times \mathrm{D}Z_{22}
\end{aligned}$$

$$\begin{aligned}
\frac{\mathrm{d}}{\mathrm{d}W_{32}}L &= A_{32} \times \frac{\mathrm{d}}{\mathrm{d}Z_{11}}L + A_{33} \times \frac{\mathrm{d}}{\mathrm{d}Z_{12}}L + A_{42} \times \frac{\mathrm{d}}{\mathrm{d}Z_{21}}L + A_{43} \times \frac{\mathrm{d}}{\mathrm{d}Z_{22}}L \\
&= A_{32} \times \mathrm{D}Z_{11} + A_{33} \times \mathrm{D}Z_{12} + A_{42} \times \mathrm{D}Z_{21} + A_{43} \times \mathrm{D}Z_{22}
\end{aligned}$$

$$\begin{aligned}
\frac{\mathrm{d}}{\mathrm{d}W_{33}}L &= A_{33} \times \frac{\mathrm{d}}{\mathrm{d}Z_{11}}L + A_{34} \times \frac{\mathrm{d}}{\mathrm{d}Z_{12}}L + A_{43} \times \frac{\mathrm{d}}{\mathrm{d}Z_{21}}L + A_{44} \times \frac{\mathrm{d}}{\mathrm{d}Z_{22}}L \\
&= A_{33} \times \mathrm{D}Z_{11} + A_{34} \times \mathrm{D}Z_{12} + A_{43} \times \mathrm{D}Z_{21} + A_{44} \times \mathrm{D}Z_{22}
\end{aligned}$$

将上述示例表示为矩阵运算，得

$$\begin{pmatrix} \mathrm{D}W_{11} & \mathrm{D}W_{12} & \mathrm{D}W_{13} \\ \mathrm{D}W_{21} & \mathrm{D}W_{22} & \mathrm{D}W_{23} \\ \mathrm{D}W_{31} & \mathrm{D}W_{32} & \mathrm{D}W_{33} \end{pmatrix} = \begin{pmatrix} A_{11} & A_{12} & A_{13} & A_{14} \\ A_{21} & A_{22} & A_{23} & A_{24} \\ A_{31} & A_{32} & A_{33} & A_{34} \\ A_{41} & A_{42} & A_{43} & A_{44} \end{pmatrix} \otimes \begin{pmatrix} \mathrm{D}Z_{11} & \mathrm{D}Z_{12} \\ \mathrm{D}Z_{21} & \mathrm{D}Z_{22} \end{pmatrix} \tag{4-20}$$

如此，便得到了卷积核中权值/参数的偏导值。

同理，根据式（4-19）的展开式，计算卷积前的特征矩阵中的神经元（特征值）激活后的值的偏导的示例如下（以 $\mathrm{D}A_{11}$、$\mathrm{D}A_{12}$、$\mathrm{D}A_{43}$、$\mathrm{D}A_{44}$ 为例）：

$$\frac{\mathrm{d}}{\mathrm{d}A_{11}}L = \mathrm{D}Z_{11} \times W_{11}$$

$$\frac{\mathrm{d}}{\mathrm{d}A_{12}}L = \mathrm{D}Z_{11} \times W_{12} + \mathrm{D}Z_{12} \times W_{11}$$

$$\frac{\mathrm{d}}{\mathrm{d}A_{43}}L = \mathrm{D}Z_{21} \times W_{33} + \mathrm{D}Z_{22} \times W_{32}$$

$$\frac{\mathrm{d}}{\mathrm{d}A_{44}}L = \mathrm{D}Z_{22} \times W_{33}$$

将上述示例表示为矩阵运算，得

$$\begin{pmatrix} \mathrm{D}A_{11} & \mathrm{D}A_{12} & \mathrm{D}A_{13} & \mathrm{D}A_{14} \\ \mathrm{D}A_{21} & \mathrm{D}A_{22} & \mathrm{D}A_{23} & \mathrm{D}A_{24} \\ \mathrm{D}A_{31} & \mathrm{D}A_{32} & \mathrm{D}A_{33} & \mathrm{D}A_{34} \\ \mathrm{D}A_{41} & \mathrm{D}A_{42} & \mathrm{D}A_{43} & \mathrm{D}A_{44} \end{pmatrix} = \begin{pmatrix} 0 & 0 & 0 & 0 & 0 & 0 \\ 0 & 0 & 0 & 0 & 0 & 0 \\ 0 & 0 & \mathrm{D}Z_{11} & \mathrm{D}Z_{12} & 0 & 0 \\ 0 & 0 & \mathrm{D}Z_{21} & \mathrm{D}Z_{22} & 0 & 0 \\ 0 & 0 & 0 & 0 & 0 & 0 \\ 0 & 0 & 0 & 0 & 0 & 0 \end{pmatrix} \otimes \begin{pmatrix} W_{33} & W_{32} & W_{31} \\ W_{23} & W_{22} & W_{21} \\ W_{13} & W_{12} & W_{11} \end{pmatrix} \quad (4\text{-}21)$$

式（4-21）等价于

$$\begin{pmatrix} \mathrm{D}A_{11} & \mathrm{D}A_{12} & \mathrm{D}A_{13} & \mathrm{D}A_{14} \\ \mathrm{D}A_{21} & \mathrm{D}A_{22} & \mathrm{D}A_{23} & \mathrm{D}A_{24} \\ \mathrm{D}A_{31} & \mathrm{D}A_{32} & \mathrm{D}A_{33} & \mathrm{D}A_{34} \\ \mathrm{D}A_{41} & \mathrm{D}A_{42} & \mathrm{D}A_{43} & \mathrm{D}A_{44} \end{pmatrix} = \begin{pmatrix} 0 & 0 & 0 & 0 & 0 & 0 \\ 0 & 0 & 0 & 0 & 0 & 0 \\ 0 & 0 & \mathrm{D}Z_{11} & \mathrm{D}Z_{12} & 0 & 0 \\ 0 & 0 & \mathrm{D}Z_{21} & \mathrm{D}Z_{22} & 0 & 0 \\ 0 & 0 & 0 & 0 & 0 & 0 \\ 0 & 0 & 0 & 0 & 0 & 0 \end{pmatrix} \otimes \begin{pmatrix} W_{11} & W_{12} & W_{13} \\ W_{21} & W_{22} & W_{23} \\ W_{31} & W_{32} & W_{33} \end{pmatrix}^{\mathrm{rot}180} \quad (4\text{-}22)$$

其中，rot180 表示将卷积核矩阵逆时针旋转 $180°$。$\mathrm{D}Z_{11}$、$\mathrm{D}Z_{12}$、$\mathrm{D}Z_{21}$、$\mathrm{D}Z_{22}$ 所组成的矩阵 $\mathbf{DZ}$ 需要进行补零（此例中需要从 2×2 补零为 6×6），补零/padding 的大小（p），可以通过 $\frac{n-f+2p}{s}+1$ 得出 [见式（4-4）]。因为此例中，卷积后得到的特征矩阵尺寸是 4×4，n 是 2×2（补零前的矩阵 $\mathbf{DZ}$ 的尺寸），f 是 3×3（卷积核的尺寸），则有 $4 = \frac{2+2p-3}{1}+1$，解得 $p=2$，补零的尺寸为 2，即对矩阵 $\mathbf{DZ}$ 上下左右分别补零/padding（单侧填充两列 0 元素）。如此，便得到卷积前的特征矩阵中的每个元素值激活后的值的偏导值。

最后，根据式（4-19）的展开式，偏置 b 的偏导值的计算公式如下：

$$\mathrm{D}b = \mathrm{D}Z_{11} + \mathrm{D}Z_{12} + \mathrm{D}Z_{21} + \mathrm{D}Z_{22} \quad (4\text{-}23)$$

每个卷积核对应的偏置参数是唯一的，根据式（4-23）可知，卷积核对应的偏置的导数等于卷积后的特征矩阵激活前的偏导值之和。

如此，根据式（4-20）、式（4-22）和式（4-23），可得到卷积操作前的特征矩阵中的元素值激活后的值的偏导值，以及卷积核中的权值/参数和偏置的偏导值。

4.3.7　卷积神经网络的误差反向传播总结

按照从后往前的误差反向传播方式，结合图 4-12 中的卷积神经网络结构，卷积神经网络涉及的输出层（全连接层的输出层）、隐层（全连接层的隐层）和卷积层（池化层）中的元素值和相关全连接权值或卷积核中的权值及偏置的偏导值求法总结如下：

1）输出层神经元激活后的值和激活前的值的偏导求法（输出层使用 Softmax 激活函数和 Cross Entropy 损失函数），详见 4.3.1 节和 4.3.2 节，令 t 为输入样本对应的真实类别在 one-hot 编码中的索引/编号，对应的求导公式如下：

$$\frac{\mathrm{d}}{\mathrm{d}O_t}L = -\frac{1}{O_t}, \quad i = t （输出层神经元激活后的值的偏导值）$$

$$\frac{\mathrm{d}}{\mathrm{d}Z_t}L = O_t - 1, i = t （输出层神经元激活前的值的偏导值）$$

$$\frac{\mathrm{d}}{\mathrm{d}Z_i}L = O_i \quad i\ ! = t （输出层神经元激活前的值的偏导值）$$

2）全连接层的隐层神经元激活前的值和激活后的值的偏导值求法（使用 ReLU 激活函数）。4.3.3 节和 4.3.4 节给出了卷积神经网络全连接层中的神经元激活前和激活后的值的偏导值及相关权值的偏导值求法，对应的求导公式如下：

$$DZ_{ij} = DA_{ij} = \sum_{k=1}^{N_{i+1}} (DZ_{(i+1)k} \times W_{ijk}), Z_{ij} \geq 0 （隐层神经元激活前值的偏导值）$$

$$DZ_{ij} = 0, Z_{ij} < 0 （隐层神经元激活前值的偏导值）$$

$$DW_{ijk} = DZ_{(i+1)k} \times A_{ij} （两个隐层神经元间的全连接权值的偏导值）$$

$$DB_{ij} = DZ_{ij} （全连接层的隐层神经元上的偏置的偏导值）$$

3）卷积神经网络的池化操作涉及的池化前的特征矩阵中的元素激活后的值的偏导值求法。4.3.5 节给出了相关偏导值的求法，对应的求导公式如下：

$$DZ_{ij} = \frac{1}{4}DP_{ij} \quad （池化操作前的特征矩阵中的元素激活后值的偏导值，平均池化）$$

$$DZ_{ij} = DP_{ij} 或 0（池化操作前的特征矩阵中的元素激活后值的偏导值，最大池化）$$

4）卷积神经网络的卷积操作前的特征矩阵中的元素激活后的值的偏导值及卷积核中的权值/参数和偏置的偏导值求法。对应的求导公式如下：

$$\begin{pmatrix} DA_{11} & DA_{12} & DA_{13} & DA_{14} \\ DA_{21} & DA_{22} & DA_{23} & DA_{24} \\ DA_{31} & DA_{32} & DA_{33} & DA_{34} \\ DA_{41} & DA_{42} & DA_{43} & DA_{44} \end{pmatrix} = \begin{pmatrix} 0 & 0 & 0 & 0 & 0 & 0 \\ 0 & 0 & 0 & 0 & 0 & 0 \\ 0 & 0 & DZ_{11} & DZ_{12} & 0 & 0 \\ 0 & 0 & DZ_{21} & DZ_{22} & 0 & 0 \\ 0 & 0 & 0 & 0 & 0 & 0 \\ 0 & 0 & 0 & 0 & 0 & 0 \end{pmatrix} \otimes \begin{pmatrix} W_{11} & W_{12} & W_{13} \\ W_{21} & W_{22} & W_{23} \\ W_{31} & W_{32} & W_{33} \end{pmatrix}^{\text{rot180}}$$

$$\begin{pmatrix} DW_{11} & DW_{12} & DW_{13} \\ DW_{21} & DW_{22} & DW_{23} \\ DW_{31} & DW_{32} & DW_{33} \end{pmatrix} = \begin{pmatrix} A_{11} & A_{12} & A_{13} & A_{14} \\ A_{21} & A_{22} & A_{23} & A_{24} \\ A_{31} & A_{32} & A_{33} & A_{34} \\ A_{41} & A_{42} & A_{43} & A_{44} \end{pmatrix} \otimes \begin{pmatrix} DZ_{11} & DZ_{12} \\ DZ_{21} & DZ_{22} \end{pmatrix}$$

$$Db = DZ_{11} + DZ_{12} + DZ_{21} + DZ_{22}$$

最后，需要说明的是，卷积神经网络的卷积层及卷积操作中，是没有神经元的概念的，而只有卷积（滤波）操作前后的矩阵及卷积核（滤波器）中的权值的概念。某卷积层中，卷积前的矩阵与卷积核之间进行卷积操作，得出卷积后的矩阵（然后再对矩阵中的元素进行 ReLU 激活）、误差反向传播时，若已得到卷积后的矩阵中每个元素的激活后和激活前的值的偏导值，则可根据4）中总结的公式，求出卷积核中每个权值的偏导值，及卷积前的矩阵中每个元素（激活后）的值的偏导值。

而在卷积神经网络的全连接部分才有神经元的概念，且权值不共享，此时使用1）和2）中的相关公式求全连接层神经元激活前的值的偏导值及每个权值的偏导值。

本章参考文献

[1] CUN Y L, BOTTOU L, BENGIO Y, et al. Gradient-based learning applied to document recognition [J]. Proceedings of the IEEE, 1998, 86 (11): 2278-2324.

[2] KRIZHEVSKY A, SUTSKEVER I, HINTON G E. ImageNet classification with deep convolutional neural networks [C]//Annual Conference on Neural Information Processing Systems (NeurIPS). Cambridge: MIT Press, 2012: 1106-1114.

[3] LI Z W, LIU F, YANG W J, et al. A Survey of Convolutional Neural Networks: Analysis, Applications, and Prospects [J]. IEEE Transactions on Neural Networks and Learning Systems, 2022, 33 (12): 6999-7019.

[4] GU J X, WANG Z H, KUEN J, et al. Recent advances in convolutional neural networks [J]. Pattern Recognition, 2018, 77: 354-377.

第 5 章

常见卷积操作与经典卷积神经网络

本章主要内容

- 常见的卷积操作介绍
- 经典的卷积神经网络介绍

本章介绍常见的卷积操作及其原理和用途，分析经典卷积神经网络的神经网络结构设计思想与技术细节。通过本章内容的学习，学生将具备设计卷积神经网络的知识储备。

5.1 常见的卷积操作介绍

5.1.1 卷积操作的输出尺寸

卷积操作时，输出的卷积特征，根据是否补齐/补零，对应不同的特征尺寸。之所以需要补齐，是因为卷积过程中，卷积窗口（滑动窗口）在输入矩阵上滑动的过程中，可能会出现同一行的最后一个滑动窗口中的特征尺寸不足、小于卷积核尺寸的情况（滑动窗口中的特征尺寸需要等于卷积核的尺寸），若要保证输出特征的尺寸与输入矩阵的尺寸相同，则需要补齐操作。如图 5-1 所示，补齐/补零操作共有三种模式：Valid、Same 和 Full。

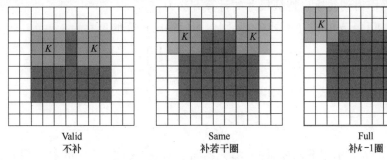

Valid
不补

Same
补若干圈

Full
补 $k-1$ 圈

图 5-1　卷积操作中的三种补齐/补零模式

（1）Valid 补齐模式　即不进行补齐操作。卷积过程中，滑动窗口滑动到每一行的最后一个完整的窗口（窗口中的特征尺寸等于卷积核尺寸）后，便完成该行的滑动过程，不再继续向右滑动。除非使用尺寸为 1×1 的卷积核，默认的卷积核尺寸一般大于或等于 3×3，在 Valid 补齐模式下，输出特征的尺寸为 $w_0 = \mathrm{ceil}\left(\dfrac{|W| - w + 1}{\mathrm{stride}}\right)$，其中 w_0 为输出特征尺寸（宽或高度），$|W|$ 为输入数据尺寸（宽或高），w 为卷积核尺寸（宽或高），stride 为滑动步幅。例如，输入数据的尺寸为 28×28，卷积核尺寸为 3×3，步幅为 1，使用 Valid 补齐模式，则输出特征的尺寸为 26×26。即便滑动步幅为 1，每行滑动结束后，得到的特征尺寸为 $|W| - w + 1$，故 Valid 补齐模式下输出特征的尺寸（宽）w_0 比输入矩阵的尺寸（宽）小 $w - 1$，w 为卷积核的宽或高（步幅为 1 的情况）。

（2）Same 补齐模式　它使得输出特征的尺寸等于输入数据的尺寸。Same 补齐模式为保证输出特征的尺寸与输入数据的尺寸一致，在卷积过程中或在卷积操作开始之前，需要进行补齐操作，共需补齐 $w - 1$ 列（行）零向量（滑动步幅为 1 时），如 $w = 3$ 时，需要补齐 2 列（行）零向量，此时可在输入矩阵的四周补零一圈。补齐后，输出特征尺寸与输入矩阵尺寸相同。如输入数据的尺寸为 28×28，卷积核尺寸为 3×3，步幅为 1，使用 Same 模式，需要补齐 $w - 1$ 列（行）零向量（滑动步幅为 1），相当于每一行在原有的 $|W| - w + 1$ 个完整的滑动窗口的基础上，又额外凑齐了 $w - 1$ 个完整的滑动窗口，最终输出特征的尺寸 w_0 等于 $|W| - w + 1 + w - 1$，即 $w_0 = |W|$，使得输出特征尺寸与输入数据尺寸相同，均为 28×28。

（3）Full 补齐模式　它是指在卷积核的四周，分别补齐 $w - 1$ 列（行）零向量。因此，使用 Full 模式后，输出特征的尺寸可能大于输入数据，为 $w_0 = \dfrac{|W| - w + 2p}{\mathrm{stride}} + 1$，其中 p 为单侧填充的像素数，一般为卷积核尺寸减 1（$w - 1$）。例如，输入数据的尺寸为 28×28，卷积核尺寸为 3×3，步幅为 1 时，使用 Full 补齐模式，则单侧需要补齐/填充的向量列数（行数）为 $p = 3 - 1 = 2$，输出特征的尺寸为 30×30。

综上，卷积操作得到的输出特征尺寸的计算方法为：

1）若使用 Valid 补齐模式（不补齐），则卷积后输出特征的尺寸为

$$w_0 = \mathrm{ceil}\left(\frac{|W| - w + 1}{\mathrm{stride}}\right) \tag{5-1}$$

2）若使用 Full 补齐模式，则输出特征的尺寸为

$$w_0 = \frac{|W| - w + 2p}{\mathrm{stride}} + 1 \tag{5-2}$$

式（5-2）中的 p 表示单侧需要补齐/填充的向量列数（行数），Full 补齐模式 p 默认取 $w - 1$。该公式同时适用于 Valid 补齐模式下卷积后输出特征的尺寸计算，此时 $p = 0$，$w_0 =$

$\dfrac{|W|-w}{\text{stride}}+1$。而对于 Same 补齐模式，若 stride 为 1，则左右两侧需要补齐的零向量列数（行数）为 $w-1$，即 $2p=w-1$，$p=(w-1)/2$，此时 $w_0 = \dfrac{|W|-w+2p}{\text{stride}}+1 = \dfrac{|W|-1}{\text{stride}}+1 = |W|$，输出特征与输入矩阵尺寸相同。

相比之下，Valid 补齐模式下的输出特征尺寸计算公式更为简单；Full 补齐模式下的输出特征尺寸计算公式功能更为全面和灵活，能够处理三种模式下的输出特征尺寸计算；而最常用的补齐模式是Same 补齐模式，故此种模式下，输出特征尺寸恒等于输入数据尺寸，但须计算左右两侧（上下两端）需要补齐的零向量的数量，如stride = 1 时，左右两侧共需要补齐$w-1$列零向量。

5.1.2　1×1 卷积操作

除了普通卷积操作之外，还有其他类型的卷积操作，首先介绍 1×1 卷积，又称为 NiN（Network in Network）。

当输入图像/输入矩阵的通道数为 1 时，使用 1×1 卷积就相当于对输入数据进行加倍（scaling）操作，输入数据中的所有元素（特征）同乘以一个相同的权重（如2）。

当输入数据拥有多个通道时，1×1 卷积操作相当于不同通道的特征融合及降维，此时的卷积核是多维卷积核，输入矩阵各个通道上相同位置的元素（特征），进行线性加权相加，加权系数便是 1×1 卷积核中的权值，即多个通道相同位置上的元素（特征）值与 1×1 卷积核中的权值分别相乘，然后求和。每个 1×1（×输入数据的通道数量）卷积核，对应一个输出通道。

图 5-2 中，输入数据是拥有 6 个通道的矩阵，6 个通道相同位置上的 6 个元素（特征）值与 1×1×6 卷积核中的权值分别相乘，然后求和。最后得到一个单通道的输出矩阵，从 26×26×6 的输入矩阵，变为单通道的 26×26 的输出矩阵/特征，实现了特征融合和降维。

六个26×26矩阵　　　一个1×1×6卷积核　　　一个26×26矩阵

图 5-2　使用 1×1 卷积进行卷积操作示例

进行 1×1 卷积时，可以同时使用多个 1×1 卷积核。每个卷积核对应单通道的输出矩阵，同时使用多个卷积核，其输出就是一个多维矩阵。此时 1×1 卷积的主要作用便是特征融合，以增加非线性激励和神经网络的特征表达能力。如图 5-3 所示，$26\times26\times192$ 的输入矩阵，使用 16 个 $1\times1\times192$ 的卷积核进行卷积计算，得到 16 通道的 26×26 尺寸的输出矩阵/特征（$26\times26\times16$）。

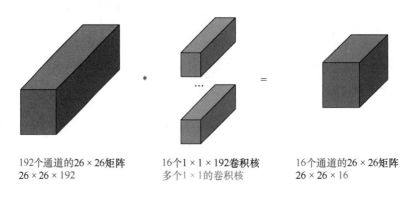

192个通道的26×26矩阵　　　16个1×1×192卷积核　　　16个通道的26×26矩阵
26 × 26 × 192　　　　　　　多个1×1的卷积核　　　　　26 × 26 × 16

图 5-3　使用多个 1×1 卷积进行卷积操作示例

总体来说，使用 1×1 卷积可以在保证输出特征尺寸与输入数据尺寸相同的前提下，对输入数据的多通道特征进行融合和降维，同时增加了非线性激励，提升了神经网络的特征表达能力，且减少了所需的参数数量（权值数量），提高了运算速度。

1×1 卷积是非常有用的卷积操作，已经在 GoogLeNet/InceptionNet 中得到了运用。

如图 5-4 所示，InceptionNet 中有不同类型的卷积模块，数据由最下方 Base 层传入模块，分别通过几种不同的路径，然后对各个路径的卷积结果进行叠放融合（Concatenate）。每个路径依次使用 1×1 及其他尺寸（如 5×5，3×3，$1\times n$，$n\times1$）的卷积核进行卷积计算。

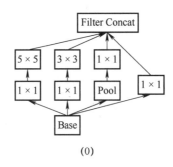

(0)

图 5-4　InceptionNet 的卷积块中的 1×1 卷积操作

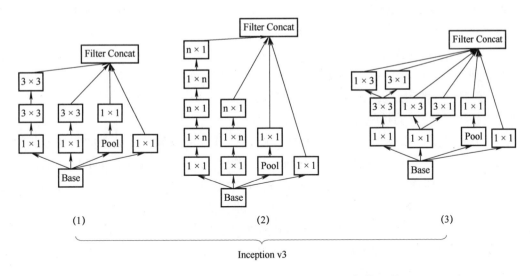

图 5-4　InceptionNet 的卷积块中的 1 × 1 卷积操作（续）

5.1.3　空洞卷积

空洞卷积又名膨胀卷积或扩张卷积。在普通卷积操作中，滑动窗口的尺寸与卷积核的尺寸一致，每次计算时都直接从滑动窗口内取与卷积核尺寸一致的数据。而在空洞卷积中，滑动窗口的尺寸不再与卷积核的尺寸一致，而是进行了扩张。

如图 5-5 所示，进行空洞卷积操作时，滑动窗口通过跳过 1 列或多列相邻的特征列实现感受野的扩张，使得原来在空间上相邻的特征值/元素在扩张后的滑动窗口中变得不再连续。本质上来说，空洞卷积以低成本的方式，增大了感受野（滑动窗口的大小）。

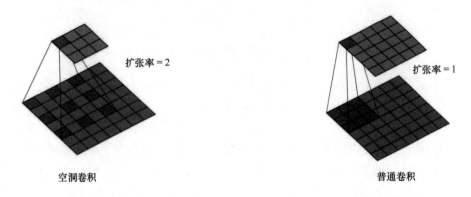

图 5-5　空洞卷积与普通卷积的对比（左侧为空洞卷积，右侧为普通卷积）

但卷积操作要求滑动窗口大小等于卷积核尺寸大小，故在具体实现空洞卷积时，可通过对卷积核中相邻的权值列之间的补零操作，实现卷积核尺寸的扩张，再使用扩张后的卷积核及相同尺寸的滑动窗口在输入数据上进行滑动、卷积，达到空洞卷积的目的。这是因为补零得到的权值列与输入数据上的对应列相乘后，对应的输出特征均为 0，等同于跳过了 1 列输入数据中的特征列。空洞卷积所需的卷积核尺寸为 $K = w + (w - 1) \times (r - 1)$，其中 w 为原始卷积核尺寸，r 为扩张率。

空洞卷积主要运用在图像分割等领域，能够提升分割效果。在经典的图像分割模型 DeepLab V2 中，便使用了金字塔形的空洞池化 ASPP（Atrous Spatial Pyramid Pooling）。在 ASPP 中，不同扩张率的空洞池化被并联使用，其输出也被叠放融合（Concatenate），然后再进行 1×1 卷积，对 ASPP 得到的多个通道中的特征进行融合、降维。如图 5-6 所示，DeepLab v3 中的 ASPP 模块，对分辨率较高的原始图像，先进行若干次卷积和池化操作后，然后进行一次空洞率为 2 的空洞卷积（图 5-6 中的第 4 步），随后，并联使用三个不同空洞率的空洞卷积（空洞率分别为 6、12、18）和一个 1×1 卷积，需要说明的是，为了保证空洞卷积后的特征图尺寸（特征尺寸）与空洞卷积前的特征尺寸相同，在卷积时需要进行补零操作（每侧补零的向量列数 p 等于对应的空洞率），如此，不同空洞率的空洞卷积最后得到的特征尺寸均与其输入特征尺寸相同，然后将不同分支/路径的空洞卷积得到的输出特征进行叠放/堆叠，再进行 1×1 卷积，将这些特征融合、降维。

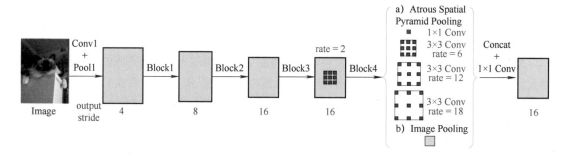

图 5-6　DeepLab v3 神经网络（2017）中的空洞卷积

图 5-7 所示是 DeepLab v3 + 的 ASPP 模块的并联分支中多了一个路径/分支，该分支依次进行池化（下采样）、1×1 卷积和 2 倍上采样的卷积操作。而对 ASPP 空洞卷积得到的特征进行上采样时，v3 + 将 v3 中的 8 倍上采样，替换为两个 4 倍上采样，其中，第一次 4 倍上采样得到的特征还将卷积阶段同尺寸的特征进行融合，因而具有更丰富的语义信息。

空洞卷积扩大了感受野，能够捕获更好的全局信息，在大尺寸物体的图像分割上表现较好，但由于本质上间隔性地跳过了特征列，也丢失了局部信息和空间邻域特性。该缺陷可能会影响分类模型的结果，故空洞卷积主要用于图像分割中。

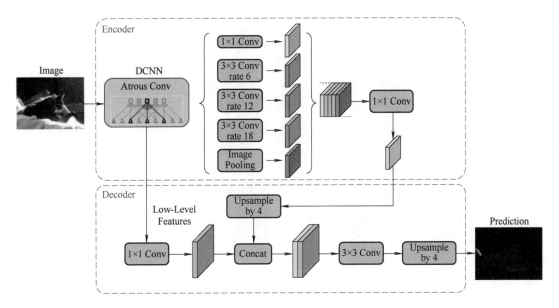

图 5-7　DeepLab v3 + 神经网络中的空洞卷积

5.1.4　转置卷积/反卷积

转置卷积（Transposed Convolution/DeConvolution）又称反卷积或逆卷积，是一种上采样方法。实际进行实现时，转置卷积仅仅是在输入数据的处理上（有补零操作）与普通卷积有区别，但本质上仍是一种卷积，只是需要根据卷积后的特征，恢复卷积前的输入矩阵。

如图 5-8 所示，转置卷积首先将输入数据按一定规则补零扩展，然后再进行卷积操作。

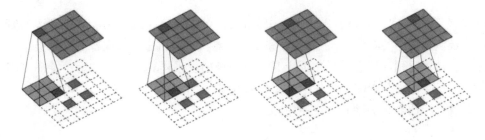

图 5-8　转置卷积的运算过程

首先，在输入矩阵（在正向卷积操作中，对应卷积后的输出矩阵）相邻元素之间填充 $s-1$ 行/列的零元素（s 表示步幅）。

其次，在输入矩阵（在正向卷积操作中，对应卷积后的输出矩阵）四周填充 $k-p-1$ 圈的零元素，其中 k 表示卷积核大小，p 表示单侧补零向量的数量（padding）。

再次，将卷积核中的参数逆时针旋转 180°（反转）。

最后，对上述前两步补零后（扩展后）得到的输入矩阵，使用第三步中反转后的卷积核，进行普通的卷积运算（该卷积运算的步幅为 1，padding 为 0）。

在图 5-9 所示的转置卷积计算示例中，输入为一个 2×2 的矩阵，卷积核大小为 3，步幅为 1，padding 为 0，输出就得到了一个 4×4 的矩阵。

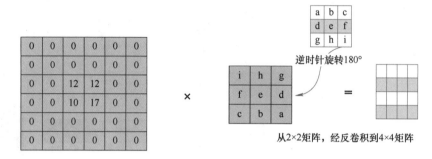

图 5-9　转置卷积计算示例

根据式（5-2），$w_0 = \dfrac{|W| - w + 2p}{\text{stride}} + 1$，求解的是卷积后的特征尺寸与输入矩阵（卷积前的矩阵）尺寸之间的关系。而转置卷积本质上是根据输出特征，求解输入矩阵（卷积前的矩阵）。因在转置卷积中 w_0 已知，故单侧补零的零向量列数 p 的表达式为

$$p = \frac{(w_0 - 1) \times \text{stride} + w - |W|}{2} \tag{5-3}$$

图 5-9 中，转置卷积期望得到的输出矩阵尺寸是 4×4，转置卷积的输入矩阵是 2×2，故 w_0 等于 4，$|W|$ 等于 2，w 等于 3（卷积核尺寸），代入式（5-3），有 $p = \dfrac{(4-1) \times 1 + 3 - 2}{2} = 2$，即单侧补零的零向量数量为 2。但使用转置卷积可能会导致棋盘效应，为了缓解该问题，应使用能被步幅整除的卷积核尺寸，或/和在转置卷积之后再进行一次普通卷积操作。

总之，转置卷积（反卷积）本质上是一种高级的上采样算法，主要是对特征（图）进行上采样，已在语义分割网络（如 U-Net 分割网络）、生成对抗网络（如 DCGAN 生成对抗网络）等神经网络和任务中有广泛使用。

5.1.5　反池化

除了转置卷积（反卷积）外，常见的上采样方法还有反池化和插值法。

池化法主要包括最大池化（MaxPooling）和均值池化（AvgPooling）等，反池化（UnPooling）即是相应池化操作的逆运算。如图 5-10 所示，正向的池化操作（如 2×2），

得到池化后的特征（图），但须保留每个 2×2 单元中的最大值的位置信息。反池化操作时，需要根据池化后的特征图，恢复出来池化前的特征图，此时，主要操作是在反池化后的每个 2×2 单元格中，将池化窗口中的最大值保持不变，而将其他位置的值置为零。

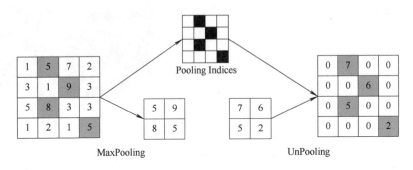

图 5-10　最大池化及其反池化过程

而均值池化的反池化则是将池化窗口内所有位置直接用相同元素值补齐。常见的基于插值法的上采样方法有双线性插值法等。

5.1.6　PixelShuffle 像素重排列上采样

像素重排列上采样（PixelShuffle）是一种最早运用在超分辨率领域的上采样方法。该算法的本质思想是将多个通道相同位置上的特征值按序排列，得到一个更大尺寸的矩阵，从而扩展输入数据的尺寸。

首先，通过若干卷积运算，将输入数据的通道数扩展为原来的 r^2 倍，r 为所需的扩展倍数，但特征尺寸保持不变。例如，要将 32×32 像素的图像扩展为 128×128 像素，则扩展倍数 r 即为 4。此时，r^2 等于 16。

其次，将所有通道中相同位置的特征值（元素值），按照顺序排列到同一行。如图 5-11所示，以 r 个通道为一组，如 r 等于 4，①在同一行上，先排列前 r 个通道中的第一个通道的第 1 行的第 1 个元素，再排列第二个通道的第 1 行的第 1 个元素，再排列第三个通道的第 1 行的第 1 个元素，最后再排列第四个通道的第 1 行的第 1 个元素；然后，在该行上，继续排列第一个通道的第 1 行的第 2 个元素，第二个通道的第 1 行的第 2 个元素，第三个通道的第 1 行的第 2 个元素，第四个通道的第 1 行的第 2 个元素，依次类推，直到前 r 个（如前 4个）通道中的第一行的元素重排列结束。②另起一行，对第 $r+1$ 个通道到第 $2r$ 个通道对应的分组，先排列该分组的第 1 个通道的第 1 行的第 1 个元素，再排列该分组的第 2 个通道的第 1 行的第 1 个元素，依次类推，具体过程与①完全相同。其他 r 个通道构成的分组中的每个通道的第 1 行元素的处理均与①和②相同。然后按照类似方法，处理（重排列）每个分组中的第 2 行元素，依次类推。再通过每个分组中不同通道上相同位置的像素值的重排列，最后将得到一个 $r \times r$ 的输出矩阵。

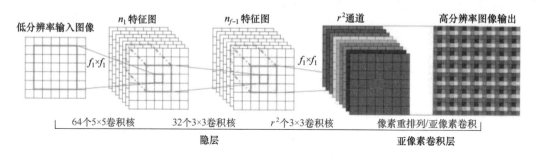

图 5-11　PixelShuffle 的计算过程

5.1.7　分组卷积

在普通卷积操作中，卷积核的深度维度须与输入数据的通道数保持一致，在输入数据通道数较大时，卷积核的深度也随之变大，运算量增大。

为了缓解该问题，如图 5-12 所示，分组卷积将输入数据的通道分为若干组，每一组内的通道数变少，使用的卷积核深度也随之变小。在每个分组卷积完成之后，再对所有结果进行叠放/堆叠（concatenate）。分组卷积最大的优势就在于减少了参数量，加快了训练速度，有时还能起到正则化的效果。

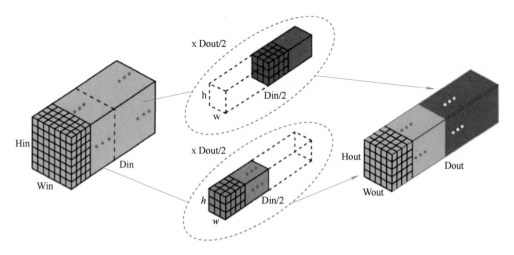

图 5-12　分组卷积的运算过程，这里分为两组（$g = 2$）

分组卷积能够减少所需的权值参数数量的原因讨论如下：①正常卷积时，每个卷积核的形状为 $w \times h \times c_1$，分别代表卷积核的宽、高和深度/通道数（输入数据的通道数），卷积核的数量为 c_2 个（即卷积后的输出特征的通道数为 c_2），则正常卷积时，所有卷积核中共计 $w \times h \times c_1 \times c_2$ 个权值参数；②分组卷积时，卷积核的尺寸不变（仍为 $w \times h$），但是深度变了，若有 g 个分组，则每个分组中卷积核的深度变为原来的 $1/g$ 了，即 c_1/g（这是因为该分组的输入数据的通道数变为原来输入数据的 $1/g$ 了），且每个分组对应的输出通道的数量也变为原来的 $1/g$ 了，即 c_2/g 了（如此一来，所有分组输出特征的通道数叠放/堆叠在一起时，数量仍为 c_2）。因此，对每个分组进行卷积时，卷积核中的权值参数数量为 $w \times h \times (c_1/g) \times (c_2/g) = w \times h \times c_1 \times c_2/g^2$。又因为共有 g 个分组，故所有分组对应的权值参数总量为 $w \times h \times c_1 \times c_2 \times g/g^2 = w \times h \times c_1 \times c_2/g$。

因此，分组卷积所需的权值参数的数量等于普通卷积所需的权值参数的 $1/g$。故分组卷积的优势主要在于减少所需的卷积核中的权值参数数量，从而加快了训练速度。

5.1.8　深度可分离卷积

深度可分离卷积分为两个部分，分别是逐通道卷积（Depthwise Convolution）和逐点卷积（Pointwise Convolution），如图 5-13 所示。

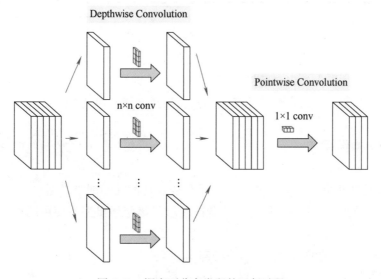

图 5-13　深度可分离卷积的运行过程

1）逐通道卷积是把上节中介绍的分组卷积推向了极端，即每个分组中只有一个通道，单独对每个通道进行卷积操作。此时 $g = c_1$，c_1 代表输入数据的通道数，g 代表分组数，则逐通道卷积所需的权值参数总量等于 $w \times h \times c_1 \times c_2/g = w \times h \times c_2$，而普通的卷积操作所需的权值参数总量为 $w \times h \times c_1 \times c_2$（$c_2$ 为普通卷积时，所需的输出特征的通道数量）。

2）逐点卷积之前，先对逐通道卷积的结果进行叠放/堆叠，叠放后得到的输出特征的维度仍然为 $w \times h \times c_2$。然后，逐点卷积对该特征进行若干 1×1 的卷积操作，将不同通道上的特征进行融合、降维。

本质上来说，深度可分离卷积就是将普通卷积在所有通道上的卷积操作分离为每个单通道上的卷积操作，再对各个单通道上的对应输出特征进行叠放，然后再对叠放后的特征图进行 1×1 卷积操作。因此，深度可分离卷积能够大大减少所需的权值参数的总量，加快了训练速度。

其中，深度可分离卷积的第一阶段所需的参数数量为 $w \times h \times c_2$，第二阶段（1×1 卷积）所需的权值参数的数量为 $c_2 \times c_3$，其中 c_3 为 1×1 卷积的数量（最终输出特征的通道数），如 $c_3 = 4$，c_2 为第一阶段输出的特征维度。最终，深度可分离卷积中的全部权值参数的数量为 $w \times h \times c_2 + c_2 \times c_3$，而普通卷积所需的权值参数的总量为 $w \times h \times c_1 \times c_2$。

目前，深度可分离卷积主要用来构建轻量级网络，或在大型深度网络中优化神经网络的效率，例如 MobileNet v3、Xception 网络等。

5.2 经典的卷积神经网络介绍

早在 1989 年，LeNet 就提出了，但由于当时算力的限制，其应用范围受到了限制。而 2012 年提出的 AlexNet 本质上仅是对 LeNet 的改进，但其因在 ImageNet 竞赛上获得冠军而得到学界的广泛关注，人类也自此进入了新一代人工智能时代。本书第 4 章已经对这两个网络进行了详细介绍。下面介绍其他经典的卷积神经网络，包括 VGG、ResNet 等。

5.2.1 VGG 神经网络

VGG 神经网络发明在 ResNet 之前，曾是最受欢迎的神经网络模型。VGG-16 神经网络，如图 5-14 所示，包含 13 个卷积层与 3 个全连接层。该网络模型所使用的卷积核尺寸较小，均为 3×3。

VGG-16 神经网络的输入图像尺寸是 224×224，先对输入图像进行第一次 3×3（$\times 3$）卷积，卷积核的数量为 64，卷积后得到的特征尺寸为 $224 \times 224 \times 64$，然后进行第一次池化，得到的特征尺寸为 $112 \times 112 \times 64$，再进行第二次 3×3 卷积，卷积核数量为 128，输出特征尺寸为 $112 \times 112 \times 128$，然后进行第二次池化，输出特征尺寸为 $56 \times 56 \times 128$，再进行第三次 3×3 卷积，卷积核数量为 256，输出特征尺寸为 $56 \times 56 \times 256$，依次类推。最后，卷积层输出特征的尺寸为 $14 \times 14 \times 512$，对其池化后的特征尺寸为 $7 \times 7 \times 512$，随后是全连接层，共有两个全连接层，每层的神经元数量均为 4096，最后是输出层，须根据具体任务需求设置，因为 ImageNet 竞赛任务中有 1000 个类，故此时输出层有 1000 个神经元。

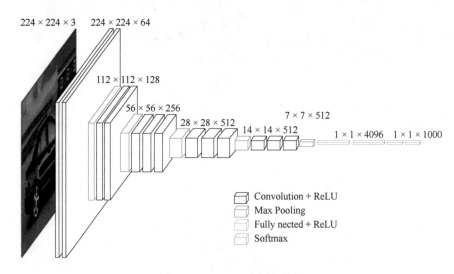

图 5-14　VGG-16 的网络结构

5.2.2　InceptionNet

GoogLeNet 大胆尝试了新的局部神经网络结构设计，设计了包括 1×1 卷积和 3×3 卷积的 Inception 块，如图 5-4 所示，每个 Inception 块包括四个路径（分支），其中一个分支使用 1×1 卷积，中间的两个分支是 1×1 卷积和 3×3 卷积形成的操作序列，第四个分支先进行步幅为 1 的最大池化（特征此处保持不变），再进行一次 1×1 卷积。Inception v3 还设计了其他两种类型的 Inception 块。因 GoogLeNet 的后续改进型依次是 Inception v2、v3、v4，故 GoogLeNet 也称为 Inception v1。

如图 5-15 所示，在 Inception v3 中，进行若干次 3×3 卷积及池化操作后，再连续使用多个同类或不同类的 Inception 块，进行特征提取。

5.2.3　ResNet 神经网络

传统的神经网络每一层的输入都是上一层的输出，只有相邻的神经网络层才能连接。当网络层数较多时，由于反向传播基于链式法则，从后往前，每经过一层神经网络，梯度都会乘以一个系数，因此可能会出现梯度极小的梯度消失问题等。

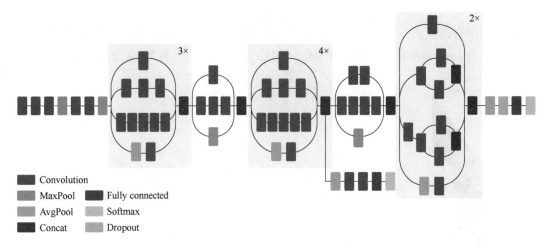

图 5-15　Inception v3 的神经网络结构示意图

对此，ResNet 进行了改进，设计了残差块，如图 5-16 所示。在 ResNet-50 的每个残差块内，假定输入数据的通道是 256，每个残差块先进行 64 个 1×1 的卷积操作（通道降维），再进行 64 个 3×3 的卷积操作，最后再进行 256 个 1×1 的卷积操作（恢复到输入数据的通道数量），并将得到的特征与残差块的输入特征进行相加融合。因此，残差块的主要特点是将输入数据与块内三次卷积得到的输出特征进行相加融合，注：ResNet-34 中的残差块仅有两个 3×3×64 的卷积，而没有使用 1×1 卷积。

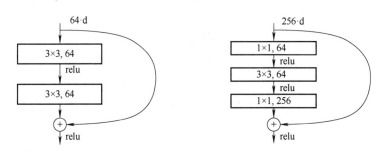

图 5-16　ResNet-34 的残差块结构（左）和 ResNet-50 的残差块结构（右）

ResNet-50 的神经网络结构如图 5-17 所示（图中的倒数第 3 列），首先滑动步幅为 2 的 7×7 卷积，卷积核数量为 64，输出特征尺寸减半；继而进行最大池化，步幅为 2，输出特征尺寸再次减半；然后相继使用残差块进行 3 次卷积（残差块中的卷积核数量分别为 64、64 和 256）、4 次卷积（残差块中的卷积核数量分别为 128、128 和 256）；之后，再使用残差块进行 6 次、3 次卷积，其主要区别是残差块中的三个卷积操作的卷积核数量设置。最后一层是输出层，因面向 ImageNet 竞赛任务，故输出层神经元的数量为 1000。

layer name	output size	18-layer	34-layer	50-layer	101-layer	152-layer
conv1	112×112	7×7, 64, stride 2				
		3×3 max pool, stride 2				
conv2_x	56×56	$\begin{bmatrix}3×3, 64\\3×3, 64\end{bmatrix}$ ×2	$\begin{bmatrix}3×3, 64\\3×3, 64\end{bmatrix}$ ×3	$\begin{bmatrix}1×1, 64\\3×3, 64\\1×1, 256\end{bmatrix}$ ×3	$\begin{bmatrix}1×1, 64\\3×3, 64\\1×1, 256\end{bmatrix}$ ×3	$\begin{bmatrix}1×1, 64\\3×3, 64\\1×1, 256\end{bmatrix}$ ×3
conv3_x	28×28	$\begin{bmatrix}3×3, 128\\3×3, 128\end{bmatrix}$ ×2	$\begin{bmatrix}3×3, 128\\3×3, 128\end{bmatrix}$ ×4	$\begin{bmatrix}1×1, 128\\3×3, 128\\1×1, 512\end{bmatrix}$ ×4	$\begin{bmatrix}1×1, 128\\3×3, 128\\1×1, 512\end{bmatrix}$ ×4	$\begin{bmatrix}1×1, 128\\3×3, 128\\1×1, 512\end{bmatrix}$ ×8
conv4_x	14×14	$\begin{bmatrix}3×3, 256\\3×3, 256\end{bmatrix}$ ×2	$\begin{bmatrix}3×3, 256\\3×3, 256\end{bmatrix}$ ×6	$\begin{bmatrix}1×1, 256\\3×3, 256\\1×1, 1024\end{bmatrix}$ ×6	$\begin{bmatrix}1×1, 256\\3×3, 256\\1×1, 1024\end{bmatrix}$ ×23	$\begin{bmatrix}1×1, 256\\3×3, 256\\1×1, 1024\end{bmatrix}$ ×36
conv5_x	7×7	$\begin{bmatrix}3×3, 512\\3×3, 512\end{bmatrix}$ ×2	$\begin{bmatrix}3×3, 512\\3×3, 512\end{bmatrix}$ ×3	$\begin{bmatrix}1×1, 512\\3×3, 512\\1×1, 2048\end{bmatrix}$ ×3	$\begin{bmatrix}1×1, 512\\3×3, 512\\1×1, 2048\end{bmatrix}$ ×3	$\begin{bmatrix}1×1, 512\\3×3, 512\\1×1, 2048\end{bmatrix}$ ×3
	1×1	average pool, 1000-d fc, softmax				
FLOPs		$1.8×10^9$	$3.6×10^9$	$3.8×10^9$	$7.6×10^9$	$11.3×10^9$

图 5-17　ResNet-50 的神经网络结构（倒数第 3 列）

5.2.4　其他神经网络

除了 ResNet 外，还有 DenseNet、EfficientNet、Xception、ResNeXt 等较新的神经网络结构。最近几年，又有 Transformer 神经网络架构提出，并在性能方面获得了更大突破，后面将进行介绍。

本章参考文献

[1] SZEGEDY C, VANHOUCKE V, IOFFE S, et al. Rethinking the Inception Architecture for Computer Vision [C]//IEEE Conference on Computer Vision and Pattern Recognition (CVPR). Piscataway：IEEE, 2016：2818-2826.

[2] SHI W Z, CABALLERO J, HUSZAR F, et al. Real-Time Single Image and Video Super-Resolution Using an Efficient Sub-Pixel Convolutional Neural Network [C]//IEEE Conference on Computer Vision and Pattern Recognition (CVPR). Piscataway：IEEE, 2016：1874-1883.

[3] HE K M, ZHANG X Y, REN S Q, et al. Deep Residual Learning for Image Recognition [C]//IEEE Conference on Computer Vision and Pattern Recognition (CVPR). Piscataway：IEEE, 2016：770-778.

第 6 章

神经网络优化

本章主要内容

- 激活函数
- 权值初始化
- 神经网络的神经元值归一化与权值归一化
- 神经网络的正则化
- 梯度更新策略与超参优化
- 学习率自适应调整与各种优化器

神经网络优化是神经网络的基础性研究问题。本章将全面介绍神经网络优化的相关技术，包含激活函数、权值初始化、批归一化、梯度更新策略、学习率自适应调整和各种优化器。

6.1 激活函数

激活函数是神经网络的基础组成部分，其主要作用是将非线性特性引入到神经网络的神经元中，以强化神经网络的学习能力。激活函数作用于神经元上。常见的激活函数有 Sigmoid、ReLU、Softmax 等，近些年又涌现出了一些新型的激活函数，如 Mish、GELU 等。本节将对常见的激活函数进行讲解。

6.1.1 常见激活函数

表6-1 列出了常见的激活函数及其公式和偏导公式。这些激活函数具有不同的特性与优缺点，须根据需求和应用场景灵活选用。图6-1 给出了四种常见激活函数的曲线，其中横坐标为激活前的值，纵坐标为使用对应激活函数之后得到的值（激活后的值）。

1）Sigmoid 激活函数将一个神经元激活前的值 x 转换为 0 到 1 之间的输出值。不管神经元的值 x 在激活前是正还是负，使用 Sigmoid 激活后，得到的输出值均在 (0,1) 范围内。

表 6-1　常见激活函数及其公式与偏导公式

激活函数	公　式	偏导公式
Sigmoid	$f(x) = \text{Sigmoid}(x) = \dfrac{1}{1 + e^{-x}}$ （可用于隐层和输出层）	$f'(x) = f(x)(1 - f(x))$
Tanh （双曲正切）	$f(x) = \text{Tanh}(x) = \dfrac{2}{1 + e^{-2x}} - 1$ $= \dfrac{e^x - e^{-x}}{e^x + e^{-x}}$	$f'(x) = 1 - f(x)^2$
ReLU	$f(x) = \text{ReLU}(x) = \max\{0, x\}$ （一般用于隐层）	$f'(x) = \begin{cases} 1, x \geqslant 0 \\ 0, x < 0 \end{cases}$
Leaky ReLU	$f(x) = \text{Leaky ReLU}(x) = \max\{ax, x\},$ $a \in (0, 1)$	$f'(x) = \begin{cases} 1, x \geqslant 0 \\ a, x < 0 \end{cases}$
ELU	$f(x) = \text{ELU}(x) = \begin{cases} x, x \geqslant 0 \\ a(e^x - 1), x < 0 \end{cases}$	$f'(x) = \begin{cases} 1, x \geqslant 0 \\ ae^x, x < 0 \end{cases}$
Softplus	$f(x) = \text{Softplus}(x) = \log(1 + e^x)$ （该 log 是以自然常数为底的对数）	$f'(x) = \dfrac{1}{1 + e^{-x}}$ （该偏导公式与 Sigmoid 激活函数的公式恰巧相同）
Swish	$\text{Swish}(x) = x\text{Sigmoid}(\beta x) = \dfrac{x}{1 + e^{-\beta x}}$	—
Mish	$\text{Mish}(x) = x\text{Tanh}(\ln(1 + e^x))$	
GELU	$\text{GELU}(x) = 0.5x(1 + \text{Tanh}(\sqrt{2/\pi}(x + 0.044715x^3)))$ $\text{GELU}(x) \approx x\text{Sigmoid}(1.702x)$ （用于 GPT-3 和 BERT 中）	
Softmax	$f(x_i) = \text{Softmax}(x_i) = \dfrac{e^{x_i}}{\sum\limits_{j=1}^{K} e^{x_j}}$ （Softmax 激活函数须作用于同一层的多个神经元上，主要用于输出层）	对 Softmax 激活函数求导，得 $f'(x) = \begin{cases} f(x_i)(1 - f(x_i)), x = x_i \\ -f(x_i)f(x_j), x! = x_i \end{cases}$ 对 Softmax 交叉熵损失函数求导，得 $f'(x) = \begin{cases} f(x_i) - 1, i\text{ 是样本真实类别} \\ f(x_j), j\text{ 是非样本真实类别} \end{cases}$ （i 是样本在输出层对应的神经元索引）

2）ReLU 激活函数由于在一定程度上能够避免梯度爆炸及梯度消失问题，且计算代价很小，因此应用广泛，并有众多改进变体，如 Leaky ReLU、PReLU 等。使用 ReLU 激活函数时，若神经元激活前的值 x 大于或等于 0，则激活后的值保持不变，仍为 x；若 x 小于 0，则激活时将 x 的值统一置 0。因此，ReLU 的曲线呈现折线的形状。Leaky ReLU 与 ReLU 类

似，主要区别在于：当激活前的神经元值 x 小于 0 时，激活后的值等于 ax，$a \in (0,1)$。ReLU 系列的激活函数常用于卷积神经网络的隐层神经元上。

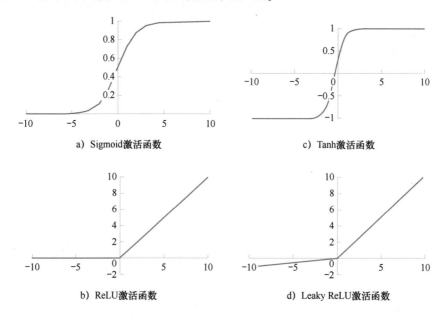

a) Sigmoid激活函数 　　　　c) Tanh激活函数

b) ReLU激活函数 　　　　d) Leaky ReLU激活函数

图 6-1　常见激活函数曲线（本图来自互联网）

注：各横轴为激活前的值，各纵轴为激活后的值（使用激活函数得到的值）。

3）Tanh（双曲正切）激活函数是一条关于原点对称的曲线，其输出范围（使用该激活函数得到的输出值）是（-1,1）。Tanh（双曲正切）激活函数解决了 Sigmoid 激活函数的不以 0 为中心输出问题，但梯度消失和幂运算的问题依然存在。Tanh 激活函数常用于循环神经网络的隐层神经元上，也被某些生成对抗网络（如 WGAN-GP）采用。

4）ELU 是两种不同激活函数的结合，当激活前的神经元值 x 大于或等于 0 时，其输出与 ReLU 激活函数一致，等于输入本身（x）；当 x 小于 0 时，其输出为 $a(e^x - 1)$，取值介于（-1,0）之间，其中 a 为一个取值介于 [0.1,0.3] 之间的小数。相较于 Re-LU，ELU 允许负的输出，且受噪声的影响较小。但由于包含指数幂运算，其复杂度略高。

5）GELU 激活函数（图 6-2）已被运用于 GPT-3 及 BERT 等基于 Transformer 的大型语言模型中，取得了较好的效果。其公式已在表 6-1 中给出，也可近似表达为 $x\text{Sigmoid}(1.702x)$。

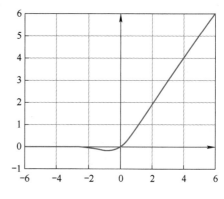

图 6-2　GELU 激活函数曲线

当激活前的神经元值 x 大于 0 时，GELU 对其激活后，基本上是线性输出；当 x 小于 0 时（当 x 为负数时），分两种情况：①当 x 较接近于 0 时，GELU 的输出为非线性，具有一定的连续性；②当 x 的值较小时（即当 x 离 0 较远时），GELU 的输出为 0。

6）Mish 激活函数发表于 2020 年（BMVC 2020），使用该激活函数后，神经网络的性能得到了显著的提升。见表 6-1 中的公式，Mish 激活函数是 Tanh 和 Softplus 等激活函数的组合，即 xTanh（Softplus(x)）。目标检测算法 YOLO v4 便采用了 Mish 激活函数。该激活函数曲线如图 6-3 所示（红色曲线为 Mish 激活函数曲线）。

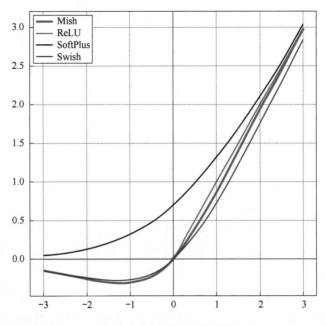

图 6-3　Mish 激活函数曲线

Mish 等新型激活函数虽然在性能上有提升，但消耗的计算资源比较大，且不容易在硬件上实现；相比较而言，ReLU 消耗计算资源少且非常适合在硬件上实现。在具体使用过程中，应根据应用需求对不同的损失函数进行选择。

7）Softmax 激活函数作用于输出层的所有神经元上，将输出层所有神经元激活前的值转换为预测概率（输出值），且对应输出值/预测值相加等于 1。其公式在表 6-1 中给出，激活前的神经元值 x 使用 Softmax 激活函数后，其输出为自然常数 e 的 x 次幂除以所有神经元值以 e 为底的指数次幂之和。

与一般激活函数输出仅作用于单个神经元上的模式不同，Softmax 的输出与所有输出层的神经元均相关。Softmax 一般仅作为输出层的激活函数使用。

Softmax 激活函数的主要特点是：①放大了激活前值最大的神经元的优势，该神经元激活后的值的优势（权重/影响）更加突出；②不同神经元激活后的值相加等于 1。图 6-4 的示例中，激活前的最大值 5.1（第二个神经元）是次大值 2.2（第三个神经元）的不足 3 倍，但经过 Softmax 激活后，第二个神经元的输出值 0.9，相较于第三个神经元（变为其 18 倍）及其他神经元激活后的值，优势变得更加突出。

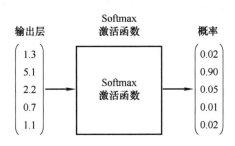

图 6-4　Softmax 激活函数示例

6.1.2　Sigmoid 激活函数与 Softmax 激活函数的特点对比

1）从作用范围来看，Sigmoid 激活函数作用于单个神经元，而 Softmax 激活函数作用于同一层神经网络中的所有神经元上。

2）从输出值特点来看，Sigmoid 的输出值介于（0,1）之间，无法保证同一层神经网络的所有神经元激活后的输出和为 1；而 Softmax 则可以保证同一层神经网络的所有神经元激活后的输出值的和为 1，这是 Softmax 的优势所在。

3）从适用范围来看，Sigmoid 既可以运用在隐层上，也可以运用在输出层上，而 Softmax 通常只能运用在输出层上。Sigmoid 激活函数还可用于多标签分类任务中。

6.1.3　激活函数选择策略

选用激活函数时，如图 6-5 所示，需要根据不同的使用场景和需求进行选择和尝试。一般来说，①全连接网络和卷积神经网络的隐层，可使用 ReLU 及其变体；②循环神经网络的隐层，可使用 Tanh 双曲正切激活函数或 Sigmoid 激活函数；③输出层的激活函数，对于分类任务而言，通常使用 Softmax 激活函数（有时也可使用 Sigmoid 激活函数）；对于回归任务，则完全可以不使用激活函数（或使用线性函数）；④若输出层只有一个神经元，如二元分类任务（binary classification task），即输出 yes or no 概率的任务，则使用 Sigmoid 激活函数。此时对应的损失函数通常使用 BCE 损失（Binary Cross Entropy Loss）函数。

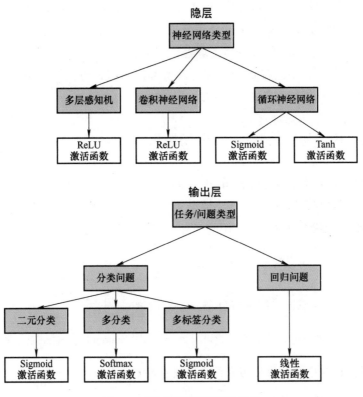

图 6-5　激活函数简明选择策略

6.2　权值初始化

6.2.1　权值初始化概述

权值初始化也是神经网络面临的基础性问题之一，是在神经网络首次前向计算之前，对所有权值（权重）赋初值的过程。好的初始权重值能加速神经网络的训练。有了输入数据及神经网络中的初始权重值，便可以计算神经网络中的神经元值，然后进行前向计算、损失计算、误差反向传播（权值更新）。

常用的权值初始化策略主要包括：①针对 Sigmoid 等激活函数的 Xavier 权值初始化方法，②针对 ReLU 激活函数的 He 权值初始化方法，③加载预训练好的模型的权值初始化方法。

Xavier 权值初始化是针对 Sigmoid、Tanh 等激活函数设计的权值初始化方法；但 Xavier 权值初始化方法在 ReLU 激活函数上的使用效果不佳，故何凯明等人提出了新的 He 权值初始化方法，在 ReLU 激活函数及其变体上取得了较好的效果。实际操作中更加常用的权值初始化方法加载预训练模型中的参数的方法，在实际研发时，可使用业界提供的预训练模型作为初始化参数，再根据特定任务对参数进行微调。

6.2.2 Xavier 权值初始化与 He 权值初始化

Xavier 权值初始化考虑两种随机分布，即均匀分布和正态分布，以对神经网络中权重随机赋值。令当前层节点数为 n_i，下一层节点数为 n_{i+1}，若神经网络使用 Sigmoid 激活函数，则初始化神经网络中的权值所使用的两种分布函数分别为

$$均匀分布：U\left(-\sqrt{\frac{6}{n_i+n_{i+1}}}, \sqrt{\frac{6}{n_i+n_{i+1}}}\right) \tag{6-1}$$

$$正态分布：N\left(0, \frac{2}{n_i+n_{i+1}}\right) \tag{6-2}$$

使用 Xavier 权值初始化方法对权重赋值时，对采用 Sigmoid 激活函数的神经网络，利用上述均匀分布对神经网络中的权值赋初值时，则该分布值域为 $\left(-\sqrt{\frac{6}{n_i+n_{i+1}}}, \sqrt{\frac{6}{n_i+n_{i+1}}}\right)$；利用上述正态分布对神经网络中的权值赋初值时，正态分布的均值为 0，方差为 $\frac{2}{n_i+n_{i+1}}$。总体而言，无论使用哪种分布，对神经网络中的两个相邻层的神经元之间的权值（权重）赋初值时，所使用的分布函数（均匀或正态）均须考虑当前层和下一层中的神经元数量（节点数量）。

何凯明等人发现 Xavier 权值初始化方法在卷积神经网络中的效果欠佳，于是提出了 He 权值初始化方法，以适应卷积神经网络权值初始化的需要（卷积神经网络的隐层通常使用 ReLU 激活函数）。令当前层节点数为 n_i，He 权值初始化对两层神经元之间的权值赋初值时所使用的正态分布的函数公式为

$$正态分布：N\left(0, \frac{2}{n_i}\right) \tag{6-3}$$

该正态分布的均值为 0，方差为 $\frac{2}{n_i}$。基于该正态分布，He 权值初始化每次从该分布上随机取值，作为神经网络中相邻两层的神经元之间的权值的初始值。当深度神经网络使用 ReLU 激活函数时，采用 He 权值初始化对神经网络中的权值进行初始化得到的模型性能更佳。

Xavier 和 He 权值初始化方法对比讨论如下：①随机赋初值的分布函数不同。不同于 Xavier 权值初始化方法，对使用 ReLU 激活函数的神经网络中的权值赋初值时，He 权值初始化对两层神经网络间的权值赋初始值时，所使用的正态分布的方差只与前一层神经网络中的神经元个数相关（而没有使用下一层神经网络中的节点数/神经元数量）。②适用范围不同。He 权值初始化只针对 ReLU 激活函数，主要面向卷积神经网络；而 Xavier 权值初始化方法针对三种不同的激活函数（Sigmoid、ReLU、Tanh），考虑两种不同类型的分布（均匀分布或正态分布），具体设计了 6 种不同的分布函数，用于人工神经网络和部分深度神经网络的权值初始化。

6.3　神经网络的神经元值归一化与权值归一化

上节提到的 Xavier 和 He 权值初始化方法是在训练开始之前，对神经网络中的权值/权重赋初值的方法，即对人工神经网络中相邻层的两个神经元之间的权值或卷积神经网络中的卷积核中的权值进行初始化的方法。而本节将介绍的归一化（Normalization）技术则是在训练过程中对神经元的值进行优化（标准化/归一化处理）的方法。

Normalization 通常译作归一化或规范化，其本质上是一种线性变换，对数据进行预处理，将数据压缩到一个区间内，比如 [0,1] 或 [-1,1]。归一化本质上是对不同特征维度进行伸缩变换，消除某些特征维度（数据）差异带来的重要偏见（影响），使各个特征维度对目标函数的影响权重归于一致。

适用于人工神经网络和深度神经网络的归一化方法并不完全相同。人工神经网络（常简称 ANN 或 MLP）的批归一化方法，其核心是对不同样本在同一个神经元上的值进行归一化处理。而深度神经网络（含卷积神经网络）的批归一化方法则是对同一个（或多个）通道上的特征值进行归一化。下面将具体介绍深度神经网络的批归一化方法。

在此之前，简单回顾/介绍神经元上的处理流程：①首先将上一层的所有神经元与当前层的某个神经元进行全连接（此为线性变换）；②对线性变换得到的值进行激活（使用某种激活函数）；③再对激活后的神经元值进行归一化。

注：归一化处理也可以发生在使用激活函数之前（即对激活前的神经元值进行归一化），但实验效果略逊色于对激活后的神经元值进行归一化处理的方案。

6.3.1　人工神经网络的神经元值批归一化/规范化

在介绍归一化方法之前，首先回归基本的标准化方法之一：零 – 均值标准化（Z-score normalization）方法。

对于选定的样本集合，对于不同样本在同一个神经元上的值形成的集合 $\{x_i\}$，使用零－均值标准化方法，先求集合 $\{x_i\}$ 的均值 μ 和方差 σ^2（或标准差 σ，标准差是方差的平方根），则标准化后的 $\{\hat{x}_i\}$ 为 $\hat{x}_i = (x_i - \mu)/\sigma$。零－均值标准化的计算过程如下：

$$\mu = \frac{1}{m}\sum_{i=1}^{m} x_i \tag{6-4}$$

$$\sigma^2 = \frac{1}{m}\sum_{i=1}^{m} (x_i - \mu)^2 \tag{6-5}$$

$$\hat{x}_i = (x_i - \mu)/\sigma \tag{6-6}$$

以零－均值标准化为基础，Batch Norm 的重构公式为

$$y_i = \gamma \hat{x}_i + \beta \tag{6-7}$$

Batch Norm 对标准化后的数据进行重构（具体而言，是扩展/缩放及平移），得到 $\{y_i\}$。此为 Batch Norm 的设计，旨在对标准化后的数据 $\{\hat{x}_i\}$ 进行伸缩变换（scale and shift），其中的扩展系数 γ 和平移系数 β 都是可学习的参数（learnable parameters）。

以图 6-6 所示的神经网络为例，假设批大小（batch size）为 4，即一个批中有四个样本，每个样本在第一个隐层的三个神经元（X_{21}、X_{22}、X_{23}）上均有对应的神经元值，假定当前批中的四个样本在三个神经元（X_{21}、X_{22}、X_{23}）上的取值分别为 $(2,0,2)$、$(1,1,2)$、$(2,1,3)$、$(3,2,5)$，则分别对四个样本在三个神经元上的数据（属性值）批归一化后的结果如图 6-7 所示。第一步：标准化之后，四个样本在三个神经元（X_{21}、X_{22}、X_{23}）上的对应值转换为 $(0, -\sqrt{2}, -1)$、$(-\sqrt{2}, 0, -1)$、$(0,0,0)$ 和 $(\sqrt{2}, \sqrt{2}, 2)$，第二步：对每个样本在每个神经元上标准化之后的（属性）值进行变换重构（即扩展及平移），得到最终的批归一化后的值。其中，每个神经元上均有对应的扩展系数和平移系数参数需要学习（如神经元 X_{21} 对应的 γ_{21} 和 β_{21} 参数需要学习）。

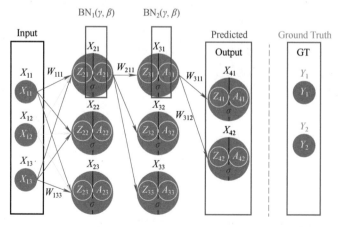

图 6-6　人工神经网络在批归一化过程中涉及的神经元示例

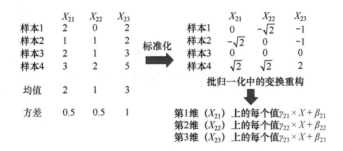

图 6-7　人工神经网络的批归一化过程示例（先标准化，再变换重构/扩展平移）

　　总之，人工神经网络的批归一化处理，其本质是对批中所有样本在同一个神经元上的神经元值进行批归一化。

6.3.2　深度神经网络的神经元值批归一化/规范化

　　不同于人工神经网络的批归一化处理，深度神经网络（如卷积神经网络和循环神经网络）的卷积层的批归一化处理涉及所有样本或单个样本在某个通道或若干通道或所有通道上的特征值的归一化处理。具体而言，深度神经网络的批归一化存在 Batch Norm、Layer Norm、Instance Norm 和 Group Norm 四种批归一化方法，如图 6-8 所示。四种批归一化方法的主要区别在于进行归一化时涉及的元素值的范围，是对批中所有样本在同一个通道上的所有特征值求均值及标准差（对应 Batch Norm 归一化方法），还是对同一个样本在不同通道上的特征值求均值及标准差（对应 Layer Norm 归一化方法），还是对同一个样本在某个通道上的特征值求均值及标准差（对应 Instance Norm 归一化方法）。下面分别进行介绍。

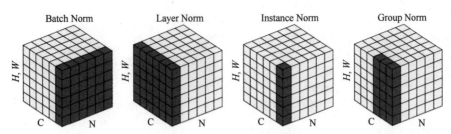

图 6-8　批归一化的不同变种，(H, W) 表示对某个通道上的所有神经元拉平后得到的一维特征向量

　　1）Batch Norm 归一化方法适用于卷积神经网络，计算批中所有样本在某个通道上的所有特征值的均值及方差/标准差，如图 6-8 中的第一幅图像所示。因此，Batch Norm 归一化方法的范围是批中所有样本在某个通道上的所有特征值。

　　2）Layer Norm 归一化方法适用于循环神经网络，计算某个样本在所有通道上的特征值的均值及方差，如图 6-8 中的第二幅图像所示。因此，Layer Norm 归一化方法的范围是某个样本在所有通道上的所有特征值。

3）Instance Norm 归一化方法计算某个样本在某个通道上的特征值的均值及方差。因此，Instance Norm 归一化方法的范围是某个样本在单个通道上的所有特征值，适用于风格迁移任务。

4）Group Norm 归一化方法与 Layer Norm 归一化方法相似，其主要区别是先将通道分组（如分为两组），然后对每个分组中的通道进行 Layer Norm 归一化，即 Layer Norm 归一化方法的范围是某个样本在某个分组中的所有通道上的所有特征值。

一旦确定了所涉及的元素值的范围，后续的批归一化处理操作均相同，即先进行标准化，再对每个样本在某个神经元上标准化之后的值进行重构/扩展平移。

总结而言，①只有 Batch Norm 归一化方法涉及批中的所有样本，对所有样本在同一个通道上的特征值进行批归一化，即对所有样本沿着同一个通道上的特征值进行批归一化；②而其他三种类型的批归一化，只涉及单个样本，而与批中其他样本无关，故与批大小（Batch size）无关；具体而言，Instance Norm、Group Norm 和 Layer Norm 分别是对某个样本在单个通道、多个通道和全部通道上的特征值进行批归一化。Instance Norm 不跨通道，而 Group Norm 和 Layer Norm 跨通道。图 6-9 总结了四种批归一化方法的公式和特点。

Batch Norm

$$\mu_c(x) = \frac{1}{NHW} \sum_{n=1}^{N} \sum_{h=1}^{H} \sum_{w=1}^{W} x_{nchw}$$

$$\sigma_c(x) = \sqrt{\frac{1}{NHW} \sum_{n=1}^{N} \sum_{h=1}^{H} \sum_{w=1}^{W} (x_{nchw} - \mu_c(x))^2}$$

某个通道上，与批中所有样本相关

Instance Norm

$$\mu_{nc}(x) = \frac{1}{HW} \sum_{h=1}^{H} \sum_{w=1}^{W} x_{chw}$$

$$\sigma_{nc}(x) = \sqrt{\frac{1}{HW} \sum_{h=1}^{H} \sum_{w=1}^{W} (x_{nchw} - \mu_c(x))^2}$$

只与当前通道及当前样本有关

Layer Norm

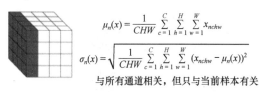

$$\mu_n(x) = \frac{1}{CHW} \sum_{c=1}^{C} \sum_{h=1}^{H} \sum_{w=1}^{W} x_{nchw}$$

$$\sigma_n(x) = \sqrt{\frac{1}{CHW} \sum_{c=1}^{C} \sum_{h=1}^{H} \sum_{w=1}^{W} (x_{nchw} - \mu_n(x))^2}$$

与所有通道相关，但只与当前样本有关

Group Norm

公式形式与LayerNorm的基本相同，但只求若干个通道上的神经元上的值的均值和方差

与组内通道相关，但只与当前样本有关

图 6-9　不同批归一化方法的公式及特点总结

总之，深度神经网络中的批归一化，涉及同一个通道、多个通道，甚至是全部通道上的元素值/特征值的归一化处理，而每个通道上有多个元素（$H \times W$ 个）。而人工神经网络的批归一化，只对所有样本（或批中的所有样本）在同一个元素的值进行归一化。相比较而言，深度神经网络中的 Batch Norm 是批中所有样本在某个通道上的所有元素的值的归一化，而人工神经网络的归一化是批中所有样本在某个神经元上的神经元值的归一化。

Batch Norm 依赖于批大小，当批中样本很少时，效果变差，此时可以用 Group Norm 方法，对每个样本在若干通道上对应的所有元素值进行归一化。

近年来，研究人员又设计了自适配归一化（Switchable Normalization）、范例归一化（Exemplar Normalization），有兴趣的读者可阅读本章中的相关参考文献进行了解。

使用批归一化的优势在于：①能够提高模型的预测精度，减少过拟合风险；②加快收敛速度；③有效减少神经网络对权值初始化的依赖。

但 Batch Norm 对批大小较为敏感，如果批太小（如小于 16），效果会减弱。此时可选用 Group Norm 等归一化处理方法。

6.3.3 神经网络的权值归一化/规范化

上面两节内容本质上都是对神经元值卷积层特征矩阵中的元素值进行归一化处理。本节将对神经网络中的权值归一化方法进行介绍。

（1）简单的权值向量归一化方法　一种简单的权值（权重）归一化方法是：在全连接层中，对当前层的所有神经元（假定当前层有 3 个神经元）与下一层的某个（每个）神经元 a 之间的权值向量（权重向量）w，如 $w = (1\ 2\ 3)$，计算该权值向量 w 的范数 $\|w\| = \sqrt{ww^T}$，即 w 的 L_2 范数 $\|w\|$ 等于权值向量中的每个权值的平方之和，再求平方根，若 $w = (1\ 2\ 3)$，则 $\|w\| = \sqrt{14}$，归一化后的权值向量为 $\hat{w} = \left(\dfrac{1}{\sqrt{14}}\ \dfrac{2}{\sqrt{14}}\ \dfrac{3}{\sqrt{14}}\right)$，$\hat{w}$ 中的所有元素的平方之和等于 1。注意，此处的权值向量 w 是一个向量，不是一个矩阵，表示当前层的所有神经元与下一层的某个神经元之间的权值组成的向量（如 $w = (1\ 2\ 3)$）。该权值向量 w 中的元素数量等于当前层的神经元数量，因为当前层的每个神经元都与下一层的任意一个神经元（如 a）相连。

（2）余弦归一化（Cosine Normalization）方法　全连接的公式为 $y_a = wx + b$，y_a 为下一层的神经元 a 对应的值（激活前的值）。余弦归一化方法将（1）中的简单的权值向量归一化方法向前推进了一步，即除了对下一层的某个神经元与上一层的所有神经元之间的权值向量 w 进行归一化之外，还对上一层的所有神经元值（如 3 个）组成的向量 x 进行归一化，x 的归一化方法与 w 的归一化方法完全相同，即 $x/\|x\|$。如此一来，余弦归一化方法同时考虑了当前层神经元值的归一化（即神经元值的归一化，$x/\|x\|$），又考虑了当前神经元层与下一层的某个神经元之间的权值向量的归一化（即权值向量的归一化，$w/\|w\|$）。令全连接的公式为 $y_a = wx$，则归一化后 $y_a = \dfrac{wx}{\|w\|\|x\|} = \cos\theta$，因为 $\dfrac{wx}{\|w\|\|x\|}$ 在数学上表示两个向量之间的夹角的余弦值，故 $y_a = \dfrac{wx}{\|w\|\|x\|}$ 记作 $\cos\theta$。人脸识别算法——CosFace 方法便在输出层

和其前一层之间的全连接运算使用了余弦归一化处理。当然，CosFace 方法除了进行余弦归一化处理外，还对 Softmax 激活函数（更具体地说是 Softmax Loss）增加了边际参数 m 和扩展系数 s 处理，以进一步提升模型性能。本书的其他章节将对 CosFace 进行更加具体的介绍。

（3）Weight Norm 是一种更加先进的权值向量归一化方法 Tim Salimans 等人在 NIPS 2016 顶会上提出了 Weight Normalization 算法（简称 Weight Norm，或 WN）。Weight Norm 将权重向量 w 分解为（解耦为）模和方向两个分量（参数标量 g 和参数向量 v），即 $w = \frac{g}{\|v\|}v$，$\|v\|$ 是 v 的 L_2 范数，然后分别进行学习/训练（如使用 SGD 对这两个参数 g 和 v 进行优化、学习）。相较于原始的 w 向量，Weight Norm 在数量上增加了一个可学习的参数（从对 w 的学习，变为对 g 和 v 的学习）。Weight Norm 与样本量无关，因而在批较小时，可以使用 Weight Norm。该归一化方法也可用于循环神经网络中。

6.4 神经网络的正则化

为了避免或缓解 overfitting（过拟合）问题，例如由于样本量过少导致的过拟合，神经网络常引入 L_2 regularization（L_2 正则化）方法，以有效减小原始权值参数值的大小。在计算时，L_2 正则化项等于所有权值（权重）的范数，即所有权值的平方之和，再求平方根。神经网络在使用正则化技术时，在损失函数的基础上增加该 L_2 正则规范化项即可。

在深度学习中，Weight Decay（权重衰减）通常等同于 L_2 正则化，尤其是在使用朴素的梯度下降法时，两者等同。在损失函数中使用 Weight Decay（WD）时，会乘以衰减因子 wd，该参数一般设置为 1e-8 或其他较小的值。

但在较为复杂的优化方法中，Weight Decay 与 L_2 正则化并不等同。如在一阶动量 SGD（SGD with momentum）优化方法和 AdamW 优化方法中，两者并不相同，Weight Decay（权重衰减）在每次更新权值 w 时，再简单地减去一小部分权重（wd * w）即可；而 L_2 正则化除此之外，还将 wd * w 添加到该权值的梯度计算中（即梯度为 $\nabla w + wd * w$）。

除了 Weight Decay 外，Dropout（随机失活）技术也能有效避免过拟合，该方法随机地屏蔽神经网络中的某些连接，即随机地丢弃一些神经元及相关的连接/权值计算。如今，Weight Decay 和 Dropout 已经是深度学习模型训练时常用的性能提升手段（trick）。

归一化与正则化之间的主要区别在于：归一化方法是对数据的预处理方法，将数据限定在特定的范围内，如 [0,1] 或 [-1,1]，以解决协变量偏移的问题，其作用的对象是神经元值或权值上；正则化是对模型参数进行正则化处理，其作用对象是模型，避免其过拟合。

6.5　梯度更新策略与超参优化

6.5.1　神经网络中的偏导值和梯度的概念

本书的第 3 章和第 4 章，分别讲解了人工神经网络和卷积神经网络的误差反向传播原理。神经网络进行误差反向传播时，基于链式法则，按照从后往前的顺序，求总损失函数（神经网络的预测误差）对每个神经元激活后和激活前的值的偏导（局部导数），以及神经网络中的每个权重/权值参数（weight）的偏导（在卷积神经网络中，卷积层涉及的权值是卷积核中的参数值）和偏置的偏导。

尽管对激活后和激活前的神经元及神经网络中的权值和偏置都进行了偏导计算（局部求导），但对神经网络而言，只有权值（权重）和偏置需要根据偏导值进行更新，这是因为，误差反向传播结束后，进入前向计算阶段时（前向计算和误差反向传播交替执行），只要有了输入数据和更新后的权值（含卷积神经网络中的卷积核中的值）及偏置值，神经元的值（激活前和激活后）便可通过前向计算，按照从前到后的顺序得到。

梯度，英文名字叫 Gradient。严格意义上说，多元函数在某个点上的梯度是多元函数涉及的每个变量的偏导值组成的集合（向量）（偏导值由偏导公式/函数代入该点对应的变量值得到），梯度方向是该向量中最大的偏导值，作为多元函数在某个点上的梯度方向。由于最终目标是使损失函数（代价函数）的值最小，而梯度方向是函数值增加最快的方向（偏导最大的变量对应的方向/偏导值），因此要沿着梯度的反方向更新参数，即使用负梯度值，负梯度值是所有变量的偏导值中的最大值的负数。而神经网络在更新每个权值或偏置的参数值的时候，实际上仅独立地考虑了每个权值或偏置的偏导值（如果考虑神经网络中的所有权值或某一层中的权值的偏导形成的梯度，可能太难了，因为神经网络中的权值数量庞大）。因此，粗略地说，在神经网络中，每个权值或偏置对应的偏导值便是其各自的梯度值（对应的梯度方向对该梯度值取负，即该梯度值的负值），即每个权值/偏置对应的偏导值便是其各自的梯度值。

神经网络中，权值 w 的梯度（偏导）的符号常记作 ∇w，对应的偏导函数记作 $\mathbf{grad}(w)$。

6.5.2　基础梯度下降法

梯度下降法（Gradient descent）是一种一阶最优化算法，因为计算过程只用到了一阶梯度。其作用是寻找最优的参数，使得损失函数的值最小（得到最优值）。梯度下降法主要通过梯度方向与学习率两个值，一步一步迭代求出最优值的过程。因此，梯度下降法有两个重要的控制因子：一个是方向，由梯度指定；一个是步长，由学习率控制。故基于梯度下降法进行神经网络中的权值和偏置更新时，在得到每个权值对应的偏导值/梯度值之后，还涉及学习率参数，表示每次向梯度反方向（每次向损失函数最优解）移动的步长。

在神经网络中运用梯度下降法时，根据每次权值更新所使用的样本的数量和范围，有三种变体（基础的梯度下降法）：

（1）批量梯度下降法（Batch Gradient Descent）　在每次训练过程中，分别求出所有样本在某个权值/偏置上的梯度，将其相加（或求平均），以更新该权值/偏置。

批量梯度下降法每次需要遍历所有数据，计算每个样本在每个权值/偏置上的偏导（梯度），然后求和或求平均值，最后才批量更新一次参数，需要极大的内存空间与计算资源，训练速度慢。

（2）随机梯度下降算法（Stochastic Gradient Descent）　在每次训练过程中，每次随机选一个样本，仅使用（仅计算）单个样本在某个权值/偏置上的梯度，然后进行权值/偏置更新，即每个样本更新一次权值/偏置。该方法导致求解速度较慢。

该方法中，有时单个样本会对权值更新的影响较大。

（3）小批量梯度下降法（Mini-Batch Gradient Descent）　在每次训练过程中，分别求出每个批中的样本在某个权值/偏置上的梯度，将其相加（或求平均），以更新权值/偏置。因此，小批量梯度下降法是介于批量梯度下降法和随机梯度下降算法之间的折中梯度下降法。其训练速度快于批量梯度下降，收敛性能优于随机梯度下降。

梯度下降法的缺点有：①梯度下降是一种启发式的方法，有时会陷入局部最优解，而得不到全局最优解。②由于梯度下降需要时刻计算梯度，这要求函数处处可微。一旦有一点不可微，例如 $y=|x|$ 在零点不可微，就不能运用梯度下降法。③梯度下降涉及的学习率不容易确定（是超参数，需要手工调参），过大或者过小都可能会产生不利影响。

6.5.3　高级梯度下降法

除了上述梯度下降法之外，从是否累加过去批次中某个权值/偏置的梯度的视角及学习率如何自适应调整的视角，还有动量梯度下降法（Gradient Descent with Momentum）、AdaGrad 学习速率自适应调整的梯度下降法（Adaptive Gradient），以及 RMSProp、AdaDelta、Adam（Adaptive Moment Estimation）、AdamW 等方法，下面将分别进行介绍。

1. 动量梯度下降法

动量梯度下降法/动量权值更新法（Gradient Descent with Momentum）是一种基于动量梯度下降的权值更新法。其主要特点是：在计算每个权值/偏置的梯度时，加权平均计算该权值在当前迭代（批次）和之前所有迭代（之前所有批次）中的梯度（偏导值）。

动量权值更新法的数学公式为

$$S_{dw} = \beta * S_{dw} + (1 - \beta) * dw \tag{6-8}$$

$$S_{db} = \beta * S_{db} + (1 - \beta) * db \tag{6-9}$$

$$w = w - \lambda * S_{dw} \tag{6-10}$$

$$b = b - \lambda * S_{db} \tag{6-11}$$

其中，dw 与 db 为当前批次训练过程中计算出的某个权值及偏置的梯度（偏导值），S_{dw} 与 S_{db} 为该权值及偏置之前所有批次的训练过程中累加的梯度（加权梯度），β 为动量系数，λ 为学习率，w 和 b 表示使用动量梯度下降法得到的更新后的权值和偏置的值。

具体而言，对某个权值及偏置，其在过去批次的训练过程中累加的梯度（加权梯度）乘以系数 β，加上当前批次训练过程中的梯度（偏导值）乘以 $(1 - \beta)$，作为该权值/偏置的梯度值。β 可取 $(0,1)$ 内任意值，一般为 0.9。

得到了每个权值/偏置的梯度值后，进行该权值/偏置的值更新时，需要使用学习率 λ，表示更新/移动的步幅，得到本批次训练后权值/偏置的更新后的值。

动量权值更新法的优点在于，每次迭代/每批次训练时的梯度下降方向不会偏离原来的方向太多，能起到修正偏差的作用。在动量（Momentum）方法基础上，还有一种牛顿动量（Nesterov Momentum）法。总之，动量梯度下降法更新的是权值和偏置的值，故简称动量权值更新法。

2. 具有自适应学习率的优化器

固定的学习率也有问题，因为在训练之初远离最优点的时候，应使用较大的学习率加快训练；而在接近最优点时，则应减小学习率以利于收敛。典型的解决自适应学习率问题的优化器有 Adagrad、Adadelta、RMSprop 等。

（1）Adagrad 和 Adadelta　Adagrad 的目的是自适应调节学习率（learning rate，λ）。首先我们设置一个全局初始学习率 λ，在训练过程中对每个权值维护一个二阶动量 S_{dw}，指代迄今为止所有批次中该权值对应的梯度值的平方之和，然后将该权值的学习率变为 $\lambda = \dfrac{\lambda}{\sqrt{\varepsilon + S_{dw}}}$，其中 ε 是一个极小的正数，以避免除零错误。随着训练的进行，S_{dw} 单调递增，学习率 λ 也就逐渐减小。

Adadelta 是 Adagrad 的改进型，不再累积所有的历史梯度，而只计算若干迭代次数（最近若干批次）内的梯度平方和。

（2）RMSprop　RMSprop 是 Adagrad 的扩展，区别仅仅在于 RMSprop 对每个权值维护的二阶动量 S_{dw} 是一个加权后的结果，即 $S_{dw} = \beta * S_{dw} + (1 - \beta) * dw^2$，而 Adagrad 并未加权。如此一来，过去批次的二阶动量值会随着训练的进行逐渐衰减。而学习率衰变公式则与

Adagrad 相同，RMSprop在一些情况下能够避免 Adagrad 算法中学习率单调下降导致的训练过早停滞的缺点。

总之，Adagrad、Adadelta、RMSprop 解决的是神经网络优化时的学习率自适应更新的问题。

（3）兼顾动量权值更新和自适应学习率调整的优化器 Adam　　Adam 实质上是 Momentum SGD 与 RMSprop 的结合体，同时考虑了动量梯度更新和自适应学习率调整，是目前运用最为广泛的参数优化方法。其计算公式为

$$M_t = \beta_1 * M_{t-1} + (1 - \beta_1) * \mathrm{d}w \tag{6-12}$$

$$S_t = \beta_2 * S_{t-1} + (1 - \beta_2) * \mathrm{d}w^2 \tag{6-13}$$

$$M_t = M_t * \frac{1}{1 - \beta_1^t} \tag{6-14}$$

$$S_t = S_t * \frac{1}{1 - \beta_2^t} \tag{6-15}$$

$$W = W - \frac{\lambda}{\sqrt{\varepsilon + S_t}} * M_t \tag{6-16}$$

在 Adam 中，λ 是初始的学习率，M_t 和 S_t 分别用于动量权值更新和学习率自适应调整，两个参数进行了两步处理：第一步分别加权求和当前批次与过去所有批次累积的一阶动能（M_t）和二阶动能（S_t）的值；β_1 和 β_2 的默认值分别是 0.9 和 0.999，代表指数衰减速率。第二步 M_t 和 S_t 分别乘以一个恒大于一，并逐渐趋向于 1 的值，用于初始化偏差修正。

得到最终的 M_t 和 S_t 的值之后，M_t 代表某个权值的最终梯度值，$\dfrac{\lambda}{\sqrt{\varepsilon + S_t}}$ 是对应的学习率/更新步幅，两者结合起来，一起用于该权值的梯度更新。

综上，基于动量梯度下降法（SGD with Momentum）的动量权值更新法解决的是权值更新的问题；Adagrad、Adadelta、RMSprop 解决的是神经网络优化时的学习率自适应更新的问题；Adam 在权值更新时，同时使用了动量权值更新和调整自适应学习率的技术。

总结：神经网络优化是基础性研究问题，涉及神经网络的各个组成部分、相关方法和下游任务，含激活函数、权值初始化、批归一化、梯度更新策略、权值更新/优化、学习率优化、正则化、神经网络结构搜索（NAS）、损失函数等。一切皆可优化、一切皆能优化。

本章参考文献

[1] IOFFE S, SZEGEDY C. Batch Normalization：Accelerating Deep Network Training by Reducing Internal Co-variate Shift ［C］//International Conference on Machine Learning（ICML）. New York：ACM, 2015：

448-456.

［2］ BA L J, KIROS J R, HINTON G E. Layer Normalization［DB/OL］.（2016-07-21）［2023-06-06］. https://arxiv. org/abs/1607. 06450.

［3］ ULYANOV D, VEDALDI A, LEMPITSKY V S. Instance Normalization: The Missing Ingredient for Fast Stylization［DB/OL］.（2016-07-27）［2023-06-06］. https://arxiv. org/abs/1607. 08022.

［4］ SALIMANS T, KINGMA D P. Weight Normalization: A Simple Reparameterization to Accelerate Training of Deep Neural Networks［C］//Annual Conference on Neural Information Processing Systems（NeurIPS）. Cambridge: MIT Press, 2016: 901.

［5］ WU Y X, HE K M. Group Normalization［C］//15th European Conference on Computer Vision（ECCV）. Berlin: Springer, 2018: 3-19.

［6］ SANTURKAR S, TSIPRAS D, ILYAS A, et al. How Does Batch Normalization Help Optimization?［C］// Annual Conference on Neural Information Processing Systems（NeurIPS）. Cambridge: MIT Press, 2018: 2488-2498.

［7］ BJORCK J, GOMES C P, SELMAN B, et al. Weinberger. Understanding Batch Normalization［C］//Annual Conference on Neural Information Processing Systems（NeurIPS）. Cambridge: MIT Press, 2018: 7705-7716.

［8］ LUO P, ZHANG R M, REN J M, et al. Switchable Normalization for Learning-to-Normalize Deep Representation［C］//IEEE Transactions on Pattern Analysis and Machine Intelligence（TPAMI）. Piscataway: IEEE, 2021: 712-728.

［9］ 张俊林. 深度学习中的 Normalization 模型, batch norm、layer norm、instance norm、group norm 详解［EB/OL］.（2019-07-25）［2023-06-06］. https://blog. csdn. net/u012777932/article/details/97262668.

［10］ LI Z Q, USMAN M, TAO R, et al. A Systematic Survey of Regularization and Normalization in GANs［J］. ACM Computing Surveys, 2023, 55（11）: 232: 1-232: 37.

［11］ ZHANG R M, PENG Z L, WU L Y, et al. Exemplar Normalization for Learning Deep Representation［C］//IEEE Conference on Computer Vision and Pattern Recognition（CVPR）. Piscataway: IEEE, 2020: 12723-12732.

［12］ LUBANA E S, DICK R P, TANAKA H. Beyond BatchNorm: Towards a Unified Understanding of Normalization in Deep Learning［C］//Annual Conference on Neural Information Processing Systems（NeurIPS）. Cambridge: MIT Press, 2021: 4778-4791.

［13］ HUANG L, QIN J, ZHOU Y, et al. Normalization Techniques in Training DNNs: Methodology, Analysis and Application［J］. IEEE Transactions on Pattern Analysis and Machine Intelligence, 2023, 45（8）: 10173-10196.

［14］ HUANG L. Normalization Techniques in Deep Learning［M］. Berlin: Springer Nature, 2023.

［15］ HUANG L. Survey on Normalization Techniques［EB/OL］.（2021-06-24）［2023-06-06］. https:// github. com/huangleiBuaa/NormalizationSurvey.

［16］ MISRA D. Mish: A Self Regularized Non-Monotonic Activation Function［C］// 31st British Machine Vision Conference（BMVC）. London: BMVA press, 2020.

［17］ SRIVASTAVA N，HINTON G E，KRIZHEVSKY A，et al. Dropout：a simple way to prevent neural networks from overfitting［J］. Journal of Machine Learning Research，2014，15（1）：1929-1958.

［18］ SALIMANS T，KINGMA D P. Weight Normalization：A Simple Reparameterization to Accelerate Training of Deep Neural Networks［C］//Annual Conference on Neural Information Processing Systems（NeurIPS）. Cambridge：MIT Press，2016：901.

［19］ lvdongjie. 标准化、归一化、正则化的区别与联系［EB/OL］.（2021-01-10）［2023-06-06］. https：//www. cnblogs. com/ai-ldj/p/14257457. html.

［20］ SleepyBag. 权重衰减和 L2 正则化是一个意思吗［EB/OL］.（2022-09-23）［2023-06-06］. https：//www. zhihu. com/question/268068952.

［21］ KINGMA D P，BA J. ADAM：A Method for Stochastic Optimization［C］// International Conference on Learning Representations（ICLR）. 2015.

［22］ LOSHCHILOV I，HUTTER F. Decoupled Weight Decay Regularization［C］//International Conference on Learning Representations（ICLR）. 2019.

［23］ 刘建伟，赵会丹，罗雄麟，等. 深度学习批归一化及其相关算法研究进展［J］. 自动化学报，2020，46（6）：1090-1120.

第 7 章

孪生神经网络

本章主要内容
- 孪生神经网络介绍
- 孪生神经网络结构
- 孪生神经网络实现
- Triplet Loss/FaceNet 算法
- SiamFC 目标追踪算法

7.1 孪生神经网络介绍

孪生神经网络（简称孪生网络）的英文是"Siamese Network"，它是一种结构比较简单、功能却又十分强大的神经网络结构。孪生网络的输入是一对图像，所谓的"孪生"就是指网络每次输入一对图像，这是孪生网络的特点。例如，在人脸验证时一般输入一对图像。支付宝登录注册的时候，我们需要填入个人姓名和身份证号，支付宝会通过公安部授权，获取到该身份证号对应的证件照的照片，再将相机实时捕捉到的人脸照片，同时送入孪生网络中，让孪生网络自动地判定这两幅图像中的人是否是同一个人。而普通的物体识别网络，输入是单个图像。

孪生网络已在很多应用中落地。除常见的人脸验证的应用外，孪生网络在目标识别与追踪、精确制导（如通过无人机进行定位目标）、行人识别、笔迹验证和图像匹配等领域具有非常重要的应用。尤其是在目标追踪方面（如运动追踪），研究人员依据孪生网络设计了SiamFC、SiamRPN、SiamRPN++以及DaSiamRPN等经典算法。

孪生网络的输入是成对的图像，它有两种工作模式。第一种模式是直接输出两幅图像之间的相似度。第二种模式是不输出任何内容，但对特征空间/嵌入学习过程（Embedding Learning）进行优化；优化之后，通过骨干网络提取到的特征能够使同一类图像的特征之间的距离更近、不同类的特征之间的距离更远，因此第二种模式本质上是一种度量学习技术。两种模式都有各自的应用场景、用武之地。第一种模式直接返回两幅输入图像之间的相似度，可直接用于人脸验证；第二种模式训练结束后，对每幅图像，能够提取到更好的特征，再通过不同图像的特征之间的余弦相似度，确定不同图像（成对图像）之间的相似度，进而也能完成人脸验证/物体匹配的目的。两种模式都具有一定的跨域泛化能力，即便某些人或类别的图像在训练集中没有，在人脸验证/物体匹配时仍有希望对其进行正确比对。

7.2　孪生神经网络结构

经典的孪生神经网络结构如图 7-1 所示，其输入是两幅图像。每幅图像经过骨干网络（例如 ResNet）之后，提取到特征。然后，两幅图像对应的特征向量送入决策网络（Decision Network），输出两个特征向量之间的相似度。这是经典的孪生神经网络架构。

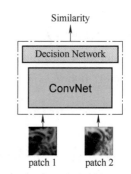

图 7-1　经典的孪生神经网络架构[1]

7.2.1　经典孪生网络结构

孪生网络的输入也有两种主要形式。第一种是经典的孪生神经网络结构，如图 7-2（及图 7-1）所示。其特点是：输入两幅图像以及两幅图像是否属于同一个类的标签。标签 1 表示两幅图像（中的物体/人）属于同一个类，标签 0 表示两幅图像不属于同一个类。两幅图像经过同一个骨干网络，提取到图像特征，如 2048 维的特征向量。两幅图像分别对应一个 2048 维的特征，两个特征需要进行某种运算，如直接按位相减，或拼接，或叠放等操作。运算结束后，后面还可设置若干全连接层，最后是输出层（但输出层只有一个神经元），表示两幅图像中的物体是否是同一类物体，属于二分类问题。神经网络的预测值将是一个介于 0 到 1 之间的小数，例如 0.8，这时候期望值（标签 1/0）和 0.8

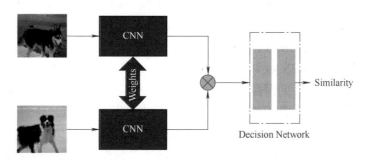

图 7-2　经典孪生神经网络结构

之间就会产生误差。这个误差可以通过损失函数来衡量，得到误差/损失后，再进行反向传播，更新骨干网络。第二种输入形式将在下节介绍。

7.2.2 双通道孪生神经网络

除了经典的孪生神经网络外，还有双通道孪生神经网络结构。如图 7-3 所示，其输入是两幅单通道图像，双通道孪生神经网络将两幅单通道图像叠放，形成一个包含了两个通道的新图像，并将该新图像送入骨干网络，提取特征，再经过一些全连接层和一个输出层，这种孪生神经网络便是双通道孪生神经网络。所谓的双通道就是指输入的两幅图像都只有一个通道，将这两个图像叠放起来形成一幅双通道的新图像，送入骨干网络中。有时，当输入图像均为灰度图像的情况下，可以使用双通道孪生神经网络，效果较好。当然也可以先将彩色图像灰度化，再使用双通道孪生神经网络。

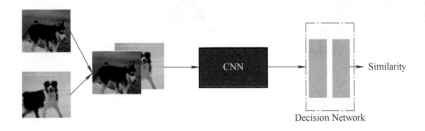

图 7-3 双通道孪生神经网络结构

双通道孪生神经网络实现起来其实比经典的孪生神经网络更简单。因为双通道孪生神经网络的后半部分就是一个普通的二分类卷积神经网络，只是在数据预处理时把两幅图像叠放形成一幅新的双通道图像。

综上，在输入方面，孪生神经网络有两种情况，即输入两幅图像或两幅单通道图像叠放形成的双通道图像；在输出方面，孪生神经网络有两种工作模式，即普通的二分类模式和度量学习模式，前者直接输出两幅图像中的物体属于同一个/同一类物体的概率，后者不输出内容，旨在通过度量学习优化骨干网络，以提取到更高质量的特征。下面在输入为两幅图像（经典孪生神经网络）的情况下，分别探讨二分类模式下和度量学习模式下的孪生神经网络实现技术。

7.3 孪生神经网络实现

本节分别介绍度量学习模式和二分类模式下的孪生神经网络实现技术。

7.3.1 度量学习/对比损失模式下的孪生神经网络实现技术

图 7-4a 所示的神经网络结构是度量学习/对比损失模式下的孪生神经网络结构，采用的损失函数是对比损失，基于两幅图像特征之间的欧氏距离进行度量学习。输入两幅图像，送入骨干网络，分别提取特征，后面再进行若干全连接变换，最终得到两个特征向量，最后通过对比损失函数，进行两幅图像特征之间的损失计算/度量学习。

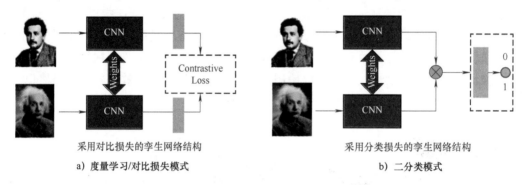

采用对比损失的孪生网络结构　　　　　　　　采用分类损失的孪生网络结构

a) 度量学习/对比损失模式　　　　　　　　　　b) 二分类模式

图 7-4　孪生神经网络的两种实现模式

对比损失的公式如下：

$$L = (1 - Y) \times \frac{1}{2} D_W^2 + Y \times \frac{1}{2} (\max\{0, m - D_W\})^2 \tag{7-1}$$

当两幅图像中的人/物体是同一个人/同一类物体时，Y 取 0，度量学习期望两幅图像的特征之间的欧氏距离越小越好，即 D_W 值越小越好，对应的损失项是 $\frac{1}{2} D_W^2$；当两幅图像中的人/物体非同一个人/同一类物体时，Y 取 1，度量学习期望两幅图像的特征之间的欧氏距离越大越好，即 D_W 值越大越好，换句话说，$m - D_W$ 越小越好，m 是边际参数（如 m 取 0.5、1 或其他值），对应的损失项是 $\frac{1}{2} (\max\{0, m - D_W\})^2$。总之，通过对比损失公式，能够进行度量学习，将得到更好的神经网络权值，提取到更好的特征。

总之，采用对比损失的孪生神经网络是度量学习网络，本身不输出任何内容，旨在优化骨干网络，使其能够提取到更好的特征，以更加准确地度量两幅图像是否为同一个人/同一类物体。

7.3.2 二分类模式下的孪生神经网络结构

图 7-4b 所示是采用分类损失（二分类模式下）的孪生神经网络结构，其与基于对比损

失的孪生网络结构的区别是：该孪生神经网络结构是带有输出的，对输入的两幅图像，输出它们属于同一类物体/同一个人的概率。例如，在人脸验证应用中，输入两幅图像，期望得到两幅图像中的人属于同一个人的概率。

输入两幅图像，分别送入同一骨干网络中提取特征。对两个特征进行运算（如直接按位相减，或拼接，或叠放等操作），得到一个新的特征向量，再跟上若干全连接操作，最后是只有一个神经元的输出层，进行二分类学习，采用 Sigmoid/Binary Cross Entropy 损失（BCE 损失），即

$$L = -\left[y\log(p) + (1 - y)\log(1 - p)\right] \tag{7-2}$$

式中，p 是预测概率；y 是目标值。如果两幅图像中的人属于同一个人，则目标值（即标签值）是 1，即 y 等于 1，期望输出 p 越靠近 1 越好，对应的损失项是 $-\log(p)$。如果两幅图像中的人不是同一个人，此时 y 等于 0，期望输出 p 越靠近 0 越好，此时损失项为 $\log(1 - p)$，p 越靠近 0，损失值越小。

需要读者注意的是：在对比损失［式（7-1）］和 BCE 损失［式（7-2）］的对应公式中，y 值取值时的物理意义是不一致的、相反的。在对比损失中，$y = 0$ 表示同一类物体的两幅图像，$y = 1$ 表示两幅图像的类别不同。而在 BCE 损失中，y 值的意义则恰恰相反，即 $y = 1$ 表示同一类物体的两幅图像，$y = 0$ 表示两幅图像的类别不同。读者要注意辨析、区分。

7.3.3　孪生神经网络的训练

孪生神经网络要经过上万次甚至数十万次的迭代训练，方能达到较好的性能。训练网络时，一个 batch/批次中可以有多对图像，如 8 对、16 对甚至更多。损失计算时，对每一对图像分别计算损失，再求其平均值，每个批次的数据进行一次误差回传。

7.4　Triplet Loss/FaceNet 算法

FaceNet 算法发表在 CVPR 2015[2]，论文标题是一种用于人脸识别和聚类的统一度量学习方法。图 7-5 给出了 FaceNet 的整体流程。一个批次中有若干幅图像，每一幅图像都会经过特征提取网络输出一个对应的特征向量，这些特征向量之间采用 Triplet Loss/三元组损失进行损失计算。

图 7-5　FaceNet 整体流程[2]

尤其需要说明的是，Triplet Loss/FaceNet 算法所使用的神经网络是普通的卷积神经网络，而非孪生神经网络结构。譬如，一个 batch/批中有 8 幅图像，每幅图像都会被送入相同的神经网络结构，得到 8 个特征向量。这 8 个特征向量经过若干全连接的变换后，进行基于欧氏距离（L_2 距离）的 Triplet Loss/三元组损失计算。总之，Triplet Loss/FaceNet 算法使用普通的卷积神经网络，且没有任何输出，通过基于 Triplet Loss/三元组损失的度量学习，优化骨干网络，以提取到更好的特征。

7.4.1　Triplet Loss

FaceNet 算法的核心是 Triplet Loss/三元组损失。如图 7-6 所示，Triplet Loss 需要对每幅图像选择一个困难的正样本和负样本，形成三元组。对每幅图像（anchor 图像/锚点图像），算法须选取与锚点图像同类的困难正样本和与之异类的困难负样本，锚点图像与选取的正负样本，构成三元组。

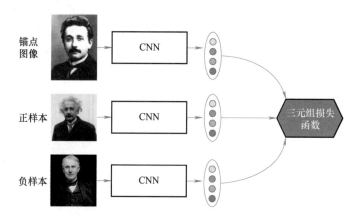

图 7-6　三元组损失的生成（前两幅图像中的人物为爱因斯坦、第三幅图像中的人物为爱迪生）

$$\|x_i^a - x_i^p\|_2^2 + \alpha < \|x_i^a - x_i^n\|_2^2 \tag{7-3}$$

$$\text{Triplet Loss} = \max\{0, \|x_i^a - x_i^p\|_2^2 + \alpha - \|x_i^a - x_i^n\|_2^2\} \tag{7-4}$$

分别为 Triplet Loss 的目标函数及对应的损失函数[2]。其中，x_i^a 代表锚点图像的特征向量，x_i^p 代表锚点图像对应的正样本的特征向量，x_i^n 代表锚点图像对应的负样本的特征向量，α 是边际参数。期望同类图像之间的距离 $\|x_i^a - x_i^p\|_2^2$ 小于异类图像之间的距离 $\|x_i^a - x_i^n\|_2^2$。

如图 7-7 所示，初始时的卷积神经网络提取到的特征并不能很好地保证锚点与正样本之间的距离比锚点与负样本之间的距离小。期望通过基于三元组损失的度量学习，网络能够让属于同一类的两幅图像的特征之间的距离很近，不同类的图像之间的特征更远。

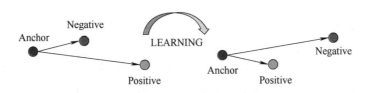

图 7-7　FaceNet / Triplet Loss 的学习目标[2]

下面介绍 Triplet Loss 选择困难正负样本的技术。

7.4.2　Triplet Loss 的难例选择算法

难例选择其实是寻找困难的正负样本、构造三元组的过程，其主要思想是从负样本中挑选距离 Anchor 图像特别近的图像，从正样本中挑选距离 Anchor 图像特别远的图像，将三幅图像形成三元组，如图 7-7 所示，计算 Triplet loss。

举例：假定一个 batch 要随机挑选 5 个人的图像，每个人挑选 4 幅图像，最后得到 20 幅图像。令当前的 Anchor 图像是 A，第一步：计算图像 A 与该 batch 中同类图像的特征相似度，挑选与 A 距离最远的图像 P 作为 A 的困难正样本，即从同一人的其他三幅图像中挑选距离 A 最远的图像 P 作为困难正样本。第二步：计算图像 A 与该 batch 中异类图像之间的特征相似度，挑选与 A 的距离最近的异类图像 N 作为 A 的困难负样本，即从其他四人的 16 幅图像中挑选出特征距离 A 最近的图像 N 作为困难负样本。第三步：对于一个 batch/批次中的每一幅图像，都使用上述操作，最后将得到 20 个三元组。对于这 20 个三元组，依次使用式（7-4）计算三元组损失，再求其平均值。

训练阶段结束之后，FaceNet 将得到一个较好的骨干网络（Deep Architecture），能提取到更好的特征。进行人脸验证时，将待比对的两幅图像分别送入该骨干网络中，得到两个特征向量，然后计算这两个特征向量之间的欧氏距离/余弦距离。当两个特征之间的距离小于某个阈值（如 1.242）时，则认为两幅图像中的人是同一个人，完成人脸验证的任务。

7.5　SiamFC 目标追踪算法

下面介绍 SiamFC 目标追踪算法，一种基于孪生网络进行目标追踪算法[3]。什么是目标追踪技术？譬如在篮球比赛视频中，要追踪篮球目标，选定篮球后，期望算法在后续的视频中能够自动追踪定位到篮球，这就是目标追踪的应用场景之一。

7.5.1 SiamFC 的输入图像特点

如图 7-8 所示，SiamFC 算法的输入是一对图像，分别是包含目标的图像（Exemplar 图像，又称锚点图像、参照图像）和可能包含该目标的待搜索图像（Search 图像）。图 7-8 上部是锚点图像，下部是待搜索图像。锚点图像大小为 127×127 像素，待搜索图像大小为 255×255 像素。目标追踪算法需要在待搜索图像或视频中定位目标的位置。当待搜索图像不满足尺寸要求时，需要对其补齐（如图 7-8 下部左图所示）。

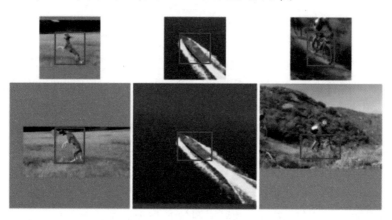

图 7-8　SiamFC 的输入图像示例[3]

7.5.2 SiamFC 的神经网络结构

图 7-9 所示是 SiamFC 的神经网络结构，左侧的上部和下部分别是包含目标的锚点图像（$127 \times 127 \times 3$）和待搜索图像（$255 \times 255 \times 3$）。两幅图像分别经过上、下两个骨干网络提取特征（符号 φ 表示骨干网络）。SiamFC 的两个骨干网络均采用 AlexNet 的前五层卷积操作（不带 FC 层），如图 7-10 所示。需要说明的是，SiamFC 采用的两个骨干网络与原始的 AlexNet 的输入图像规格不同，且后三个卷积的卷积核数量不同，但卷积核大小设置和其他卷积操作与 AlexNet 相同。

因为 SiamFC 的两个输入图像尺寸不同，因此输出特征向量的尺寸亦不相同。上部输入图像（锚点图像）提取到的特征尺寸是 $6 \times 6 \times 128$，下部输入图像（待搜索图像）提取到的特征尺寸是 $22 \times 22 \times 128$。两个特征的通道数量相同，但特征尺寸不同。然后进行卷积操作，即将上部的 $6 \times 6 \times 128$ 特征矩阵在下部的 $22 \times 22 \times 128$ 特征矩阵上进行滑动，步幅是 1，每次滑动的时候将上面的特征矩阵与滑动窗口中的下部特征矩阵进行点乘，得到一个值。滑窗结束后，最终得到一个 17×17 的得分矩阵。该得分矩阵表示锚点图像在待搜索图像中滑动过程产生的相似性值矩阵，共有 17×17 个值。该相似性矩阵中某个元素的值越大，表示目标在待搜索图像的对应位置上出现的概率越高。

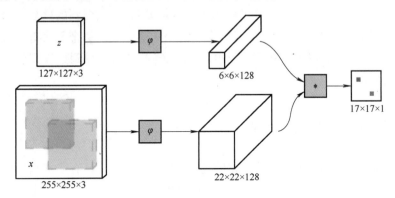

图 7-9　SiamFC 的神经网络结构[3]

	Conv Operations			Activation size		
Layer	Support	Chan. map	Stride	For exemplar	For search	Chans.
				127×127	255×255	$\times 3$
conv1	11×11	96×3	2	59×59	123×123	$\times 96$
pool1	3×3		2	29×29	61×61	$\times 96$
conv2	5×5	256×48	1	25×25	57×57	$\times 256$
pool2	3×3		2	12×12	28×28	$\times 256$
conv3	3×3	384×256	1	10×10	26×26	$\times 192$
conv4	3×3	384×192	1	8×8	24×24	$\times 192$
conv5	3×3	256×192	1	6×6	22×22	$\times 128$

图 7-10　SiamFC 所使用的骨干网络及相应的卷积操作[3]

为了训练 SiamFC，还需要构造一个 17×17 大小的 GT（Ground Truth）目标矩阵，用于和预测矩阵（即得分矩阵）进行损失计算。假定目标位于待搜索图像的中心，在构造目标矩阵时，以待搜索图像的中心为圆心，半径为 R 的区域内的元素置为 1，其他置为 -1，得到目标矩阵。有了目标矩阵和预测矩阵，就能计算损失，进行误差回传。

SiamFC 的损失计算使用 Logistic 损失，即逻辑损失，其表达式为

$$L = \frac{1}{D} \sum_{i \in D} \log \left(1 + e^{-y_i * v_i} \right) \tag{7-5}$$

其中 i 是 17×17 矩阵中某个位置的坐标（某个元素），y_i 是其在目标矩阵中的对应值（取值为 1 或 -1），v_i 是预测矩阵中的预测值。Logistic 损失对矩阵中的每一个预测值和对应位

置上的目标值进行相乘。例如，矩阵中某个位置上的预测值为 1，而它对应位置上的真实值为 1 时，即 $y_i = 1$ 且 $v_i = 1$ 时，代入式（7-5）后，$\log(1 + \mathrm{e}^{1*1})$ 得到的就是一个较小的值，接近于 0，表示损失很小。如果矩阵中某个位置上的预测值为 -1，而它对应位置上的真实值是 1，即 $y_i = -1$ 且 $v_i = 1$，代入式（7-5）后，$\log(1 + \mathrm{e}^{1*1})$ 得到的就是一个相对较大的值，表示损失比较大。对于 17×17 预测矩阵中的 289 个元素，每个元素都计算预测值相较于对应位置上的目标值的损失，然后对 289 个损失值求平均，得到最终损失，当然，也可以使用交叉熵损失。

7.5.3 SiamFC 的损失函数改进

SiamFC 是基于孪生神经网络的目标追踪技术的开山之作，具有非常重要的意义。该算法提出之后，又涌现了很多改进算法，例如 SiamRPN、SiamRPN++ 等，也有一些对其损失函数进行改进的工作[4]，如图 7-11 所示。

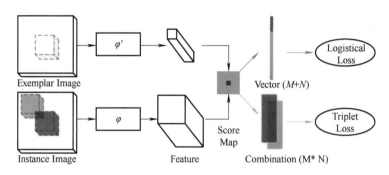

图 7-11　SiamFC 的损失函数改进策略[4]

在原始的 SiamFC 算法中，Positive patches（目标值为 1 的元素，即"正"元素）可能很少，而 Negative patches（目标值为 -1 的元素，即"负"元素）可能很多，例如 $P = 10$，$N = 279$。改进的 SiamFC 算法除 logistic 损失（式7-5）外，通过新损失函数强化正负元素间的比对，即

$$L = \frac{1}{MN} \sum_{i}^{M} \sum_{j}^{N} \log\left(1 + \mathrm{e}^{vn_j - vp_i}\right) \tag{7-6}$$

新损失函数的计算范围是 $P \times N$ 项（$P \times N$ 种组合），即穷举所有的 Positive patches 和 Negative patches（正负元素）的预测值之间的差异，而原始的 SiamFC 的损失只包含 $P + N$ 项，只考虑对应位置的元素的预测值和目标值之间的误差。式（7-6）中的 vp_i 表示某个正元素的得分，即某个目标值为 1 的元素对应的预测概率；vn_j 表示某个负元素的得分，即某个目标值为 -1 的元素对应的预测概率。

例如，在 17×17 的目标矩阵中，目标值为 1 的"正"元素有 10 个，而目标值为 -1 的

"负"元素有 279 个。改进的 SiamFC 损失函数，对 10×279 种组合中的每个组合都进行损失计算，然后求其平均值，得到最终损失值。

本章参考文献

［1］ ZAGORUYKO S, KOMODAKIS N. Learning to compare image patches via convolutional neural networks ［C］//IEEE Conference on Computer Vision and Pattern Recognition（CVPR）. Piscataway：IEEE, 2015：4353-4361.

［2］ SCHROFF F, KALENICHENKO D, PHILBIN J. FaceNet：A unified embedding for face recognition and clustering ［C］//IEEE Conference on Computer Vision and Pattern Recognition（CVPR）. Piscataway：IEEE, 2015：815-823.

［3］ BERTINETTO L, VALMADRE J, HENRIQUES J F, et al. Fully-Convolutional Siamese Networks for Object Tracking ［C］//14th European Conference on Computer Vision（ECCV）. Berlin：Springer, 2016：850-865.

［4］ DONG X P, SHEN J B. Triplet Loss in Siamese Network for Object Tracking ［C］//European Conference on Computer Vision（ECCV）. Berlin：Springer, 2018：472-488.

［5］ HE A F, LUO C, TIAN X M, et al. A Twofold Siamese Network for Real-Time Object Tracking ［C］//European Conference on Computer Vision（ECCV）. Berlin：Springer, 2018：4834-4843.

［6］ 刘艺, 李蒙蒙, 郑奇斌, 等. 视频目标跟踪算法综述 ［J］. 计算机科学与探索, 2022, 16（7）：1504-1515.

［7］ 韩瑞泽, 冯伟, 郭青, 等. 视频单目标跟踪研究进展综述 ［J］. 计算机学报, 2022, 45（9）：1877-1907.

第 8 章

蒸馏网络

本章主要内容

- 蒸馏网络介绍
- 带温度的 Softmax 激活函数
- 蒸馏网络结构
- 蒸馏学习过程

8.1 蒸馏网络介绍

蒸馏网络的英文叫"Distillation Network",是 Hinton 在 2015 年提出的算法[1]。该论文是最早的提出蒸馏网络思想的工作之一。

实际应用中,通常需要使用多个不同的神经网络模型,而每个模型只能完成一个特定任务,导致某些应用需要调用多个不同的模型,变得笨重。如果能够将多个不同模型集成到单个模型中,那么,应用系统只需使用一个模型即可,而不需要调用多个模型。此时,蒸馏网络的主要工作是多个模型的集成。除了模型集成外,蒸馏网络还可用于模型的压缩。例如某个模型文件大小可能有 100M,经过蒸馏学习压缩之后,模型文件可能变成 10M。模型压缩之后,模型参数变少,能够实现运算加速的效果。另外,蒸馏学习还可用于迁移学习,即在一个数据集中学习到的模型和知识,迁移到另外一个数据集和任务上。总结而言,蒸馏学习可用于模型集成、模型压缩、迁移学习等方面的任务。

对应地,蒸馏网络有三个主要的技术方向:第一是模型压缩,让模型变得更小,同时模型性能降低较少;第二是模型集成,即集成多个不同的模型,集成后的模型便携、易用,性能更佳。当然,模型集成在一定程度上也能实现模型压缩的目标,但更强调对多个不同模型的集成;第三是模型增强,利用蒸馏学习将在外部数据上学习到的模型和知识,迁移到其他数据和任务中,实现迁移学习的目标,使得模型变得更强。如今,在目标分类、目标检测、图像分割等下游任务中,蒸馏学习均发挥了重要作用,能够取得较为显著的性能提升。

8.2 带温度的 Softmax 激活函数

蒸馏网络使用了带温度的 Softmax 激活函数，下面对其进行介绍。

8.2.1 Softmax 激活函数

$$P(Z_i) = \frac{e^{Z_i}}{\sum\limits_{j=0}^{k} e^{Z_j}} \tag{8-1}$$

是 Softmax 激活函数，Z_i 是激活前的 Logit（代表输出层得到的，还未经过激活函数处理的预测向量），即输出层某个激活前的神经元的值。Z_i 的指数次方 e^{Z_i} 除以输出层所有神经元激活前的值的指数次方，得到第 i 个神经元激活后的值。这是普通的 Softmax 激活函数，它输出同一层/输出层神经元激活后的值，这些激活后的值相加等于 1。

8.2.2 带温度的 Softmax 激活函数

带温度的 Softmax 激活函数，英文名字是"Softmax function with Temperature"，其表达式为

$$P(Z_i) = \frac{e^{Z_i/T}}{\sum\limits_{j=0}^{k} e^{Z_j/T}} \tag{8-2}$$

其中，T 为温度/参数，一般取整数（如取 1、2 等）。计算每个神经元经 Softmax 激活后的值时，先将原始值/激活前的值上除以 T，然后再进行 Softmax 激活，这就是带温度的 Softmax 激活函数。所以说，它与普通的 Softmax 激活函数的主要差别就在于：e^{Z_i} 变为 $e^{Z_i/T}$。

下面介绍带温度的 Softmax 激活函数的性质和作用。举例：假定同一层/输出层激活前的三个神经元的值分别是 [1,2,3]。若使用普通的 Softmax 激活函数，激活后得到的值/概率是（0.09003,0.24473,0.66524）；如果使用带温度的 Softmax，假设 T 等于 2，那么激活后的神经元的值为（0.18632,0.30720,0.50648）。对比、分析两组激活后的值，可以发现：进行神经元激活时，带温度的 Softmax 相较于普通的 Softmax，当 T 逐渐增大时，前者不像后者那样将激活前值最大的神经元的优势无限扩大（指数级放大）。本例中，激活前值最大的神经元是第三个神经元，值为 3，若使用普通的 Softmax 激活函数，对应的激活后的值是 0.66524；若使用带温度的 Softmax 激活函数，激活后的值变为 0.50648。所以，第三个神经元使用带温度的 Softmax 激活时，其优势不像普通的 Softmax 激活函数那样被指数级放大。

同时，使用带温度的 Softmax 激活时，相较于普通的 Softmax 激活函数，其他激活前值非最大的神经元，利用温度的 Softmax 激活后，激活后的值/概率得到了一定提升，例如第一个神经元激活后的值从普通 Softmax 激活的 0.09003 变成了带温度的 Softmax 激活的 0.18632。而且，随着 T 的增大，不同神经元激活后的值之间的差距，变得越来越小。

因此，带温度的 Softmax 激活函数中，温度 T 的作用是改变原始的 Softmax 的输出概率/激活后的值。T 越大，神经元激活后的值越平滑，且不同神经元激活后的值之间的差距越小；对于激活前值最大的神经元，它激活后的值仍将是最大的，但其突出优势会被逐渐削减。因此，带温度的 Softmax 激活函数能够让激活之后的神经元值变得更加平滑，而不是让激活前值最大的神经元的优势在激活后被指数级地放大（锐化）。

8.3 蒸馏网络结构

本节介绍蒸馏网络的神经网络结构，如图 8-1 所示。

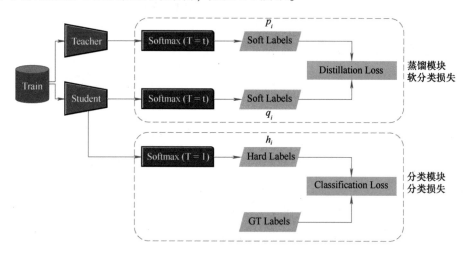

图 8-1　蒸馏网络的神经网络结构

图 8-1 中，蒸馏网络主要包括两个模块，涉及两个模型。其中，Teacher 模型是事先已训练好的模型，例如使用其他数据集训练出来的、效果较好的模型，称作教师模型；Student 模型是刚初始化（如 He 初始化）后的模型，该模型的权值还没有根据当前数据和应用优化，称作学生模型。蒸馏网络的两个模块是蒸馏模块和分类模块。

蒸馏网络的目标是：经过蒸馏学习，将一个或多个 Teacher 模型中的知识迁移到 Student 网络中，使得 Student 模型的参数得到优化，性能得到增强。例如，第一次先用 Teacher1 模型教 Student 模型；第二次再用 Teacher2 模型教 Student 模型，以此类推。就像学生学习一样，若有 10 个老师教学生，每个老师教学生一种技能/能力，那么学生可以通过十个老师学到 10 种技能/能力。最后，因为学生学会了 10 种技能，会变得非常强大。总之，通过蒸馏学习，能够将多个 Teacher 模型的知识集成、迁移到 Student 模型中，性能将不断提升。

8.4 蒸馏学习过程

本节介绍蒸馏学习的训练流程。蒸馏网络的两个模块是蒸馏模块和分类模块。对于训练集（Train）中的每一个样本，首先将其送入 Teacher 模型中（Teacher 模型是已经训练好了的模型，不进行权值更新），Teacher 模型将输出 Logit 向量/Softmax 激活前的预测结果向量。该 Logit 向量随后送入带温度的 Softmax 激活函数，令神经元 i 激活后的值为 p_i，表示 Teacher 模型预测的输入样本属于第 i 类的概率。由于使用了带温度的 Softmax 激活函数，Logit 向量激活后的结果称为软标签（Soft Labels），p_i 便是第 i 类对应的软标签。

同一个输入样本还要经过 Student 模型，Student 模型将输出对应的 Logit 向量，该 Logit 向量将经过 Student 模型的上下两个分支，分别进行带温度的 Softmax 激活和普通的 Softmax 激活，对应两个激活后的 Logit 向量/预测结果向量，q_i 和 h_i 分别表示两个预测结果向量中，输入样本在第 i 类上的预测概率。

然后，在蒸馏模块，计算 Teacher 模型和 Student 模型基于带温度的 Softmax 激活函数得到的预测概率之间的差异，这个差异称作蒸馏损失（Distillation Loss），记作 L_D。损失计算方法有多种，例如可以将样本在每个类上的预测概率按位相减，如第 i 个类上的预测概率 p_i 和 q_i 之间的差异。当两个概率完全一样的时候，就表明 Student 模型在第 i 类上的预测结果与 Teacher 模型相同。当然，还有其他更先进的损失函数，尤其是 KL 散度或 JS 散度。使用 KL 散度，是期望 Student 模型对样本的预测概率/预测值与 Teacher 模型的预测概率/预测值越接近越好。蒸馏模块的损失又称为软分类损失，当然，也可以使用普通的交叉熵损失进行软分类损失计算。此时，Teacher 网络的输出作为 GT/参照值（y_i），Student 网络的输出作为预测值（P_i），求 $\sum_{i=1}^{nclass} - y_i \cdot \log(P_i)$。

注：本书的损失函数一章，对 KL 散度和 JS 散度的原理进行了相关介绍。

在分类模块，输入样本经过 Student 模型，得到 logit 预测向量，使用普通的 Softmax 激活后，将得到一个预测概率向量，h_i 表示输入样本在第 i 类上的预测概率。蒸馏网络的分类模型就是普通的分类过程，使用普通的 Cross-Entropy 损失/交叉熵损失即可，即

$$L_C = - \log(h_t) \tag{8-3}$$

令 h_t 表示输入样本在真实类别上的预测概率，计算该样本的分类损失（Classification Loss）时，利用式（8-3），即 Cross-Entropy 损失函数，就可以计算该样本对应的分类损失，损失值为 $-\log(h_t)$。分类模块的损失又称为硬分类损失。

Student 网络的最终损失包括上面两部分，即蒸馏损失（软分类损失）和分类损失（硬分类损失），即

$$L = \alpha L_D + \beta L_C \tag{8-4}$$

得到总损失 L 后，便可对 Student 网络进行权值更新。

训练阶段结束后，蒸馏网络最终将得到训练好的 Student 模型，该模型可直接用于分类（硬分类）任务：输入测试图像，Student 模型将预测该输入图像属于不同类别的概率。

8.5　总结

蒸馏学习过程总结：首先是准备工作，在蒸馏学习开始之前，要先训练好 Teacher 模型，Teacher 模型可以有多个；Student 模型只进行简单的初始化。然后，开始蒸馏学习流程：令 Train 为训练集，从中随机选取一批样本（一个 batch 的样本），如 20 幅图像。对于当前批中的每一幅图像，先用 Teacher 模型输出激活前的预测向量，然后该特征向量使用带温度的 Softmax 激活函数进行激活，输出一个预测概率向量。对于同一个样本，再使用 Student 模型输出一个激活前的特征向量，Student 输出的特征向量分别使用带温度的 Softmax 激活函数及不带温度的 Softmax 激活函数进行激活，得到了两个预测概率向量。其中，Student 模型使用带温度的 Softmax 激活函数得到的预测向量，与 Teacher 模型使用带温度的 Softmax 激活函数得到的预测向量，使用 KL 散度/JS 散度或交叉熵损失函数计算两个预测向量对应的蒸馏损失/软分类损失。同时，对于相同样本，Student 模型还将使用不带温度的 Softmax 进行激活，得到预测概率向量，使用的损失函数是普通的分类损失（硬分类损失），即 Cross-Entropy 损失，如式（8-3）所示。

对每一个样本，得到它的蒸馏损失/软分类损失和分类损失后，两个损失按照式（8-4）进行加权求和，得到最终的损失。对于当前批中的其他样本执行相同的操作，分别计算对应的损失。最后，求当前批中所有样本损失值的平均值（平均损失）。平均损失通过误差反向传播，对 Student 网络进行更新。

概言之，蒸馏网络包括两大模块：第一个模块是蒸馏模块，主要是计算软分类损失。第二个模块是分类模块，计算 Student 模型对输入样本的普通分类损失，计算分类损失（硬分类损失）。蒸馏模块涉及 Teacher 模型和 Student 模型，对于同一个样本它们使用了带温度的 Softmax 激活函数；分类模块使用的 Softmax 激活函数是不带温度的，是普通的分类计算过程。在整个过程中，Teacher 模型不参与误差回传、不进行更新。

当有多个 Teacher 模型时，第一轮蒸馏学习结束时，Student 模型会把 Teacher1 模型的知识学习到。之后还可以学习 Teacher2 模型中的知识，以此类推。

本章参考文献

［1］HINTON G E，VINYALS O，DEAN J. Distilling the knowledge in a neural network ［DB/OL］. (2015-03-09）［2023-06-23］. https：//arxiv. org/abs/1503. 02531.

［2］GOU J P，YU B S，MAYBANK S J，et al. Knowledge Distillation：A Survey ［J］. International Journal of Computer Vision，2021，129（6）：1789-1819.

［3］黄震华，杨顺志，林威，等．知识蒸馏研究综述［J］. 计算机学报，2022，45（3）：624-653.

第 9 章

损失函数

本章主要内容
- 损失函数简介
- 十种常见的损失函数
- 最新损失函数
- KL 散度与 JS 散度

在基于深度学习的算法设计中，损失函数设计与神经网络结构设计同样重要。本章将介绍详细深度学习中的常用损失函数以及最新损失函数。

9.1 损失函数简介

9.1.1 损失函数的概念

机器学习中的代价函数（Cost Function），在深度学习中称作损失函数（Loss Function）。损失函数的计算发生在神经网络的最后一层，即输出层，用于计算神经网络在训练过程中对某个样本的预测值与其真实值之间的误差。这个误差就叫作损失，计算损失的函数就叫作损失函数。需要强调的是，广义上的损失函数，特别是在无监督学习下，也可以是衡量两个特征向量之间的距离、差异程度/不一致程度的一种函数。此种情况下，计算这种损失时就不再需要监督学习中作为参照基准的真实值了。损失是神经网络进行误差回传和权值更新的主要依据，因此，损失函数对神经网络的模型训练发挥着关键基础性的作用。

9.1.2 损失函数设计的一般原则

设计损失函数的一般原则是：首先，要区分任务类型，是回归任务还是分类任务，因为物体识别和目标检测（尤其是目标在图像中的位置预测）、年龄估计等问题的损失函数不同。其次，要分析数据的特点，搞清楚是监督学习任务还是无监督学习任务，抑或是半监督学习任务；还要考虑数据分布属于正常分布还是长尾分布等方面的因素，因为不同分布特点的数据所适用的损失函数也不尽相同。第三，没有适用于所有任务和数据的最佳损失函数，需要根据具体任务尝试不同的损失函数，根据具体效果确定最终损失函数的选取。

另外，在使用损失函数时，在模型训练过程中不能简单地根据损失值的大小评价不同损失函数的性能优劣。例如，Focal Loss 和 Sigmoid/Binary Cross Entropy Loss 相比，前者在对应的损失项乘以了一个系数以表示样本的学习/预测难度，导致其损失值要比后者小得多，但这不代表前者一定优于后者。

9.1.3　损失函数的分类体系

如图 9-1 所示，常用的损失函数可分为两类，一类是回归损失，另一类是分类损失。类似于预测股票的价格或者预测物体的坐标框位置，神经网络估算出的数值没有具体的类别的问题，是回归问题，涉及的损失就是回归损失。常用的回归损失函数有 MAE 损失（L_1 损失）、MSE 损失（L_2 损失）、Huber（胡伯）损失以及与之类似的 Smooth L_1（平滑 L_1）损失等。总体而言，回归损失的种类比较有限，MSE 损失（L_2 损失）和 Smooth L_1（平滑 L_1）损失是最常用的回归损失。

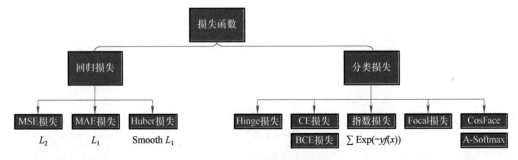

图 9-1　损失函数分类体系

分类损失中包含了多种损失函数，代表性的有 Hinge 损失、CE（Cross Entropy）损失、BCE（Binary Cross Entropy）损失、指数损失、焦点损失（Focal Loss）和 CosFace 损失等。Hinge 损失在机器学习中用得比较多。CE 损失即交叉熵损失，是我们最常用到的损失函数。BCE 损失与 CE 损失属于一类，BCE 损失主要解决的是二分类问题。指数损失的表达公式为

$$L = \sum \mathrm{Exp}(-yf(x)) \tag{9-1}$$

焦点损失是 2017 年提出的用于目标检测的损失函数，后来也有人将其应用于目标识别。CosFace 损失函数是 2018 年提出来的，是目前在解决人脸识别、目标检测问题上效果非常好的一个损失函数。

表9-1 汇总了不同任务对应的损失函数。如该表所示，在回归任务/问题上，常用的损失函数有 L_1 损失（MAE 损失）、L_2 损失（MSE 损失）、胡伯损失、平滑 L_1 损失及分段损失。在目标检测任务中，常用的损失函数有焦点损失、胡伯损失和平滑 L_1 损失。需要说明的是，目标检测通常是同时包含回归任务/损失和分类任务/损失的，因为目标检测既需要预测物体在图像中的位置（回归问题），又需要对候选目标框中的物体类别进行预测（分类问题）。在目标识别/分类中，相关的损失函数较多，有交叉熵损失函数、三元组损失函数、中心损失函数以及焦点损失函数。在图像分割中，常见的损失函数有 Dice 损失和 Tversky 损失。另外，还有一系列针对生成对抗网络（GAN）的损失函数。

表9-1 常用损失函数分类

应用场景/问题分类	损 失 函 数	对应英文名称
回归	L_1 损失函数	L_1 Loss Function
	L_2 损失函数	L_2 Loss Function
	胡伯损失函数	Huber Loss Function
	平滑 L_1 损失函数	Smooth L_1 Loss Function
	分段损失函数	Quantile Loss Function
目标识别	交叉熵损失函数	Cross Entropy Loss Function
	三元组损失函数	Triplet Loss Function
	中心损失函数	Center Loss Function
	焦点损失函数	Focal Loss Function
目标检测	焦点损失函数	Focal Loss Function
	胡伯损失函数	Huber Loss Function
	平滑 L_1 损失函数	Smooth L_1 Loss Function
图像分割	Dice 损失函数	Dice Loss Function
	Tversky 损失函数	Tversky Loss Function
生成对抗网络 GAN	GAN 中的损失函数	Loss Function for GAN

9.2 十种常见的损失函数

9.2.1 L_1 损失函数

L_1 损失函数即 MAE 损失函数，亦称作平均绝对误差损失函数。L_1 损失函数的表达式为：

$$L_1 = \frac{1}{n} \sum_{i=1}^{n} |\hat{y}_i - y_i| \tag{9-2}$$

式中，i 表示第 i 个样本，$\hat{y}_i$ 表示第 i 个样本的预测结果，y_i 表示对应的真实结果。

当然，也可以认为 i 表示输出层的第 i 个神经元，如果神经网络输出层有 10 个神经元（从 0 到 9），每个神经元都有一个预测值，也有一个真实值。对于这十个神经元中的每一项，我们计算它的预测值跟真实值之间差的绝对值。然后，对求得的 10 个绝对值求和、再取平均值，这个平均值就是 MAE，中文译为平均绝对误差。此种情况下，L_1 损失函数就是求输出层的所有神经元的预测值和真实值之差的绝对值的和。

MAE 作为损失函数时更稳定，并且对离群值不敏感。但 MAE 损失函数有一个缺点，就是它的导数不连续（在零点处不可导），因此求解效率相对较低，收敛的速度较慢。L_1 损失函数主要用于回归任务或目标检测。

如图 9-2 所示，图中蓝色实线表示的是 L_1 损失函数。因为 L_1 损失函数对预测值和真实值的差取绝对值，所以可以将计算的差的负值取正，得到的是一条对称的折线。以图中的蓝色折线为例，当计算得到的差值小于零时，最终的损失是这个差的相反数；当计算得到的差值大于零时，最终的损失还是这个差本身，所以折线的两部分都是直线。

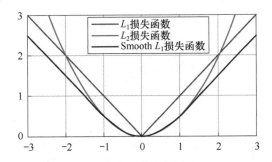

图 9-2 L_1 损失函数与 L_2 损失函数、Smooth L_1 损失函数的比较

9.2.2 L_2 损失函数

L_2 损失函数是均方差损失函数，它的英文是 MSE Loss function，有些时候也称为平方损失函数。其表达式为

$$L_2 = \frac{1}{n} \sum_{i=1}^{n} (\hat{y}_i - y_i)^2 \tag{9-3}$$

L_2 损失是每个样本的预测值和真实值之差的平方。与 L_1 损失类似，也可以认为 i 表示输出层的第 i 个神经元。假设输出层有 10 个神经元，每一个神经元都有一个预测值，也有

一个真实值。计算该损失要先计算每个神经元上的预测值和它真实值之差，然后求平方。每个神经元上算出平方值之后，所有神经元上的平方值进行相加求和，然后再求均值，得到的就是 L_2 损失。此种情况下，MSE 损失函数的特点就是求所有输出层神经元上的预测值和真实值之差的平方的和。

L_2 损失函数也广泛应用于回归任务中。在梯度求解及收敛上，L_2 损失函数要优于 L_1 损失函数。这是因为，MAE 损失函数在零点处是不可导的，而 MSE 处处可导，能够快速收敛。但是 L_2 损失函数也存在缺点，例如在预测物体坐标框的回归问题中，输出层有 n 个神经元，其中有的神经元的真实值和预测值相差非常大，称这种神经元项为离群点。当存在个别这种差异非常巨大的神经元时，这些差值项经过平方后，会主导 MSE 损失函数得到的最终的损失值。所以该损失函数的缺点就是，个别神经元上的差值可能会严重地主导最终的总损失值。举个例子，假如输出层有 10 个神经元，第一个神经元到第九个神经元，它们的预测值和真实值的差值都是 12，但最后一个神经元的预测值和真实值的差值是 100。那么 100 平方后变成 10000，该值会主导 MSE 损失函数最终得到的损失值。

9.2.3 Smooth L_1 损失函数

由于 L_2 损失函数的缺点，人们对其进行了改进，典型代表是 Smooth L_1 损失函数。其公式为

$$L_{\text{smooth}}(a) = \begin{cases} 0.5 \times a^2, |a| \leqslant 1 \\ |a| - 0.5, \text{其他} \end{cases} \tag{9-4}$$

式中，a 是预测值与真实值之间的差。该损失函数的主要特点是分段计算损失。

Smooth L_1 损失函数在神经元的预测偏差小于 1 时，实际计算使用的是 L_2 损失函数 [式 (9-4) 前的系数 0.5 是为了简化公式的求导运算]，收敛速度快；在神经元的预测偏差大于 1 时，实际计算使用的是 L_1 损失，对离群点不敏感。因此，Smooth L_1 损失函数相当于 L_1 损失函数和 L_2 损失函数的一个结合，集合了 L_1 损失函数和 L_2 损失函数的优点。Faster R-CNN、SSD 等基于深度学习的目标检测算法，在目标框位置的回归任务中都使用了 Smooth L_1 损失函数。

9.2.4 Huber 损失函数

下面介绍一个比 Smooth L_1 损失函数更加通用的损失函数，即 Huber 损失函数，其表达式为

$$L_\delta(a) = \begin{cases} \dfrac{1}{2}a^2, |a| \leq \delta \\[2mm] \delta\left(|a| - \dfrac{1}{2}\delta\right), 其他 \end{cases} \tag{9-5}$$

式中，a 表示预测偏差，δ 是阈值。

　　Huber 损失函数相当于把 Smooth L_1 中的一些条件的值变成了参数。例如，在 Smooth L_1 损失函数中，会比较预测偏差 x 是否小于阈值 1。在 Huber 损失中，阈值 1 就变成了参数 δ。Huber 损失与 Smooth L_1 损失的思想和公式非常接近，当 $\delta = 1$ 时，两者完全相同。所以 Huber 损失函数本质上就是更加通用的 Smooth L_1 损失函数形式。

　　图 9-3 展示的是 L_1 损失函数、L_2 损失函数和 Huber 损失函数的整体收敛速度对比。图中的绿色实线代表 L_1 损失的收敛趋势，是一条直线。红色实线代表 L_2 损失的收敛趋势，它的收敛类似于指数级的收敛，所以说 L_2 损失收敛的速度要比 L_1 损失快。还有一个是 Huber 损失函数（Smooth L_1 损失函数），介于 L_1 损失函数和 L_2 损失函数之间。当样本预测值与真实值之间的差异大于 1 时，Huber 损失函数相当于 L_1 损失函数。又因为 Huber 损失函数前有一个系数 0.5，所以它的初始损失值要小于 L_1 损失的初始损失值。而当样本预测值与真实值之间的差异小于 1 时，Huber 损失函数就相当于 L_2 损失函数，所以这时候两个损失的线条基本上是拟合的。

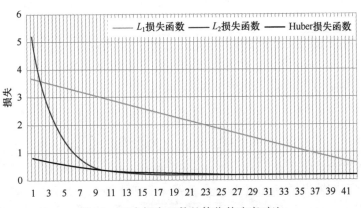

图 9-3　三个损失函数整体收敛速度对比

　　下面再对比一下 L_2 损失和 Huber 损失的收敛过程。图 9-4 左侧蓝色实线是 L_2 损失的收敛过程。因为 L_2 损失是预测值和真实值差的平方，所以它一开始的下降速度是非常快的，在训练一定轮数后收敛趋于平稳。对于右侧的 Huber 损失，它可以分为两段。刚开始训练时，它的损失非常大，Huber 损失的计算等同于 L_1 损失函数，所以训练前期的收敛过程是一个直线。而当损失值也就是预测值与真实值的绝对误差的均值（MAE）小于阈值时（例如，小于 1），Huber 损失的计算变为 L_2 损失，所以经过一段时间的训练后，L_2 损失与 Huber 损失的收敛曲线变得越来越相似。

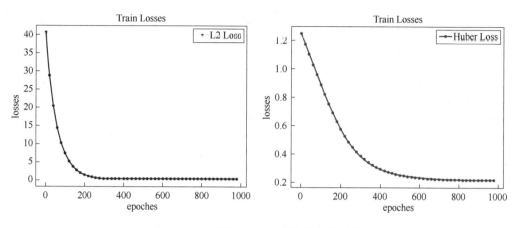

图 9-4　L_2 损失和 Huber 损失的收敛过程

9.2.5　交叉熵损失函数

下面介绍分类/目标识别任务中的常用损失函数。第一个损失函数是交叉熵损失（Cross Entropy Loss）函数，而 Softmax 激活函数 + Cross Entropy Loss 函数称作 Softmax Cross Entropy Loss（即 Softmax 交叉熵损失，简称 Softmax Loss）函数，即输出层先用 Softmax 激活函数，再使用交叉熵损失函数。本质上，交叉熵损失函数（Cross Entropy Loss），与输出层神经元所用的激活函数并无直接关系；事实上，输出层神经元可以使用不同的激活函数（例如，Sigmoid 激活函数、Softmax 激活函数等）。简言之，相较于通用意义上的 Cross Entropy Loss，Softmax Loss 指定输出层的神经元使用 Softmax 激活函数，损失函数使用 Cross Entropy Loss，其表达式为

$$L_{CE} = \sum_{i=0}^{n} -(y_i \times \log(P_i)) \tag{9-6}$$

其中，y_i 是输入样本对应的真实值，如 One-Hot 编码 $[0, \cdots, 1, \cdots, 0]$，$P_i$ 是每个类别对应的预测值。假定现在输出层有 10 个神经元，第一个神经元的真实值是 0 或 1，预测值是 P_i，将该神经元的真实值与其预测值的 log 值相乘，然后乘以 −1 取反，就得到了该神经元的损失项。对于输出层的其他神经元依次进行相同的计算，然后将得到的所有损失项进行求和运算，则得到最终的损失值。

进行 One-Hot 编码时，输出层上只有一个神经元编码为 1，其他全为 0。这种情况下，使用交叉熵损失计算时就会把很多神经元项都消掉，只剩下输入的样本对应的真实类别的那一项。即

$$L = -\log(P_t) \tag{9-7}$$

当输入的图像类别是 t 时，第 t 个神经元项的真实值 $y_t = 1$，P_t 是该神经元上的预测值，则

最终的损失值就是 $-\log(P_t)$。

　　注：Softmax 交叉熵损失先对输出层的神经元进行 Softmax 激活，之后再进行交叉熵损失计算，但在相关论文或书籍中，在表示 Softmax 损失函数时，交叉熵损失公式中的预测值 P_i 会被替换为 Softmax 激活公式，因此看上去比较复杂，也增加了读者的理解难度。建议读者按照本部分中的讲解理解 Softmax Loss。

9.2.6　二元交叉熵损失函数

　　二元交叉熵损失（Binary Cross Entropy Loss，简称 BCE 损失），又称作 Sigmoid Cross Entropy Loss。BCE 的输出层只有一个神经元，即预测 0 或 1 的问题（yes 或 no），属于二分类问题。而且，BCE 损失对输出层的唯一神经元使用 Sigmoid 激活函数，损失函数使用交叉熵损失。相比之下，Softmax 交叉熵损失对应的输出层可以有多个神经元，属于多分类问题。

　　如图 9-5 所示，由于输出层只有一个神经元，使用 Sigmoid 激活函数，$f(s_i)$ 就是 Sigmoid 激活后获得的概率值，再使用交叉熵损失函数计算对应的损失值。

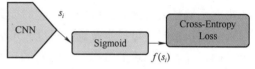

图 9-5　BCE 损失的计算流程

　　二元交叉熵损失函数的公式为

$$L_{\text{BCE}} = \begin{cases} -\log(P_A), y = 1 \\ -\log(1 - P_A), y = 0 \end{cases} \tag{9-8}$$

其中，

$$P_A = \text{Sigmoid}(x) = \frac{1}{1 + \text{e}^{-x}} \tag{9-9}$$

式中，y 是输入样本的真实标签；P_A 是预测概率，即输出层神经元激活后的值。若输入样本是正样本，则 y 等于 1，对应的损失项是 $-\log(P_A)$，此时 P_A 越靠近 1 越好；若输入样本是负样本，则 y 等于 0，对应的损失项是 $-\log(1 - P_A)$，此时 P_A 越靠近 0 越好。

9.2.7　焦点损失函数

　　焦点损失（Focal Loss），初始时为目标检测设计，针对训练目标检测模型时遇到的正负样本（前景和背景图像）不均衡的情况，即训练集中正样本（前景图像/包含目标的图像）较少，而负样本（背景图像/不包含目标的图像）较多。焦点损失与 BCE 损失比较接近，但前者增加了样本难度系数。焦点损失的表达式为

$$L_{\text{FL}} = -(1 - P_t)^{\gamma}\log(P_t) \tag{9-10}$$

其中，
$$P_t = \begin{cases} p, y = 1, \text{正样本} \\ 1 - p, y = 0, \text{负样本} \end{cases} \tag{9-11}$$

在式（9-10）中，P_t 值的计算分为两种情况，如式（9-11）所示，即输入样本为正样本（$y = 1$）和负样本（$y = 0$）的情况，对应的损失项的计算与 BCE 损失完全相同。即：若输入样本是正样本，则 y 等于 1，对应的损失项是 $-\log(p)$，此时 p 越靠近 1 越好；若输入样本是负样本，则 y 等于 0，对应的损失项是 $-\log(1 - p)$，此时 p 越靠近 0 越好。

与 BCE 函数的不同之处在于：焦点损失在设计时，在对应的损失项之前乘以样本对应的难度系数。如果是正样本，对应的激活后的神经元的值为 p，则 p 越靠近 1，表示预测的结果越正确；同时，p 的值越靠近 1，也表明神经网络成功预测该样本的类别的难度不大，此时的难度系数可以用 $1 - p$ 表示。此时，该样本对应的损失项是 $-\log(p)$，而该样本的难度系数是 $(1 - p)^\gamma$。如果是负样本，对应的激活后的神经元的值为 $1 - p$，则 p 越靠近 0，表示预测的结果越正确；同时，p 的值越靠近 0，也表明神经网络成功预测该样本的类别的难度不大，此时的难度系数可以用 p 表示，即 p 越大，表示该负样本被神经网络正确预测的难度系数越大。此时，该样本对应的损失项是 $-\log(1 - p)$，难度系数是 p^γ。

举例：根据正负样本及难易程度，可分为四种情况，即容易的正样本和容易的负样本、困难的正样本和困难的负样本。容易的正样本是预测值离目标值非常近的正样本，容易负样本的定义类似；困难的正样本是预测值离目标值非常远的正样本，困难负样本的定义类似。以 γ 等于 2 为例：

1）假设某个正样本（$y = 1$）的预测值 p 是 0.9，则我们认定它是一个容易正样本，使用焦点损失公式计算得到的损失为 $-0.01 \times \log(0.9)$。相比较之下，如果采用 BCE 损失公式计算，该样本的损失为 $-\log(0.9)$。同一个样本，焦点损失公式计算得到的损失是 BCE 损失的 0.01。

2）假设某个负样本（$y = 0$）的预测值 p 是 0.1，则我们认定它是一个容易负样本。当使用 BCE 损失公式计算时，该样本的损失为 $-\log(1 - 0.1)$；而使用焦点损失公式计算时，损失为 $-0.01 \times \log(1 - 0.1)$，后者是前者的 0.01。

以上是容易的正、负样本的情况。

3）而如果某个正样本的预测值 p 是 0.6，距离目标值 $y = 1$ 较远，则认定它是一个困难正样本。该困难正样本使用 BCE 损失公式计算时，该样本的损失为 $-\log(0.6)$；当使用焦点损失公式计算时，损失为 $-0.16 \times \log(0.6)$，后者是前者的 0.16。

4）如果某个负样本的预测值 p 是 0.7，距离目标值 $y = 0$ 非常远，则认定它是一个困难负样本。该困难负样本使用 BCE 损失公式计算时，该样本的损失为 $-\log(1 - 0.7)$；当使用焦点损失公式计算时，损失为 $-0.49 \times \log(1 - 0.7)$，后者是前者的 0.49 倍。

以上是困难的正、负样本的情况。

结合上面的四个例子，不论正负样本，焦点损失对应的损失项的值（损失值）相较于

BCE 损失都变小了，但重点在于变化幅度不同。对于比较容易的正负样本（1）和2）的情况），它的损失值都只有原来损失值/BCE 损失值的 0.01，而比较困难的正负样本的损失值（3）和4）的情况），则是原来损失值/BCE 损失值的 0.16 或 0.49。对比之下，焦点损失更加突出了困难的正负样本在整体损失中的占比。在难度系数方面，焦点损失对于正负样本是同等对待的（难度系数赋值方面并不区分是否为正负样本）：不论输入的是正样本还是负样本，只要是困难样本，难度系数是一样的，都会乘以一个比较大的难度系数。

在目标检测场景下，一幅图像中包含目标的正样本区域/前景图像可能仅占据图像的少部分区域，图像背景/负样本则可能占据图像的大部分区域。在负样本显著多于正样本的情况下训练目标检测模型，会导致负样本的预测结果较准，而正样本的预测结果较差。但焦点损失通过提高难例样本（即困难样本，指训练时容易识别错误的样本）的损失占比，有利于显著降低容易的负样本（尤其是训练集中众多的背景图像）在总损失中的占比，提升神经网络对困难的正负样本的学习和识别能力。

这里介绍与之相关的实验。图 9-6 来自焦点损失原论文，分析了 γ 参数对损失收敛的影响。当输入图像为正样本时，$p_t = p$；当输入图像为负样本时，$p_t = 1 - p$。使用 CE 损失公式计算得到的损失为 $-\log(p_t)$，使用焦点损失公式计算得到的损失为 $-(1 - p_t)^{\gamma}\log(p_t)$。图中蓝色线表示的是焦点损失公式中 γ 等于 0 的情况，此时的焦点损失公式等同于 CE 损失公式。图中还对 γ 参数分别使用 0.5、1、2、5 进行了实验对比，当 γ 等于 5 时，初始的损失下降速度相对来说是最快的。

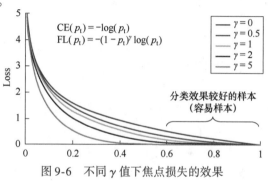

图 9-6　不同 γ 值下焦点损失的效果

在损失值方面，如图 9-7 所示，训练一开始时，焦点损失的损失值比 CE 损失小。这是由于焦点损失前面乘以了难度系数，如 0.01，所以不能看到焦点损失的损失值小，就过于乐观。事实上，不能只计较它的大小，关键看损失值是否在收敛，及收敛的程度和速度。

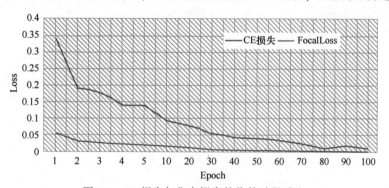

图 9-7　CE 损失与焦点损失的收敛过程对比

9.2.8 Center Loss 函数

Center Loss，即中心损失，主要用于分类任务。其损失公式比较简单，具体如下：

$$L_{center} = L_s + \beta \times L_c \tag{9-12}$$

$$L_c = \frac{1}{2} \sum_{i=1}^{m} |x_i - c_{y_i}|^2 \tag{9-13}$$

式中，L_s 是分类损失，L_c 是一个类内度量损失。其中，度量损失度量的是当前输入的样本的特征向量与其所在的同一个类图像的聚类中心的距离。期望图像的特征向量和同一类的聚类中心越靠近越好，因此度量损失 L_c 越小越好。L_s 是一个普通的分类损失，例如 Softmax 损失。因此，Center Loss 只是在 Softmax 损失即 L_s 的基础上增加了类内度量损失即 L_c。

9.2.9 Hinge 损失函数

Hinge 损失函数是分类损失函数，但不同于前述损失函数，Hinge 损失函数主要作用于输出层激活前的神经元。其中，

$$L_{Hinge}(y', y) = \max\{0, margin + y' - y\} \tag{9-14}$$

是一个应用于多分类的 Hinge 损失函数变种，计算某个样本在其他类别上的预测值（Logit 值）与在真实类别上的预测值（Logit 值）之差。式中的 y 表示的是输入图像对应的真实类别上的预测值，y' 是其他某个类别上的预测值，margin 是一个超参数。

举例：1）在某个目标识别任务中，有三个类别，分别是猫、老虎和豹子，神经网络在输出层有三个神经元。假设某个输入图像是猫的图像，该样本在输出层的三个神经元上激活前的 logit 值分别是 3.2、5.1、1.7。因为该样本的真实类别是猫，故 y 是 3.2，该样本在老虎类别上的预测值 y' 为 5.1，在豹子类别上的预测值 y' 为 1.7。所以，将该样本预测成老虎所带来的损失就是 $\max\{0, margin + 5.1 - 3.2\}$，将该样本预测成老虎所带来的损失就是 $\max\{0, margin + 1.7 - 3.2\}$，该样本总的 Hinge 损失就是样本在其他类别上的预测值产生的损失的和，即 $\max\{0, margin + 5.1 - 3.2\} + \max\{0, margin + 1.7 - 3.2\}$。若 margin 等于 0，则该样本总的 Hinge 损失值为 1.9。

2）假设另一幅输入图像的类别也是猫，该样本预测为猫的预测值是 5.1，预测为老虎的预测值是 3.2，预测为豹子的预测值是 1.6，同样使用上面的公式计算。对于老虎类别，该样本在老虎类别上的预测值 y' 是 3.2，该类别的损失是 $\max\{0, margin + 3.2 - 5.1\}$，当 margin 为 0 时，这一项是 0。同理，对于豹子类别，该样本在豹子类别上的预测值 y' 是 1.6，该类别的损失是 $\max\{0, margin + 1.6 - 5.1\}$，当 margin 为 0 时，这一项也是 0。对于该样本，总的损失值就是两项损失的和，即为 0。这样的计算也是合理的，因为当该样本在猫上的预测值最大时，就表明网络模型对猫的预测是相对比较准的，所以它的损失是 0。

对比上述两种情形，第一种情况，样本的真实类别是猫，但网络在猫上的预测值比在老虎上的预测值小，所以预测是有明显偏差的；而当网络在真实类别上的预测值是最大的时候，表明网络的预测较为准确，损失为 0。

注意：原始的 Hinge 损失，其表达式为

$$\text{Hinge Loss} = \sum_{i=0}^{n} \left[\text{margin} - \text{sign}(y_i) \times h(x_i) \right] \tag{9-15}$$

主要用于二分类机器学习模型中，如 SVM，其中 $\text{sign}(y_i)$ 是真实标签，$h(x_i)$ 是预测分值。当样本的预测值越靠近其真实值，误差/损失就越小。例如，当样本的真实标签是 1，预测值是 0.3 的情况下，如果 margin 等于 1，则对应的损失是 $1 - 1 \times 0.3$，即 0.7；当样本的真实标签是 -1，预测值是 -0.7 的情况下，则对应的误差/损失是 $1 - (-1) \times (-0.7)$，即 0.3。总之，原始 Hinge 损失是机器学习中一种简单的代价函数。

9.2.10　Dice Loss 函数

语义分割需要预测的是每一个像素是否是某个目标对象的像素，因此语义分割本质上也属于分类问题，只是这个分类是像素级的，即需要对图像中的每个像素进行预测，判断每一个像素是否属于某个目标类的像素及其概率值。Dice Loss 是一个图像分割中最经典的、最常用的损失函数。Dice Loss 函数使用 Sigmoid 激活函数对每个神经元的预测值进行激活，其计算公式为

$$L_{\text{Dice}} = 1 - \frac{2 |X \cap Y|}{|X| + |Y|} \tag{9-16}$$

其中 X 和 Y 分别对应于 GT 矩阵（Ground Truth，真实矩阵）和预测矩阵，两者之间重合越大，损失越小。

计算 Dice Loss 时，损失中的分子部分，将预测矩阵与 GT 矩阵进行点乘，再逐元素相加求和，得到 $|X \cap Y|$ 的值；损失的分母部分，对两个矩阵的每个矩阵，逐元素相加求和，最后得到 $|X| + |Y|$ 的值。

如图 9-8 所示，假定当前输入图像大小是 4×4，相当于里面有 16 个元素/像素，矩阵的每个元素对应一个像素，对所有像素的预测将得到一个 4×4 大小的预测矩阵 prediction，对应的真实标注矩阵为 target。将这两个矩阵进行点乘，也就是每个元素按位相乘，得到一个结果矩阵。将结果矩阵里所有的元素进行求和，最后的值等于 7.41，所以 $|X \cap Y|$ 的值就是 7.41。对于损失的分母项，$|X|$ 对预测矩阵中的所有元素相加求和，所以 $|X|$ 就相当于 SUM(X)，将 prediction 矩阵中的 16 个元素相加求和，得到结果为 7.82。$|Y|$ 就是对目标矩阵 target 中的 16 个元素相加求和，得到结果为 8。两项值相加，最后 $|X| + |Y|$ 等于 15.82。将得到的值代入 Dice Loss 公式中，就可以算出最终的损失值，为 0.0632。事实上，仔细观

察可知，prediction 矩阵的预测与 target 矩阵偏差不大，即示例中每一个像素的预测值和它的真实值整体上相差较小，表明该预测矩阵的结果已经比较准确，故对应的损失较小。

$$\begin{pmatrix} 0.01 & 0.03 & 0.02 & 0.02 \\ 0.05 & 0.12 & 0.09 & 0.07 \\ 0.89 & 0.85 & 0.88 & 0.91 \\ 0.99 & 0.97 & 0.95 & 0.97 \end{pmatrix} \cdot \begin{pmatrix} 0 & 0 & 0 & 0 \\ 0 & 0 & 0 & 0 \\ 1 & 1 & 1 & 1 \\ 1 & 1 & 1 & 1 \end{pmatrix} \xrightarrow{\substack{\text{element-wise} \\ \text{multiply}}} \begin{pmatrix} 0 & 0 & 0 & 0 \\ 0 & 0 & 0 & 0 \\ 0.89 & 0.85 & 0.88 & 0.91 \\ 0.99 & 0.97 & 0.95 & 0.97 \end{pmatrix} \xrightarrow{\text{sum}} 7.41$$

prediction　　　　　target

图 9-8　Dice Loss 计算示例

注：实际的图像分割损失函数中，也可以直接使用普通的交叉熵损失，此时的参照值（y_i）是真实标签，表示某个像素是否属于某类物体，预测矩阵中的元素为 P_i，求 $\sum - y_i \cdot \log(P_i)$。

9.2.11　Tversky 损失函数

另一个可用于图像分割的损失函数是 Tversky 损失，它本质上是一种更加通用的 Dice Loss，思想也与之相同。Tversky 损失的公式为

$$L_{\text{Tversky}} = 1 - \frac{|X \cap Y|}{|X \cap Y| + \alpha |X - Y| + \beta |Y - X|} \tag{9-17}$$

在 Tversky 损失中，$|X \cap Y|$ 代表 TP（True Positive，真阳），$X \times Y$ 所得矩阵的所有元素求和，最终得到该项结果。$|X - Y|$ 代表 FP（False Positive，假阳），$X \times (1 - Y)$ 所得矩阵的所有元素求和，得到该项结果。$|Y - X|$ 代表 FN（False Negative，假阴），$Y \times (1 - X)$ 所得矩阵的所有元素求和，得到该项结果。具体计算时，可以先计算 TP、FP 和 FN，再代入公式，计算损失。

Tversky 损失中的 α 和 β 是超参数，用于平衡假阳和假阴之间的权重。当 α 和 β 都等于 0.5 时，Tversky 损失公式与 Dice 损失公式相同；当公式中的 α 和 β 都等于 1 时，Tversky 损失就是 Jaccard 损失。总之，Tversky 损失函数既能表示 Dice 损失，也能表示 Jaccard 损失，是一种更加通用的损失函数。

9.3　最新损失函数

本节介绍近年发表的、有代表性的损失函数。

9.3.1　Triplet Loss

三元组损失（Triplet Loss）并不是作用于孪生网络上，而是工作在普通的（单分支）

卷积神经网络上，其关键是寻找困难的正负样本。在一个 batch 中，依次对其中的每幅图像 A，寻找离 A 最远的同类样本 P 并计算两个样本之间的距离 Distance(A,P)，再寻找离 A 最近的异类样本 N 并计算 A 与之的距离 Distance(A,N)。使用前一个距离值减去后一个距离值，再加上一个 margin 超参数，margin + Distance(A,P) – Distance(A,N)，得到的就是图像 A 对应的三元组损失值。类似地，对于当前 batch 中其他图像也都按照同样的方法构造三元组损失。将一个 batch 中每个图像对应的三元组损失相加并求平均，得到该 batch 的最终损失。Triplet Loss 的损失函数公式为

$$L_{\text{triplet}}(A) = \frac{1}{|\text{batch}|} \sum_{A,P,N \in \text{batch}} \max\{0,(\text{margin} + \text{Distance}(A,P) - \text{Distance}(A,N))\} \quad (9\text{-}18)$$

本书的孪生神经网络部分，已对三元组损失进行了详细的介绍。

9.3.2　Multi-Similarity Loss

下面介绍 Multi-Similarity Loss，简称 MS Loss，是黄伟林等人发表在 CVPR 2019 上的损失函数。其公式为

$$L_{\text{MS}} = \frac{1}{m} \sum_{i=1}^{m} \left\{ \frac{1}{\alpha} \log\left[1 + \sum_{j \in P_i} e^{-\alpha(S_{ij}-\lambda)} \right] + \frac{1}{\beta} \log\left[1 + \sum_{k \in N_i} e^{\beta(S_{ik}-\lambda)} \right] \right\} \quad (9\text{-}19)$$

其中，P_i 是正样本，N_i 是负样本，S_{ij} 是 Anchor 与正样本的距离，S_{ik} 是 Anchor 与正样本或负样本的距离，α、β 和 λ 是超参数。

MS Loss 的主要计算流程如下：第一步，对每幅图像，寻找/计算它对应的困难正样本集合和困难负样本集合。该步骤称为难例挖掘，下面将介绍具体算法。第二步，计算该图像与它对应的困难正样本集合中的每个样本的距离 S_{ij}。同理，计算该图像与它对应的困难负样本集合中的每个样本的距离 S_{ik}。第三步，利用式 (9-19)，计算该图像与它对应的困难正负样本的损失项，然后对两项损失项求和得到该图像对应的损失。最后，通过上述三个步骤求得当前 batch 中每幅图像的损失，求其平均值，得到该 batch 的最终损失。

如式 (9-19) 所示，MS Loss 中，每幅图像与其对应的正负样本集之间的损失计算是分开进行的。虽然两项损失的计算在形式上完全一样，但它们在参数上有所不同：正样本对损失的计算使用的超参数是 $-\alpha$，而负样本对损失的计算使用的超参数是 β。论文作者在做实验时，其中一组实验参数的设置为：α 等于 2，β 等于 50，λ 等于 1。

下面具体介绍 MS Loss 的难例挖掘算法。第一步，对于当前 Batch 中的每幅图像 Anchor，寻找所有与 Anchor 同类的图像，并计算离 Anchor 最远的正样本与 Anchor 距离，称为 maxP。第二步，寻找所有的负样本（即与 Anchor 非同类的图像），并找出所有与 Anchor 之间的距离小于 maxP 的负样本，即为困难负样本集合。第三步，在困难负样本集合中，分别计算每一个负样本与 Anchor 图像之间的距离，从中选出最小的距离，称之为 minN，也就是

离 Anchor 距离最近的负样本与 Anchor 之间的距离。第四步，得到 $minN$ 之后，寻找所有与 Anchor 图像的距离大于 $minN$ 的正样本，即为困难正样本。最终，困难正负样本与 Anchor 图像之间的距离在 $[minN, maxP]$ 之间。此即为 MS Loss 的难例挖掘方法。

如图 9-9 所示，图中带有 P 的点表示的是正样本，带有 N 的点表示的是负样本，带有 A 的点表示的是 Anchor 图像。图中，Anchor 图像与离之最远的正样本之间的距离是 $maxP$，Anchor 图像与离之最近的负样本之间的距离是 $minN$。MS Loss 所挖掘的难例（困难正负样本）与 Anchor 之间的距离都在 $[minN, maxP]$ 之间。得到难例后，再利用式（9-19）计算最终的损失。

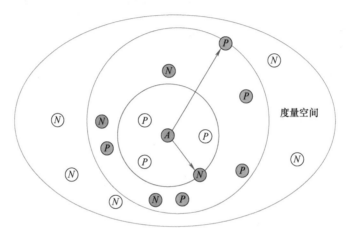

图 9-9　MS Loss 的难例挖掘算法

9.3.3　CosFace 损失

CosFace 损失是人脸识别中的一个非常经典且十分有效的技术。下面对其详细介绍。

1. 通常情况下输出层神经元值的计算过程

如图 9-10 所示，通常情况下，一幅图像经过提取特征的骨干网络后，在最后一个隐层输出得到一个一定维度的特征向量，假定其维度是 512，后面再接上一个输出维度为 10 的全连接层（输出层），那么最后一个隐层与输出层之间的权值一共有多少个呢？是 512×10 个，因为输出层的每个神经元都与前一层的 512 个神经元由权值相连，即每个输出层的神经元均对应一个 512 维的权值向量。

通常情况下，对于最后一个隐层的每个神经元的值乘以该神经元与输出层的第一个神经元之间的权值，将其相加，再加上偏置，便得到输出层的第一个神经元的值（激活前的神经元值）。用向量来表示权值的话，就是权值向量 w_1（代表输出层第一个神经元与最后一个隐层之间的所有权值组成的向量，512 维）与最后一个隐层的每个对应的神经元的值进行点乘，然后相加，再加上偏置，最终得到输出层的第一个神经元激活前的值。

类似地，输出层的第二个神经元的激活前的值，也由一个 512 维的权值向量 w_2（代表输出层第二个神经元与最后一个隐层之间的所有权值组成的向量，512 维）与最后一个隐层的每个对应的神经元的值进行点乘，然后相加，再加上偏置，便得到输出层的第二个神经元激活前的值。

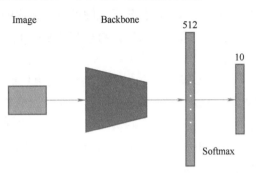

图 9-10　通常情况下输出层神经元值的计算过程

输出层的 10 个神经元，按照上述方式，依次得到激活前的值。然后，使用 Softmax 激活函数，对输出层向量的值进行激活、归一化，输出层激活后神经元的值和为 1。再使用交叉熵损失，计算最终的损失值。

前面所讲的 w_1 和 w_2 均为列向量，而在用矩阵进行计算的时候，输出层的 10 个神经元对应 10 个类似形式的列向量，构成权值矩阵 w，即 w 为 10×512 矩阵。通过矩阵 w 的转置与最后一个隐层神经元值组成的向量 x 的乘积，即 $w^{\mathrm{T}}x$，得到一个维度为 10 的输出层向量 z。将 z 进行 Softmax 激活，得到向量 a，再对 a 计算交叉熵损失。

2. CosFace 损失的计算过程

CosFace 损失发表在 CVPR 2018 上。在介绍 CosFace 之前，先介绍余弦相似度。余弦相似度作用于两个相同维度的向量之间。对于 x 和 y 两个向量，其余弦相似度等于它们进行点乘再除以各自的范数的乘积。即

$$\mathrm{sim}(x,y) = \cos \theta = \frac{x \cdot y}{\|x\| \cdot \|y\|} \tag{9-20}$$

注意，此处的范数有很多种，有一维范数、二维范数等。如果是一维范数的话，那么就是向量的所有元素相加的和；二维范数是更常见的情况，其范数是向量的每个元素的平方相加求和，再开根号。

介绍了余弦相似度后，下面介绍 CosFace 损失的计算过程，不同于前述的其他损失函数，CosFace 损失不只作用于输出层，还作用于输出层和最后一个隐层之间。输出层的每一个神经元都与它前一层（最后一个隐层）的所有神经元相连，分别得到一个 512 维的权值向量 w_i，令最后一个隐层神经元的值组成向量 x。

与通常情况下输出层神经元值的计算过程的

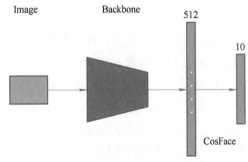

图 9-11　CosFace 损失的神经网络计算过程

不同之处在于，CosFace 损失在实际计算时，要求 w^T 除以其范数，x 除以其范数。通常情况下是直接将 w^T 与 x 相乘，因为 w^T 的每个组成向量 w 是每个输出层的神经元（每个类别）与它前一层的神经元之间的权值组成的向量，CosFace 在此基础上还要除以 w^T 和 x 各自的范数，这样一来，其物理意义变成了求两个向量之间的余弦相似度。这也是该损失的命名缘由。

采用 CosFace 时，主要变化是输出层的每个神经元（每个类别）对应的权值向量需要除以其范数，且最后一个隐层的神经元的值组成的向量也要除以其范数。对输出层的第一个神经元与最后一个隐层的所有神经元之间形成的权值向量 w_1，需要除以 w_1 的范数。最后一个隐层的神经元的值组成的向量 x，也需要除以 x 的范数。最后，输出层的第一个神经元的值即为 $\dfrac{w_1 \cdot x}{\|w_1\| \cdot \|x\|}$。类似地，可以计算输出层的第 2 个、$\cdots$、第 10 个神经元的值。由于其计算形式与余弦相似度形式类似，故称为 CosFace 损失，记作 $\cos(\theta_1)$，$\cos(\theta_2)$，$\cdots$，$\cos(\theta_{10})$。而事实上，CosFace 并没有求余弦夹角。

紧接着，在输出层，对得到的激活前的神经元的值进行 margin 边际处理（准确地说，是输入样本对应的那个神经元的值进行边际处理）。如图 9-12 所示，假设当前输入样本的真实类别是第三个类别，那么也就是将第三个元素值 $\cos(\theta_3)$ 减去边际参数 m，而其他值保持不变。在进行边际处理之后，得到了一个新的 z 向量，这个向量的特点是真实的类别对应的神经元值 $\cos(\theta_3)$ 减去了边际参数 m。

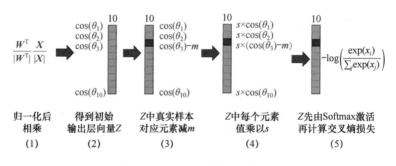

图 9-12 CosFace 损失计算过程

然后，输出层的每个神经元的值再乘以参数 s，得到最终的输出层的向量 z。原作者进行实验时，边际参数 m 取值为 0.35，s 取值为 30。最终，得到一个新的输出层的预测向量 z，然后再对这个向量进行 Softmax 激活以及交叉熵损失计算。

那么，输出向量的真实类别对应的元素值减去边际参数 m 的目的是什么呢？如图 9-13 所示，目的是更加清晰地容易区分不同类别的样本。后面又将所有元素值乘以 s 是为什么呢？这是因为余弦值比较小，乘以 s 可以让向量中的元素值变得相对较大。最终的 CosFace 损失公式为

$$L_{\text{CosFace}} = \frac{1}{N} \sum_i - \log \frac{e^{s(\cos(\theta_{y_i,i}) - m)}}{e^{s(\cos(\theta_{y_i,i}) - m)} + \sum_{j \neq y_i} e^{s\cos(\theta_{j,i})}} \tag{9-21}$$

式中，$\cos(\theta_{y_i,i})$ 便是通过前文介绍的 $\frac{\boldsymbol{W}^{\text{T}}}{|\boldsymbol{W}^{\text{T}}|} \frac{\boldsymbol{X}}{|\boldsymbol{X}|}$ 得到的，其中 $\boldsymbol{W}^{\text{T}}$ 是按行进行权值矩阵的归一化。即输出层每个神经元（每个类别）与前面的隐层中的每个神经元之间的权值形成的向量 $\boldsymbol{W}_{yi}$ 进行归一化。

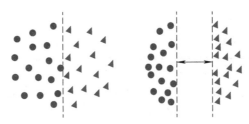

图 9-13　边际参数 m 的示意图

3. CosFace 损失总结

CosFace 损失应用于人脸识别中效果非常好，至今仍是最为先进的人脸识别算法之一。在 CosFace 算法提出后，又有研究人员提出了 ArcFace。ArcFace 就是将边际参数放入余弦公式里面。但是这样一来，计算的时候就需要先计算反余弦值，以得到其真实的余弦夹角，计算过程反倒变得复杂了。

在 CosFace 之前，研究人员还提出了 A-Softmax 和 L-Softmax，它们都是对 Softmax Loss 的改进。但毋庸置疑，最有代表性、最有效的方法便是 CosFace，在分类性能方面可能会有几个点的提升。

本质上，CosFace 损失并没有对 Softmax Loss 进行改进，其重点在于改变输出层神经元激活前的值，涉及输出层和最后一个隐层之间的运算。推荐读者在实践过程中尝试 CosFace 损失，将其用于分类任务。

4. CosFace 实现

CosFace 的核心代码实现如下：

```
cosine = F. linear( F. normalize (input), F. normalize( self. weight) )
output = one_hot * (cosine-margin) + (1. 0 - one_hot) * cosine
```

其中，第一行代码最重要，先使用 F. normalize(input) 对最后一个隐层（倒数第二层）的特征向量（即该层神经元的值组成的向量）进行归一化；然后再使用 F. normalize (self. weight) 对最后一个隐层和输出层之间的权值矩阵按行归一化（即对输出层的每个神经元/每个类对应的所有权值组成的向量进行归一化）；最后，使用 F. linear( ) 在输入层和输出层之间进行全连接运算。

第二行代码的意思是对上面第一行代码得到的输出层的预测值，只有输入样本对应的 Ground_truth 类别（真实类别）上的预测值减去 margin，其他不减。

上面的两行代码，就已经实现了上面讲解的 CosFace 的所有处理步骤。

再往后的代码没有给出，但主要是送入 Softmax Cross Entropy Loss（如使用 nn. CrossEntropyLoss（）等函数），先 Softmax 激活再求交叉熵损失。

9.4 KL 散度与 JS 散度

KL 散度的英文全称是"Kullback-Leibler Divergence Loss"，又称为相对熵，它用于描述两个概率分布的差异。KL 散度的计算公式为

$$D_{KL}(\boldsymbol{P} \| \boldsymbol{Q}) = \sum_{x \in X} p(x) \cdot \log \frac{p(x)}{q(x)} \tag{9-22}$$

也就是先将第一个分布对应的元素值 $p(x)$ 除以第二个分布对应的元素值 $q(x)$，对其取对数，再乘以第一个分布对应的元素值 $p(x)$。然后，求当前批次/batch 中所有样本的 KL 散度的平均值。

下面通过一个例子讲解 KL 散度的计算过程。假定一个经过 Softmax 激活后的特征向量的值 $p(x_1)$，$p(x_2)$，$p(x_3)$ 分别等于 0.2，0.5，0.3，另一个经过 Softmax 激活后的特征向量的值 $q(x_1)$，$q(x_2)$，$q(x_3)$ 分别等于 0.3，0.6，0.1。这两个特征向量可以看作两个离散的分布。现在需要计算这两个离散分布之间的差异。

那么它的计算过程是这样的，具体如下：

$$\left.\begin{array}{l} p(x_1),p(x_2),p(x_3) = (0.2,0.5,0.3) \\ q(x_1),q(x_2),q(x_3) = (0.3,0.6,0.1) \\ D_{KL}(\boldsymbol{P}\|\boldsymbol{Q}) = 0.2 \times \log(0.2/0.3) + 0.5 \times \log(0.5/0.6) + 0.3 \times \log(0.3/0.1) = 0.1573 \end{array}\right\}$$

$$\tag{9-23}$$

使用 KL 散度，对于第一个分布中的第一个元素值 $p(x_1) = 0.2$，对应第二个分布中的第一个元素值 $q(x_1) = 0.3$，代入公式就是 $0.2 \times \log \frac{0.2}{0.3}$，这便是第一项的结果。紧接着计算第二项，$p(x_2) = 0.5$，$q(x_2) = 0.6$，那么代入公式就是 $0.5 \times \log \frac{0.5}{0.6}$。对于第三项，$p(x_3) = 0.3$，$q(x_3) = 0.1$，代入公式就是 $0.3 \times \log \frac{0.3}{0.1}$。最后，将这三项进行求和，便得到了结果为 0.1573，这便是这两个分布之间的 KL 散度值。

分析一下，如果两个向量一模一样，它们之间的 KL 散度值是多少呢？答案是 0，因为

两个向量一模一样的时候，式中的 $\dfrac{p(x)}{q(x)}=1$，而 $\log 1=0$，对其多项累加求和还是 0。所以，两个分布的 KL 散度值越小，表示这两个分布之间的差异越小。

再举一例：由

$$
\left.\begin{aligned}
\boldsymbol{P} &= (0.36,0.48,0.16)\\
\boldsymbol{Q} &= (0.333,0.333,0.333)\\
D_{\mathrm{KL}}(\boldsymbol{P}\parallel\boldsymbol{Q}) &= 0.0863
\end{aligned}\right\} \tag{9-24}
$$

可知，假设第一个分布为 $\boldsymbol{P}=(0.36,0.48,0.16)$，第二个分布 $\boldsymbol{Q}=(0.333,0.333,0.333)$，计算 $\boldsymbol{P}$ 和 $\boldsymbol{Q}$ 之间的 KL 散度，结果为 0.0863，这便是分布 $\boldsymbol{P}$ 和分布 $\boldsymbol{Q}$ 之间的差异。

下面介绍 JS 散度。JS 散度在一定程度上解决了 KL 散度的非对称问题。那么什么是非对称问题呢？非对称问题指的是，在 KL 散度中，$D_{\mathrm{KL}}(\boldsymbol{P}\parallel\boldsymbol{Q})$ 是指 $\boldsymbol{P}$ 相对于 $\boldsymbol{Q}$ 的 KL 散度，而 $D_{\mathrm{KL}}(\boldsymbol{Q}\parallel\boldsymbol{P})$ 是指 $\boldsymbol{Q}$ 相对于 $\boldsymbol{P}$ 的 KL 散度，可以发现这两个计算结果并不相同，所以 KL 散度的计算是非对称的。

那么，JS 散度是否解决了 KL 散度的非对称问题呢？由

$$
\mathrm{JS}(\boldsymbol{P}\parallel\boldsymbol{Q}) = \frac{1}{2}\sum p(x)\log\left(\frac{p(x)}{p(x)+q(x)}\right) + \frac{1}{2}\sum q(x)\log\left(\frac{q(x)}{p(x)+q(x)}\right) \tag{9-25}
$$

可知 JS 散度公式在对数中的分数项的分母已经包含了两个分布对应元素值的和，调换 $\boldsymbol{P}$ 与 $\boldsymbol{Q}$ 后，JS 散度值还是一样的。

JS 散度和 KL 散度之间可以相互转化，具体如下：

$$
\left.\begin{aligned}
\boldsymbol{M} &= \frac{\boldsymbol{P}+\boldsymbol{Q}}{2}\\
\mathrm{JS}(\boldsymbol{P}\parallel\boldsymbol{Q}) &= \frac{1}{2}D_{\mathrm{KL}}(\boldsymbol{P}\parallel\boldsymbol{M}) + \frac{1}{2}D_{\mathrm{KL}}(\boldsymbol{Q}\parallel\boldsymbol{M})
\end{aligned}\right\} \tag{9-26}
$$

先求两个分布 $\boldsymbol{P}$ 与 $\boldsymbol{Q}$ 的均值 $\boldsymbol{M}$，接着求 $\boldsymbol{P}$ 相对于 $\boldsymbol{M}$ 的 KL 散度，再求 $\boldsymbol{Q}$ 相对于 $\boldsymbol{M}$ 的 KL 散度，最后将这两项都乘以 $\dfrac{1}{2}$，再求和，就等于这两个分布的 JS 散度了。

本章参考文献

[1] WANG X, HAN X T, HUANG W L, et al. Multi-Similarity Loss with General Pair Weighting for Deep Metric Learning [C]//IEEE Conference on Computer Vision and Pattern Recognition (CVPR). Piscataway: IEEE, 2019: 5022-5030.

[2] WANG H, WANG Y T, ZHOU Z, et al. CosFace: Large Margin Cosine Loss for Deep Face Recognition [C]//IEEE Conference on Computer Vision and Pattern Recognition (CVPR). Piscataway: IEEE, 2018: 5265-5274.

第 10 章

深度学习常用的图像增广技术

本章主要内容
- 图像增广概述
- 简单的图像变换技术
- RandAugment 图像增广技术
- MixUp 图像合成技术
- CutMix 图像合成技术
- AugMix 图像合成技术

本章介绍深度学习中的图像增广技术。图像增广在深度学习模型的性能提升中发挥着重要作用，几乎所有基于深度学习的算法和技术都包含图像增广模块。这是因为深度学习是数据驱动的，需要大量的、不同形式的数据才能训练出来更好的模型。本章介绍当前深度学习研发中常用的图像增广技术。

10.1 图像增广概述

10.1.1 图像增广的概念

图像增广（Image Data Augmentation）有时也称为图像增强。但是图像增强在术语使用方面有一定的歧义性/多义性，需要特定的上下文才能知道其所指。有时图像增强指的是图像质量的增强，如超分辨率技术；有时图像增强指的是增加数据多样性的图像处理技术。为了避免歧义，本书统一使用图像增广指代增加图像数据多样性和样本数量的技术与操作。

图像增广是深度学习的必备手段，因为深度学习是数据驱动的，严重依赖于样本数量和多样性。在很多情况下，加入合适的图像增广技术后，深度学习模型的性能可提高 2% ~ 5% 左右，甚至更多，因此，图像增广是一个看似简单又极其有效的深度学习性能提升手段。早期深度学习中，图像增广的主要手段是对图像数据进行简单变换，比如裁剪、旋转、缩放等。但是随着技术的不断向前发展，研究人员又提出了更加有效、更加先进的图像增广技术。本章将对这些图像增广新技术进行重点介绍。

10.1.2 图像增广技术归类

下面对常用的数据增广技术进行归类，如图 10-1 所示，现有图像增广技术可归为两大类：图像变换和图像合成。图像变换指图像增广通过简单的图像变换处理来实现，涉及图像的颜色变换、几何变换等。颜色变换指图像的色调分离、对比度及饱和度调整等方面，几何变换包括图像的旋转、裁剪、平移、翻转、缩放、仿射变换等操作。而图像合成是高级的图像增广技术，又可细分为简单的图像合成技术和自动的图像生成技术。简单的图像合成技术包括 MixUp、CutMix、AugMix 等技术，自动图像生成技术包括生成对抗网络（GAN）、对抗学习、扩散模型等技术。

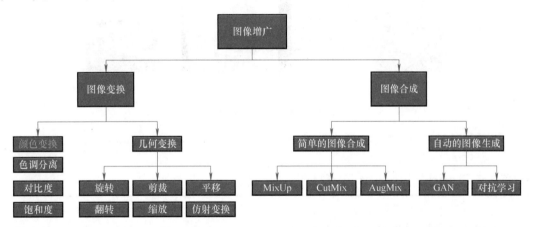

图 10-1　图像增广技术归类

对抗学习是机器学习与计算机安全的交叉领域，旨在增强机器学习/深度学习模型的鲁棒性和安全性。因为，一些精心设计的对抗样本（含图像数据），在不影响肉眼判断的情况下，可以使机器学习/深度学习模型输出错误的结果。本章没有具体介绍对抗样本生成技术，感兴趣的读者可查阅参考文献中列出的相关论文进行学习。

下面对图像变换和图像合成两大类图像增广技术进行具体介绍。

10.2　简单的图像变换技术

简单的图像变换技术包括图像的几何变换和颜色变换。几何变换包括图像平移（Translate)、旋转（Rotate）、裁剪（Crop）、缩放（Resize/Scale）、翻转（Flip）、错切（Shear）、仿射变换（Affine）等操作，如图 10-2 所示。图像错切的公式为

$$\begin{cases} x_1 = x_0 + \tan\theta \times y_0 \\ y_1 = y_0 \end{cases} \tag{10-1}$$

式中，x_1 和 y_1 是错切变换后的坐标；x_0 和 y_0 是变换前的坐标；$\tan\theta \times y_0$ 代表原始图像的每个像素对应的坐标点的横坐标值在水平方向上的平移幅度（纵坐标保持不变，$y_1 = y_0$）。如图 10-2 中的第 3 幅图像所示，原始图像进行水平方向的错切（横向错切），对原始图像中每个像素的坐标位置 (x_0, y_0)，其纵坐标值不变，横坐标值统一向右平移 $\tan\theta \times y_0$，相当于将原始图像往右压扁，将其从长方形变为平行四边形，还可将变换（压扁）后的图像再整体向左平移。颜色变换包括色调分离、图像的锐度、亮度、饱和度、对比度调整；其中，色调分离对图像的亮部或暗部进行调色，将原本紧紧相邻的渐变色阶，替代为数种跳阶色。

原始图像　　　　　平移　　　　　　错切　　　　　色调分离

图 10-2　简单的图像变换示例

10.3　RandAugment 图像增广技术

下面介绍代表性的图像增广技术 RandAugment，由谷歌提出。在该技术之前，谷歌还提出了 AutoAugment。但使用 RandAugment 的深度学习模型性能整体优于 AutoAugment，且避免了 AutoAugment 在参数空间搜索代价较大的问题，故本节仅介绍 RandAugment。

RandAugment 是无监督图像增广方法，其主要思想是：给定若干图像变换方法，如表 10-1 所示的 14 种简单的图像变换方法，从中随机选择 N 种，而每种图像变换方法又有 M 种不同的变换幅度，如旋转操作的角度是 5°还是 10°等。应用于每幅图像，产生 $N \times M$ 种图像变换结果。RandAugment 图像增广技术的优点在于完全随机地选择图像变换操作种类及变换幅度，简单而又有效。RandAugment 图像增广方法的核心伪代码如下：

```
1：transforms = ['Identity', 'AutoContrast', 'Equalize', 'Rotate', 'Solarize', 'Color',
   'Posterize', 'Contrast', 'Brightness', 'Sharpness', 'ShearX', 'ShearY',
2：'TranslaterX', 'TranslaterY']
3：def randaugment(N, M):
```

4：   sampled_ops = np. random. choice(transforms, N)

5：   return $\left[\, (\text{op}, M) \text{ for op in sampled\_ops} \right]$

表 10-1　RandAugment 中不同增强方式对类别性能的影响（CIFAR-10）

变 换 操 作	Δ（%）	变 换 操 作	Δ（%）
rotate	1.3	shear-x	0.9
shear-y	0.9	translate-y	0.4
translate-x	0.4	autoContrast	0.1
sharpness	0.1	identity	0.1
contrast	0.0	color	0.0
brightness	0.0	equalize	0.0
solarize	−0.1	posterize	−0.3

在表 10-1 中，论文作者还进行了消融实验，在 CIFAR-10 数据集上，比较 14 种常见的简单图像变换操作对于深度分类模型性能的影响。从表中可知，旋转、错切和平移是三种最为有效的图像增广方法。

10.4　MixUp 图像合成技术

RandAugment 进行图像的增广时，仅作用于一幅图像。本节介绍 MixUp，该图像增广方法作用于两幅图像，是深度学习领域代表性的图像合成技术。

MixUp 是有监督的图像增广方法，需要在图像（特征）层面和标签层面对图像进行线性插值，即对两幅图像的像素值进行线性插值，对两幅图像对应的标签向量进行线性插值。MixUp 的精髓不只在于对两个图像对应的像素（在特征空间）进行线性插值，更在于对两幅图像的标签向量（标签空间）的线性插值。

MixUp 图像增广的主要步骤是：①对于两幅尺寸相同的图像 i 和 j，基于 Beta 分布，随机生成 $[0,1]$ 之间的随机数 λ；②对两幅图像相同位置的每个像素值进行线性插值，即

$$x = \lambda x_i + (1 - \lambda)(x_j)$$
$$y = \lambda y_i + (1 - \lambda)(y_j)$$

（10-2）

每幅图像中有多少个像素点，MixUp 就需要进行多少次线性插值，最后得到合成图像。③对两幅原始图像的标签向量 y_i 和 y_j 进行线性插值，得到合成图像对应的标签 y。两幅图像的标签向量通常是 One-Hot 编码表示，MixUp 仅进行 1 次标签向量的线性插值。

在步骤②中，对于两幅图像中相同位置的两个像素，譬如第一幅图像左上角的第一个

像素x_i和第二幅图像左上角的第一个像素x_j，直接将x_i的值乘以随机数λ，然后x_j的值乘以$1-\lambda$，x是合成后的图像在对应位置上的像素值，如式（10-2）所示。该公式是两幅图像对应的矩阵之间的操作，如果是彩色图像，包括 RGB 三个通道，则对两幅图像的对应通道进行 MixUp 操作。如图 10-3 所示，λ 取 0.7，对两幅图像的所有位置上的像素都进行了加权求和后，便得到图中的合成效果。观察可知，合成图像中既有一只猫，又有一只比较模糊的狗。

在步骤③中，对于两幅原始图像的标签向量进行线性插值。标签向量通常是 One-Hot 编码，若有 10 个类别，那么标签向量中只有一个类的值为 1，而剩余 9 个类的值为 0，这里值为 1 便代表是图像的真实类别在 One-Hot 编码中的位置索引。两幅图像的标签向量维度肯定相同，对这两个标签向量进行线性插值时，第一个标签向量的值乘以随机数 λ，第二个标签向量的值乘以 $1-\lambda$，若 λ 等于 0.7，第一个标签向量的每个元素值都乘以 0.7，第二个标签向量的每个元素值都乘以 0.3，将两个标签向量相加，便得到合成图像对应的标签向量，如图 10-4 所示。

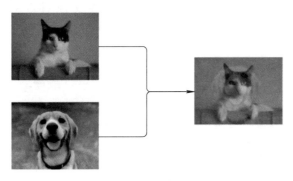

$$\lambda = 0.7 \qquad\qquad 0.3$$
$$(0,0,1,0,0,0,0,0,0,0) \quad + \quad (0,0,0,0,0,0,0,0,1,0,0)$$
$$\downarrow$$
$$(0,0,0.7,0,0,0,0,0,0.3,0,0)$$

图 10-3 MixUp 图像合成过程　　　　图10-4 MixUp 标签向量线性插值示例

MixUp 能够进行异类图像之间的合成。两幅图像不属于同一个类别时，利用 MixUp 进行数据增广，模型性能提升效果将非常显著。使用 MixUp，能够得到很多"四不像"的新图像，且对应标签向量的更加复杂，图像增广效果显著。利用深度学习在这种非常困难的新图像上进行监督学习模型的训练，其性能可得到一定提升。总之，MixUp 图像合成方法的精髓在于对异类图像及其标签向量的插值合成。

10.5 CutMix 图像合成技术

CutMix 图像合成方法的主要思想是将一幅图像中的部分区域替换为另一幅图像的部分区域，同时更新合成图像的对应标签向量。如图 10-5 所示，在左上的猫图像中随机选择一个矩形的区域，其中灰色区域便代表随机选定的区域，CutMix 将这幅猫图像的灰色区域替换为左下的狗图像中相同尺寸的图像块。从另一幅图像中选择替换图像块时，不一定要选择相同位置的图像块，只要其尺寸与被替换区域的图像块尺寸相同便可。

CutMix 图像合成方法的主要步骤为：①在输入图像 i 中随机选择一个区域 r_1，该区域在图像 i 的面积占比记为 λ；②从另一幅图像 j 中随机选取相同大小的区域 r_2；③将图像 j 的 r_2 区域对应的图像块覆盖到图像 i 的 r_1 区域内，得到新的图像 i；④对图像 i 和 j 的标签向量 y_i 和 y_j 进行线性插值，得到新的图像 i 的对应标签。

若 λ 为 0.1，则该区域在原图像中的面积占比为 10%，换言之，原图像 90% 的部分保持不变，另外 10% 将被改变，被另一幅图像中的 10% 的图像块替代。在步骤④中，进行标签向量的线性插值时，原始图像的标签向量 One-Hot 编码中每一个元素值都乘以 0.9，而来自另一幅图像中的 10% 的图像块对应的标签向量 One-Hot 编码中的元素值均乘以 0.1，如图 10-6 所示。该标签向量合成过程与 MixUp 类似。

$\lambda = 0.9$　　　　　　　　0.1
(0,0,1,0,0,0,0,0,0,0)　　　　(0,0,0,0,0,0,0,1,0,0)

(0,0,0.9,0,0,0,0,0.1,0,0)

图 10-5　CutMix 图像合成过程示例　　　图 10-6　CutMix 标签向量线性插值过程示意图

作为延伸，请读者思考如下问题：两幅鸟的图像，如 CUB-200 数据集中的两幅图像，进行 CutMix 合成时，若将一幅鸟图像的尾部图像块安放到另一幅鸟图像的头部，则合成后的图像缺乏物理意义。为了解决该问题，可先确定鸟的语义部件，如鸟的头部、身体和尾部部件（可以使用注意力机制等方法）；然后，进行 CutMix 合成时，理想的情况是将两幅图像中的鸟的对应部件进行替换，如将一幅图像的鸟头部替换为另一幅图像的鸟头部，这样才更有物理意义。另外，CutMix 有很多改进和变种，读者可以查阅文献，深入了解。

10.6　AugMix 图像合成技术

AugMix 图像合成技术的主要思想是将一幅图像同时进行 K 种不同的图像混合变换，合成对应的 K 幅图像，得到新图像。AugMix 方法仅作用于同一幅图像，其特点在于：每次对图像进行变换的时候，随机选择若干图像变换方法形成图像混合变换操作，如先平移再错切。之前的图像增广方法在图像变换时，仅随机选择一种方法，而 AugMix 则是随机选择一组图像混合变换操作，对图像进行组合变换处理。当然，图像混合变换操作也可以只包含一种图像变换方法。

AugMix 算法的整体流程为：对于每幅输入图像，利用多元 Beta 分布生成 K 个权重，供多幅图像插值时使用。然后，如图 10-7 所示，①每次随机选择 3 种不同的图像变换方法；②将 3 种方法进行组合，并从三种不同深度的组合中，随机选择 1 种图像混合变换技术；③将步骤①和步骤②执行 K 次，得到 K 种图像混合变换方案，分别利用它们对原图进行增广；④将③得到的 K 幅图像，利用多元 Beta 分布生成 K 个权重，进行线性插值，得到一幅新的合成图像 a；⑤将原图与步骤④得到的合成图像 a，利用 Beta 分布生成权重 λ，再次进行线性插值，得到最终的合成图像 b。

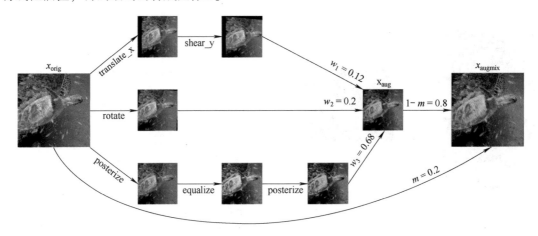

图 10-7　AugMix 图像合成过程示例

总之，AugMix 方法的主要特点是对同一幅图像进行 K 种不同的混合图像变换序列，得到 K 幅图像，利用多元 Beta 分布随机生成 K 个权重，以便对 K 幅图像进行线性插值、合成，合成后的图像还要与原始图像进行第二次线性插值、合成，得到最终的合成图像。

如图 10-8 所示，CutOut 从原图中随机选择一块区域将其切掉，而 MixUp 是对两幅图像尤其是异类图像之间进行特征空间和标签空间的线性插值，CutMix 从另一幅图像中随机选择一个图像块覆盖到当前图像上。AugMix 图像增广方法对同一幅图像分别进行 K 次不同的混合图像变换序列，得到 K 幅图像，然后对 K 幅图像进行线性插值合成，再与原图进行第二次线性插值合成。整体而言，AugMix 方法合成的图像效果更佳逼真，因其仅对同一幅图像进行操作，且不涉及标签向量的合成；而 Mixup 和 CutMix 则通常对两幅异类图像进行（特征空间的）合成，且两幅图像的标签向量也进行了线性插值合成。

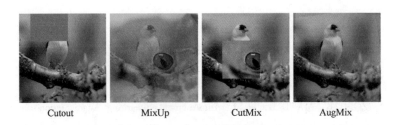

Cutout　　　　MixUp　　　　CutMix　　　　AugMix

图 10-8　多种图像合成方法的效果展示

AugMix 算法还在损失函数设计方面进行了尝试和改进。AugMix 设计损失函数包括两部分，第一部分是利用原图进行训练时的交叉熵分类损失，第二部分是 JS 散度，其表达式为

$$\mathcal{L}(p_{orig}, y) + \lambda JS(p_{orig}; p_{augmix1}; p_{auemix2})\qquad(10\text{-}3)$$

该散度作用于三幅图像之间，分别是原图和两次 AugMix 操作得到的两幅合成图像。此处 JS 散度的计算方法是：首先对原图在输出层对应的预测概率向量 p_orig 和利用 AugMix 合成的两幅图像在输出层对应的预测概率向量（基于 Softmax 激活函数）p_aug1 和 p_aug2 求均值，得到一个新的向量 p_mix；然后分别求 p_orig，p_aug1 和 p_aug2 相对于 p_mix 的 KL 散度，具体表达式如下：

$$M = \frac{p_{orig} + p_{augmix1} + p_{augmix2}}{3}\qquad(10\text{-}4)$$

$$JS(p_{orig}; p_{augmix1}; p_{augmix2}) = \frac{1}{3}\big(KL[p_{orig} \| M] + KL[p_{augmix1} \| M] + KL[p_{augmix2} \| M]\big)\qquad(10\text{-}5)$$

AugMix 方法在损失函数设计方面的核心伪代码如下：

```
1: p_orig = F. softmax(logits_orig, dim = 1)
2: p_aug1 = F. softmax(logits_augmix1, dim = 1)
3: p_aug2 = F. softmax(logits_augmix2, dim = 1)
4: p_mix = torch. clamp((p_clean + p_aug1 + p_aug2) / 3., 1e - 7, 1). log()
5: loss1 = F. cross_entropy(logits_orig, GT)
6: loss2 = F. kl_div(p_mix, p_orig) + F. kl_div(p_mix, p_aug1) + F. kl_div(p_mix, p_aug2)
7: loss = loss1 + β * loss2 / 3
```

因此，使用 AugMix 图像增广方法时，对于神经网络结构（如 ResNet 或用户自己设计的损失函数）本身，并不需要改变；但在损失计算时，对每幅真实图像，首先利用 AugMix 图像合成方法对该图像合成两幅新图像，然后对三幅图像在输出层的预测向量（对每个图像的 Logit 向量进行 Softmax 激活得到概率向量）进行 JS 散度计算，期望合成图像的分布（预测结果向量）与真实图像的分布（预测结果向量）越接近越好。类似地，可处理（该 batch 中）的其他真实图像。

除了本章介绍的图像增广方法外，随时技术的发展，新的数据增广方法在不断涌现，如 AugMax 等，读者可查阅相关文献进行学习。

本章参考文献

［1］ CUBUK E D, ZOPH B, MANÉ D, et al. AutoAugment: Learning Augmentation Strategies From Data ［C］//IEEE Conference on Computer Vision and Pattern Recognition (CVPR). Piscataway: IEEE, 2019: 113-123.

［2］ CUBUK E D, ZOPH B, SHLENS J, et al. RandAugment: Practical Automated Data Augmentation with a Reduced Search Space ［C］//Annual Conference on Neural Information Processing Systems (NeurIPS). Cambridge: MIT Press, 2022.

［3］ ZHANG H Y, CISSÉ M, DAUPHIN Y N, et al. mixup: Beyond Empirical Risk Minimization ［C］//International Conference on Learning Representations (ICLR). 2018.

［4］ VERMA V, LAMB A, BECKHAM C, et al. Manifold Mixup: Better Representations by Interpolating Hidden States ［C］//Proceedings of the 36th International Conference on Machine Learning (ICML). New York: ACM, 2019: 6438-6447.

［5］ YUN S, HAN D, CHUN S, et al. CutMix: Regularization Strategy to Train Strong Classifiers With Localizable Features ［C］//International Conference on Computer Vision (ICCV). Piscataway: IEEE, 2019: 6022-6031.

［6］ HENDRYCKS D, MU N, CUBUK E D, et al. AugMix: A Simple Data Processing Method to Improve Robustnessand Uncertainty ［C］//International Conference on Learning Representations (ICLR). 2020.

［7］ WANG H T, XIAO C W, KOSSAIFI J, et al. AugMax: Adversarial Composition of Random Augmentations for Robust Training ［C］// Annual Conference on Neural Information Processing Systems (NeurIPS). Cambridge: MIT Press, 2021: 237-250.

［8］ GALDRAN A, CARNEIRO G, BALLESTER M Á G. Balanced-MixUp for Highly Imbalanced Medical Image Classification ［C］//Medical Image Computing and Computer Assisted Intervention (MICCAI). Berlin: Springer, 2021: 323-333.

［9］ ZHU J C, SHI L I, YAN J C, et al. AutoMix: Mixup Networks for Sample Interpolation via Cooperative Barycenter Learning ［C］//European Conference on Computer Vision (ECCV). Berlin: Springer, 2020: 633-649.

［10］ CHEN Y, ZHAO Y, JIA W, et al. Adversarial-learning-based image-to-image transformation: A survey ［J］. Neurocomputing, 2020, 411: 468-486.

［11］ YI X, WALIA E, BABYN P S. Generative adversarial network in medical imaging: A review ［J］. Medical Image Analysis, 2019, 58: 101552.

［12］ NOWROOZI E, DEHGHANTANHA A, PARIZI R M, et al. A survey of machine learning techniques in adversarial image forensics ［J］. Computers & Security, 2021, 100: 102092.

第 11 章

YOLO 系列目标检测算法

本章主要内容
- *深度学习目标检测综述*
- *YOLO 目标检测算法原理*
- *YOLO 系列目标检测算法的发展历程*

从本章开始，进入基于深度学习的目标检测专题，首先是 YOLO 系列目标检测算法的讲解。

11.1 深度学习目标检测综述

11.1.1 目标检测的问题定义

首先，什么是目标检测？进行物体识别/目标识别时，常见情况是一个图像中只有一个物体或者目标，而当图像中有多个物体或者目标的时候，就不能简单地使用通用神经网络/分类网络（例如 ResNet）解决该问题了。为了识别一个图像的多个物体，首先需要在图像中定位（锁定）这些物体，这就是目标检测问题。

目标检测就是在图像中自动确定物体或者目标的位置，这也称作目标定位，有时还需要进一步确定物体的类别。例如，图 11-1 左图中，算法会识别出图中是一个运动员，但是不能准确地识别出其具体身份（姓名、ID）。目标检测中的物体类别通常是一个比较粗的类别，例如运动员、男性、女性，是一个非常大的类，而不是一个非常具体的类（如具体到某个人的身份、姓名、ID 等）。通常的做法是先用目标检测算法定位到图像中的某个或若干个目标，定位到目标之后，再对目标进行分类（大类，如车辆、行人、自行车），因此，目标检测和目标识别之间存在着紧密的关联。尽管目标检测中也常涉及物体/目标类别的分类，但该类别的粒度通常较粗。

为了对目标定位，通常使用矩形框锁定/指示某个潜在目标，矩形框在目标检测中的对应英文术语是 Bounding Box，指物体的外接框，简称 BBOX。在目标检测中，Bounding Box 的中文翻译为检测框或区域建议框。

图 11-1 右图的检测效果其实并不完美，如左下角的蘑菇没有被完整定位，上部的检测框定位到了多个蘑菇。

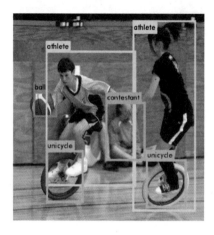

图 11-1　目标检测示例

在技术层面，目标检测既包括回归问题，又包括分类问题。目标检测要首先确定一个或者多个目标的外接框/检测框，外接框通常以矩形形式表示，矩形可用对角顶点或矩形中心点及其宽、高表示，这些变量在预测时属于回归问题。定位到物体后，通常还需要对检测框中的物体进行分类，属于分类问题。事实上，目标检测器有两种类型，一种称作 class-agnostic detector（译作类别不可知目标检测器，或类别不敏感的目标检测器），这类目标检测技术重点是定位目标或物体，而不需要对检测框内的物体进行具体分类（只需进行前景/背景的分类）；而另一种是 class-aware detector/class-specific detector（类别敏感的目标检测器），这类目标检测技术，既需要定位物体，又需要对检测框内的物体进行分类（多分类）。默认的目标检测技术属于后者，即类别敏感的目标检测器。

11.1.2　基于深度学习的目标检测算法归类

根据是否需要对检测框内的物体进行分类，现有的目标检测技术可分为类别不敏感的目标检测器和类别敏感的目标检测器。根据目标检测的过程和所需阶段，现有目标检测方法又可归为两阶段目标检测算法和单阶段目标检测算法。

两阶段目标检测算法的第一个阶段先产生区域建议框，英文名是 region proposal，第二阶段再对每一个区域建议框的物体进行分类。两阶段方法更符合我们的习惯，代表性技术是 Faster R-CNN 系列的目标检测算法。

单阶段目标检测算法的典型代表是 YOLO，其英文全称是 You Only Look Once。这类方法通过一个神经网络完成目标检测任务，含区域建议框的生成及框内物体的分类。

为什么单阶段目标检测算法与两阶段目标检测算法共存？因为单阶段目标检测方法的特点是简单、高效，缺点是召回率相较于两阶段目标检测方法还有一些差距。而两阶段目标检测算法的计算效率不如单阶段目标检测算法，故两类方法共存。

11.2　YOLO 目标检测算法原理

11.2.1　YOLO 目标检测算法的整体流程

首先介绍 YOLO 系列目标检测算法的整体工作流程，如图 11-2 所示。YOLO v1 的输入图像尺寸要求是 448×448 像素，以便被 7 整除，因为 YOLO v1 需要使用 7×7 的网格进行图像划分；YOLO v2 和 YOLO v3 要求的图像尺寸是 416×416 像素，以便为 13 整除，因为 YOLO v2 和 YOLO v3 需要对图像进行 13×13（及 26×26 和 52×52）的划分。

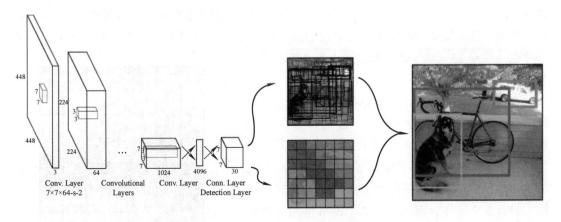

图 11-2　YOLO 目标检测算法的整体流程

然后，YOLO 基于所设计的卷积神经网络进行特征提取，生成/塑造指定形状的预测矩阵，并准备真实的目标矩阵，设计对应的损失函数，以便在真实矩阵和目标矩阵之间进行误差计算和权值更新。

在预测阶段，该算法将产生很多检测框/区域建议框，YOLO 将根据检测框的置信度（Po 得分表示该框内包含物体的概率），滤除置信度较低的检测框，然后使用 NMS 即非极大值抑制技术，对剩余的检测框进行合并，得到最终的预测结果。

整体而言，YOLO 目标检测算法有三个主要组成部分，分别是数据准备和目标矩阵构造、神经网络结构及损失函数。下面分别进行介绍。

11.2.2 YOLO 目标检测算法的数据准备和目标矩阵构造

第一部分是 YOLO 目标检测算法的数据准备和目标矩阵构造方法。在此方面，目标检测与图像分割和图像分类有显著区别。对于图像分类来说，其目标列向量就是类别对应的 One-Hot 编码；而对于图像分割来说，其数据准备的目标就是图像中的每一个像素点的标注，即像素级标注，标记图像中的每个像素点属于哪个类别。而对于目标检测技术而言，数据的准备和目标矩阵/目标列向量的构造，是一个较为复杂也是比较重要的前期准备工作。在 YOLO 目标检测算法中，构造目标矩阵的工作量和重要性大概占据整个算法的一半左右。当目标矩阵构造出来，数据准备好，那么，神经网络结构塑造出来的预测矩阵，便可与目标矩阵之间进行损失计算，进而进行误差回传和权值更新了。下面具体介绍 YOLO 目标检测算法的目标矩阵（目标列向量）的构造方法。

YOLO 目标检测算法的 v3 版本在神经网络结构层面设计了三个检测分支，分别检测三种不同尺寸（大小）的目标。第一个分支，检测大目标，该分支输出一个 $13 \times 13 \times 255$ 的预测矩阵/特征矩阵。该形状的预测矩阵，通过神经网络的卷积操作，很容易塑造/构造出来。然而，还需要准备该预测矩阵对应的真实目标矩阵，以便进行误差计算。真实矩阵的尺寸也需要是 $13 \times 13 \times 255$ 的形状，下面将讲解其构造方法。

在构造 $13 \times 13 \times 255$ 的目标矩阵时，首先对原图进行 13×13 的虚拟网格划分（得到 13×13 个图像块，每个网格单元对应一个图像块），然后，计算哪些网格单元包含（标注的）物体中心。在图 11-3 中，假定对该图像进行 13×13 的划分，由于图中只有 3 个物体，因此只有 3 个网格单元（图像块）包含了物体的中心，而其余 166 个网格单元都没有包含物体中心。下面对包含物体中心的网格单元（图像块）进行独立处理，然后再处理其他 166 个不包含物体中心的网格单元。

图 11-3　YOLO 算法定位物体中心示意图

YOLO 对每个检测输出分支，设置 3 种不同大小的锚框/参照框。输出形状为 $13 \times 13 \times 255$ 的预测矩阵的检测分支，有其对应的 3 种/3 个固定尺寸的锚框，如 1 个正方形锚框，1 个横状长方形锚框，1 个竖状长方形锚框。每个网格单元（图像块），均设置 3 个与 3 种锚框对应的结构体变量。如图 11-4 所示，每个结构体变量包括（Po，物体中心在网格单元中的相对坐标（tx,ty），物体的宽和高与锚框的宽和高之比（tw,th），以及物体类别对应的 One-Hot 编码）。Po 的含义是 objectness，即该锚框中是否包含有物体。假定数据集为 MS COCO 数据集，该数据集共 80 个类别，故对应的 One-Hot 编码由 80 个元素/值组成。最后，每个锚框对应一个由 85 个变量组成的结构体变量，3 个锚框合计 255 个变量。

　　对于包含物体中心的 3 个网格单元，如图 11-3 所示，计算每个网格单元/图像块上放置的 3 个锚框中，哪个或哪几个锚框在以网格单元/当前图像块的中心的位置上，与物体的标注框相交且 IoU 得分大于指定阈值，则将其 Po 置为 1（表示该锚框中包含有物体），然后计算物体的中心在网格单元中的相对坐标位置（网格单元的左上顶点为（0,0），右下顶点为（1,1）），并计算物体的宽和高与当前锚框的宽和高之比，构造（Po，物体中心在网格单元中的相对坐标，物体的宽和高与锚框的宽和高之比）5 个需要回归学习的变量，以及表示当前物体类别的 One-Hot 编码，如图 11-4 中的第三个锚框/Anchor BBox 3 中的结构体变量所示。而对于三个网格单元/图像块中所放置的其他锚框，若该锚框与物体标注框的 IoU 得分低于阈值，则仅将其 Po 置为 0，而该锚框对应的结构体变量中的其他值，随机填值即可（因为不包含物体的锚框，其对应的结构体变量中只有 Po 参与损失计算，其余变量均不参与损失计算），如图 11-5 中的黄色锚框，以及图 11-4 中的第一个和第二个锚框对应的结构体变量中的内容。

　　而对于不包含物体中心的 166 个网格单元（图像块），如图 11-3 所示，每个网格单元/图像块也分别放置三个锚框。对这些网格单元上放置的锚框，在构造每个锚框对应的结构体变量时，仅将其对应的结构体变量中的 Po 置为 0，

图 11-4　YOLO v3 目标检测算法中每个网格单元/图像块对应的目标列向量结构示意图

图 11-5　YOLO 目标检测算法中包含物体中心的网格单元是放置的参照框形状示意图

其余变量则随机赋值（原因同上，不包含物体的锚框，其对应的结构体变量中只有 Po 参与损失计算，其余变量均不参与损失计算）。

注：在 YOLO v1 中，没有锚框的设置，算法直接回归 Po，物体的中心点坐标及物体的宽和高；而在 YOLO v2 和 v3 中，设置了锚框，分别为 5 个和 9 个（v3 中，共有 3 个检测分支，每个检测分支对应 3 个锚框），需要回归 Po，物体的中心点在网格单元中的相对位置坐标及物体的宽和高与锚框的宽和高之比（代表宽、高的相对值）。当然，YOLO v1、v2 和 v3 都需要进行相应的分类学习。

总之，构造目标矩阵时，对每种尺度的划分（分别为 13×13，26×26，52×52），对每个检测分支对应的预测矩阵（形状分别为 13×13×255，26×26×255，52×52×255），需要将图像进行切分（分别使用 13×13，26×26，52×52 的网格），在每种网格中，首先找出包含物体中心的网格单元并放置三种锚框、计算哪些锚框与物体标注框的 IoU 得分大于阈值，若是，则 Po=1，然后计算物体的中心点在网格单元中的相对位置［网格单元的左上角为 (0,0)，右下角为 (1,1) 时，物体中心在该网格单元中的位置坐标］，并计算物体的宽/高和对应锚框的宽/高之比的对数，构造物体类别对应的 One-Hot 编码，得到结构体变量（Po=1，物体中心在网格单元中的相对坐标，物体的宽和高与锚框的宽和高之比，以及物体类别对应的 One-Hot 编码）。而对于虽然放置在包含物体中心的网格单元但与物体标注框的 IoU 低于阈值，以及不包含物体中心的网格单元上放置的所有锚框，仅将对应的结构体变量中的 Po 置为 0，其余变量的值不需要计算，而是随机赋值。如此，便得到了每个检测分支上的预测矩阵所需的目标矩阵。

下面给出每个参照框对应的结构体变量中的相关参数的具体计算公式。YOLO v2 和 v3 对物体中心在对应网格单元中的相对坐标位置进行学习，对标注框/目标框与参照框的宽高比例关系进行学习。令某个物体的真实标注框为 gt，所使用的参照框/锚框为 anchor，物体在网格单元中的相对坐标位置，以及标注框/预测框与参照框的宽高比例关系 tx，ty，tw 和 th 的回归学习设置如下：

$$tx, ty = 物体中心在对应网格单元中的相对坐标位置 \tag{11-1}$$

$$tw = \log(gt\_width/anchor\_width) \tag{11-2}$$

$$th = \log(gt\_height/anchor\_height) \tag{11-3}$$

在预测阶段，输出预测框时，需要将 tx，ty，tw 和 th 恢复为检测框/预测框/区域建议框的物理尺寸和大小，具体公式如下：

$$pre\_x = tx + 对应网格单元左上顶点的横坐标 \tag{11-4}$$

$$pre\_y = ty + 对应网格单元左上顶点的纵坐标 \tag{11-5}$$

$$pre\_width = anchor\_width * e^{tw} \tag{11-6}$$

$$pre\_height = anchor\_height * e^{th} \tag{11-7}$$

11.2.3 YOLO 目标检测算法的神经网络结构

第二部分是 YOLO 目标检测算法的神经网络结构。该神经网络结构参照了 ResNet 的残差块的思想，并与 U-Net 网络有一定的相通之处。

如图 11-6 所示，该网络可分为下采样阶段和上采样阶段。在下采样阶段，主要进行卷积和池化，特征的尺寸一路下降，从原始的 416×416 的图像变成 208×208 的这样的特征，然后再变成 104×104，再变成 52×52，再变成 26×26，再变成 13×13 的特征。至此，下采样过程停止。在该阶段，在第 79 ~ 82 层，进行第一个分支的目标检测，将它输出，输出特征的形状塑造为 $13 \times 13 \times 255$。在构造对应的目标向量时，相当于将图像进行 13×13 的网格单元划分，在每个网格单元/图像块对应一个目标列向量，目标矩阵的构造方法已经在上节中讲解（需要将原图进行 13×13 的网格划分，然后寻找包含物体中心的网格单元/图像块，后续构造方法详见上节）。

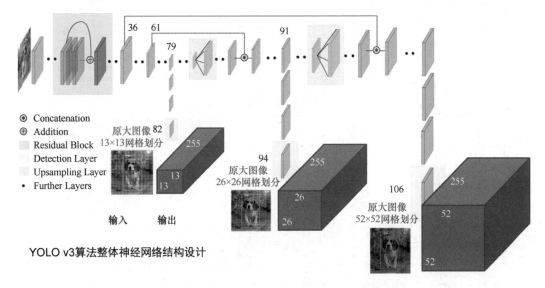

图 11-6 YOLO v3 目标检测算法的神经网络结构

然后，神经网络进入上采样阶段，在第 85 层，对 13×13 尺寸的特征，进行二倍上采样/反卷积，得到 26×26 尺寸的特征，将该特征与第一个阶段/下采样阶段对应的第 61 层的 26×26 的特征进行融合。融合后的特征，表征能力更强，后续再进行若干正常的卷积，然后进行第二个分支的目标检测，输出形状为 $26 \times 26 \times 255$ 的形状的预测矩阵，该预测矩阵同样需要对应的目标矩阵，相关计算方法已在上节中讲解。

随后，是 YOLO 神经网络结构的最后一部分，在第 97 层，先将 26×26 的特征图进行二倍上采样，得到 52×52 尺寸的特征图，并将该特征图和第一阶段/下采样阶段第 36 层所得到的 52×52 的特征进行融合，融合后的特征表征能力更强。后面再进行若干次正常的卷积运算，然后，进行第三次检测，输出一个形状为 $52 \times 52 \times 255$ 的目标矩阵，用于检测小目标。该检测分支也需要构造对应的目标矩阵（需要将原图进行 52×52 的网格划分，然后寻找包含物体中心的网格单元/图像块，后续构造方法详见上节）。

整体而言，YOLO v3 的神经网络结构引入了多尺度检测的思想，通过一个神经网络的三个检测分支，分别输出特征尺寸为 $13 \times 13 \times 255$，$26 \times 26 \times 255$，$52 \times 52 \times 255$ 的三个检测/预测结果，分别检测大目标、中等目标和小目标的检测全覆盖。

下面从代码层面，更加详细地解析 YOLO v3 的神经网络结构，如图 11-7 ~ 图 11-9 所示。该神经网络结构一共 107 层。其中的 layer 是当前层的编号，filters 是当前层卷积核的数量（卷积核的数量对应卷积操作后输出通道的数量），size 是卷积核的尺寸，input 是当前层的输入图像或矩阵的尺寸，output 是当前层卷积之后的特征的尺寸。

```
layer     filters    size          input              output
    0 conv      32   3 x 3 / 1   416 x 416 x   3   ->   416 x 416 x  32    1——从3通道变为32通道
    1 conv      64   3 x 3 / 2   416 x 416 x  32   ->   208 x 208 x  64    2——通道从32变为64
    2 conv      32   1 x 1 / 1   208 x 208 x  64   ->   208 x 208 x  32    同时由于步幅是2，尺寸缩半
    3 conv      64   3 x 3 / 1   208 x 208 x  32   ->   208 x 208 x  64
    4 Shortcut Layer: 1
    5 conv     128   3 x 3 / 2   208 x 208 x  64   ->   104 x 104 x 128    5——残差块一，步幅2，尺寸缩半
    6 conv      64   1 x 1 / 1   104 x 104 x 128   ->   104 x 104 x  64    6——残差块一，1×1卷积，通道减半
    7 conv     128   3 x 3 / 1   104 x 104 x  64   ->   104 x 104 x 128    7——残差块一，3×3卷积，通道恢复
    8 Shortcut Layer: 5                                                    8——残差块二，1×1卷积，通道减半
    9 conv      64   1 x 1 / 1   104 x 104 x 128   ->   104 x 104 x  64    9——残差块二，3×3卷积，通道恢复
   10 conv     128   3 x 3 / 1   104 x 104 x  64   ->   104 x 104 x 128
   11 Shortcut Layer: 8
   12 conv     256   3 x 3 / 2   104 x 104 x 128   ->    52 x  52 x 256    12——残差块一，步幅2，尺寸缩半
   13 conv     128   1 x 1 / 1    52 x  52 x 256   ->    52 x  52 x 128    13——残差块一，1×1卷积，通道减半
   14 conv     256   3 x 3 / 1    52 x  52 x 128   ->    52 x  52 x 256    14——残差块一，3×3卷积，通道恢复
   15 Shortcut Layer: 12
   16 conv     128   1 x 1 / 1    52 x  52 x 256   ->    52 x  52 x 128    …下面开始，都是卷积块二
   17 conv     256   3 x 3 / 1    52 x  52 x 128   ->    52 x  52 x 256    步幅为1，先1×1通道减半
   18 Shortcut Layer: 15                                                  再3×3通道恢复
   19 conv     128   1 x 1 / 1    52 x  52 x 256   ->    52 x  52 x 128    尺寸一直是52×52
   20 conv     256   3 x 3 / 1    52 x  52 x 128   ->    52 x  52 x 256
   21 Shortcut Layer: 18
   22 conv     128   1 x 1 / 1    52 x  52 x 256   ->    52 x  52 x 128
   23 conv     256   3 x 3 / 1    52 x  52 x 128   ->    52 x  52 x 256
   24 Shortcut Layer: 21
   25 conv     128   1 x 1 / 1    52 x  52 x 256   ->    52 x  52 x 128
   26 conv     256   3 x 3 / 1    52 x  52 x 128   ->    52 x  52 x 256
   27 Shortcut Layer: 24
   28 conv     128   1 x 1 / 1    52 x  52 x 256   ->    52 x  52 x 128
   29 conv     256   3 x 3 / 1    52 x  52 x 128   ->    52 x  52 x 256
   30 Shortcut Layer: 27
   31 conv     128   1 x 1 / 1    52 x  52 x 256   ->    52 x  52 x 128
   32 conv     256   3 x 3 / 1    52 x  52 x 128   ->    52 x  52 x 256
   33 Shortcut Layer: 30
   34 conv     128   1 x 1 / 1    52 x  52 x 256   ->    52 x  52 x 128
   35 conv     256   3 x 3 / 1    52 x  52 x 128   ->    52 x  52 x 256
   36 Shortcut Layer: 33
```

图 11-7　YOLO v3 目标检测算法的神经网络结构细节之一

该神经网络输入图像的尺寸是 $416 \times 416 \times 3$，第一层卷积（layer 0）时，使用 32 个 $3 \times 3(\times 3)$ 的卷积核进行卷积，带补零，保证输出特征尺寸与输入特征尺寸相同。因该层使用

了 32 个 3×3 的卷积核，故输出 416×416×32 的特征图。然后，第二层卷积（layer 1）时，使用一个步幅为 2 的 3×3（×32）的卷积，卷积核数量是 64 个。因为步幅是 2，相当于进行了池化操作，特征尺寸相对缩半，故 416×416 尺寸的特征变为 208×208。相当于使用步幅是 2 的卷积替代池化。该层卷积后，输出特征的尺寸变为 208×208，但通道数进一步增加为 64。后续，在第三层和第四层卷积时，分别使用 1×1 和 3×3 的卷积核，卷积核数量分别为 32 和 64，特征尺寸保持不变，然后，将第四层卷积后的特征和第二层卷积的特征进行相加融合（因为两层对应的输出特征尺寸均为 208×208，且通道数相同）。此处借鉴了 ResNet 中的残差块的思想设计。

下面是 layer 5 对应的卷积操作，对于输入的尺寸为 208×208×64 的特征，进行步幅为 2 的 3×3 卷积，卷积核数量为 128 个，该卷积操作将特征图尺寸缩半，变为 104×104×128 的特征图。后面紧接着又进行 1×1 的卷积和 3×3 的卷积，卷积核数量分别为 64 和 128，相当于将通道数量从 128 降到 64，又提升到 128。然后，将 layer 7 得到的特征与 layer 5 得到的特征进行相加融合（因为两层对应的特征尺寸均为 104×104，且通道数均为 128）。

后续的卷积操作（卷积块）与前面所述的卷积操作完全相同。特征图的尺寸，从 104×104，缩减为 52×52，26×26，13×13，如图 11-8 所示（layer 71）。

```
36 Shortcut Layer: 33
37 conv     512   3 x 3 / 2    52 x  52 x 256   ->    26 x  26 x 512      此处，卷积块一：3×3
38 conv     256   1 x 1 / 1    26 x  26 x 512   ->    26 x  26 x 256      卷积，步幅为2，尺寸
39 conv     512   3 x 3 / 1    26 x  26 x 256   ->    26 x  26 x 512      缩半26×26；通道是512
40 Shortcut Layer: 37
41 conv     256   1 x 1 / 1    26 x  26 x 512   ->    26 x  26 x 256
42 conv     512   3 x 3 / 1    26 x  26 x 256   ->    26 x  26 x 512
43 Shortcut Layer: 40
44 conv     256   1 x 1 / 1    26 x  26 x 512   ->    26 x  26 x 256
45 conv     512   3 x 3 / 1    26 x  26 x 256   ->    26 x  26 x 512
46 Shortcut Layer: 43
47 conv     256   1 x 1 / 1    26 x  26 x 512   ->    26 x  26 x 256
48 conv     512   3 x 3 / 1    26 x  26 x 256   ->    26 x  26 x 512
49 Shortcut Layer: 46
50 conv     256   1 x 1 / 1    26 x  26 x 512   ->    26 x  26 x 256
51 conv     512   3 x 3 / 1    26 x  26 x 256   ->    26 x  26 x 512
52 Shortcut Layer: 49
53 conv     256   1 x 1 / 1    26 x  26 x 512   ->    26 x  26 x 256
54 conv     512   3 x 3 / 1    26 x  26 x 256   ->    26 x  26 x 512
55 Shortcut Layer: 52
56 conv     256   1 x 1 / 1    26 x  26 x 512   ->    26 x  26 x 256
57 conv     512   3 x 3 / 1    26 x  26 x 256   ->    26 x  26 x 512
58 Shortcut Layer: 55
59 conv     256   1 x 1 / 1    26 x  26 x 512   ->    26 x  26 x 256
60 conv     512   3 x 3 / 1    26 x  26 x 256   ->    26 x  26 x 512
61 Shortcut Layer: 58
62 conv    1024   3 x 3 / 2    26 x  26 x 512   ->    13 x  13 x1024      此处，卷积块一：3×3
63 conv     512   1 x 1 / 1    13 x  13 x1024   ->    13 x  13 x 512      卷积，步幅为2，尺寸
64 conv    1024   3 x 3 / 1    13 x  13 x 512   ->    13 x  13 x1024      缩半13×13；通道是1024
65 Shortcut Layer: 62
66 conv     512   1 x 1 / 1    13 x  13 x1024   ->    13 x  13 x 512
67 conv    1024   3 x 3 / 1    13 x  13 x 512   ->    13 x  13 x1024
68 Shortcut Layer: 65
69 conv     512   1 x 1 / 1    13 x  13 x1024   ->    13 x  13 x 512
70 conv    1024   3 x 3 / 1    13 x  13 x 512   ->    13 x  13 x1024
71 Shortcut Layer: 68
```

图 11-8　YOLO v3 目标检测算法的神经网络结构细节之二

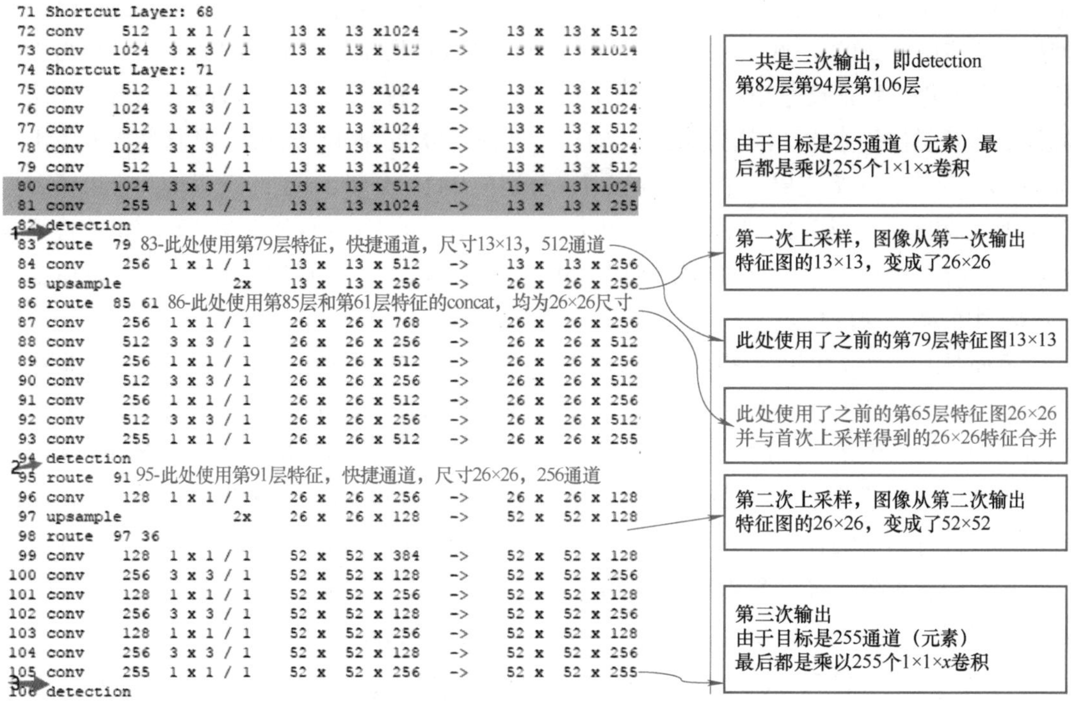

```
71 Shortcut Layer: 68
72 conv      512   1 x 1 / 1    13 x 13 x1024   ->   13 x 13 x 512
73 conv     1024   3 x 3 / 1    13 x 13 x 512   ->   13 x 13 x1024
74 Shortcut Layer: 71
75 conv      512   1 x 1 / 1    13 x 13 x1024   ->   13 x 13 x 512
76 conv     1024   3 x 3 / 1    13 x 13 x 512   ->   13 x 13 x1024
77 conv      512   1 x 1 / 1    13 x 13 x1024   ->   13 x 13 x 512
78 conv     1024   3 x 3 / 1    13 x 13 x 512   ->   13 x 13 x1024
79 conv      512   1 x 1 / 1    13 x 13 x1024   ->   13 x 13 x 512
80 conv     1024   3 x 3 / 1    13 x 13 x 512   ->   13 x 13 x1024
81 conv      255   1 x 1 / 1    13 x 13 x1024   ->   13 x 13 x 255
82 detection
83 route   79 83-此处使用第79层特征，快捷通道，尺寸13×13，512通道
84 conv      256   1 x 1 / 1    13 x 13 x 512   ->   13 x 13 x 256
85 upsample              2x     13 x 13 x 256   ->   26 x 26 x 256
86 route   85 61 86-此处使用第85层和第61层特征的concat，均为26×26尺寸
87 conv      256   1 x 1 / 1    26 x 26 x 768   ->   26 x 26 x 256
88 conv      512   3 x 3 / 1    26 x 26 x 256   ->   26 x 26 x 512
89 conv      256   1 x 1 / 1    26 x 26 x 512   ->   26 x 26 x 256
90 conv      512   3 x 3 / 1    26 x 26 x 256   ->   26 x 26 x 512
91 conv      256   1 x 1 / 1    26 x 26 x 512   ->   26 x 26 x 256
92 conv      512   3 x 3 / 1    26 x 26 x 256   ->   26 x 26 x 512
93 conv      255   1 x 1 / 1    26 x 26 x 512   ->   26 x 26 x 255
94 detection
95 route   91 95-此处使用第91层特征，快捷通道，尺寸26×26，256通道
96 conv      128   1 x 1 / 1    26 x 26 x 256   ->   26 x 26 x 128
97 upsample             2x      26 x 26 x 128   ->   52 x 52 x 128
98 route   97 36
99 conv      128   1 x 1 / 1    52 x 52 x 384   ->   52 x 52 x 128
100 conv     256   3 x 3 / 1    52 x 52 x 128   ->   52 x 52 x 256
101 conv     128   1 x 1 / 1    52 x 52 x 256   ->   52 x 52 x 128
102 conv     256   3 x 3 / 1    52 x 52 x 128   ->   52 x 52 x 256
103 conv     128   1 x 1 / 1    52 x 52 x 256   ->   52 x 52 x 128
104 conv     256   3 x 3 / 1    52 x 52 x 128   ->   52 x 52 x 256
105 conv     255   1 x 1 / 1    52 x 52 x 256   ->   52 x 52 x 255
106 detection
```

一共是三次输出，即detection
第82层第94层第106层

由于目标是255通道（元素）最
后都是乘以255个1×1×x卷积

第一次上采样，图像从第一次输出
特征图的13×13，变成了26×26

此处使用了之前的第79层特征图13×13

此处使用了之前的第65层特征图26×26
并与首次上采样得到的26×26特征合并

第二次上采样，图像从第二次输出
特征图的26×26，变成了52×52

第三次输出
由于目标是255通道（元素）
最后都是乘以255个1×1×x卷积

图 11-9　YOLO v3 目标检测算法的神经网络结构细节之三

得到 13×13 的特征图后，神经网络进行若干次 1×1 和 3×3 的卷积，然后，在第 81 层，塑造出形状为 $13 \times 13 \times 255$ 的特征图，便为第一个目标检测分支对应的输出结果/预测矩阵。该检测分支对应 13×13 的图像划分，用于检测大目标（使用 3 种大尺度的锚框/参照框）。

从 layer 83 开始，特征的下采样阶段结束，进入上采样/反卷积阶段，该层首先使用 layer 79 对应的 $13 \times 13 \times 512$ 的特征图，进行一次 1×1 卷积后（卷积核数量为 256），进行二倍上采样的卷积操作（layer 85），得到 $26 \times 26 \times 256$ 的特征图，并将该特征图与下采样阶段的 layer 61 对应的 $26 \times 26 \times 256$ 的特征图进行相加融合，以获得更强的特征表达能力。后续，layer 87 ~ 92，进行若干次 1×1 和 3×3 的卷积，在 layer 93 塑造出形状为 $26 \times 26 \times 255$ 的特征图，便为第二个目标检测分支对应的输出结果/预测矩阵。该检测分支对应 26×26 的图像划分，用于检测中等尺寸的目标（使用 3 种中等尺寸的锚框/参照框）。

然后，layer 95 使用 layer 91 对应的 $26 \times 26 \times 256$ 的特征图，layer 96 对其进行 1×1 的卷积，layer 97 进行二倍上采样，特征图的尺寸从 $26 \times 26 \times 256$ 变为 $52 \times 52 \times 256$，并将该特征与下采样阶段的 layer 36 对应的 $52 \times 52 \times 256$ 的特征图进行相加融合。后续，再进行若干次 1×1 和 3×3 的卷积，直到 layer 105，塑造出形状为 $52 \times 52 \times 255$ 的特征图，为第三个

目标检测分支的输出结果/预测矩阵。该检测分支对应 52×52 的图像划分，用于检测小目标（使用 3 种小尺寸的锚框/参照框）。

整体而言，YOLO v3 的神经网络结构的特点是使用一个神经网络进行三种不同尺度的目标检测。在具体的神经网络结构设计方面，作者参考了 ResNet 神经网络的思想，在上采样过程中的特征融合方面的思想，与 U-Net 网络有共通之处，如图 11-10 所示。

图 11-10　YOLO v3 目标检测算法的整体神经网络结构，尤其是上采样过程中的特征融合思想示意图

11.2.4　YOLO 目标检测算法的损失函数

第三部分是 YOLO 目标检测算法的损失函数设计。前面讲解了预测矩阵及对应的目标矩阵的构造方法。YOLO v3 有三个目标检测分支，对应三个预测矩阵，须构造对应的目标矩阵/真实矩阵。例如，第一个检测分支，输出 $13 \times 13 \times 255$ 的预测矩阵，需要构造相同形状的目标矩阵，需要设计损失函数，以便在两者之间进行损失计算。具体而言，每个网格单元/图像块对应三个锚框相关的结构体变量，每个结构体中包含 85 个变量，合计 255 个变量，故通道数为 255。对于包含物体中心的锚框和结构体变量，相关损失计算表达式为

$$
\begin{aligned}
L = {} & \lambda_{\text{coord}} \sum_{i}^{S^2} \sum_{j}^{B} I_{ij}^{\text{obj}} \left[(x_i - \widehat{x_i})^2 + (y_i - \widehat{y_i})^2 \right] + \\
& \lambda_{\text{coord}} \sum_{i}^{S^2} \sum_{j}^{B} I_{ij}^{\text{obj}} \left[(\sqrt{w_i} - \sqrt{\widehat{w_i}})^2 + (\sqrt{h_i} - \sqrt{\widehat{h_i}})^2 \right] + \\
& \sum_{i}^{S^2} \sum_{j}^{B} I_{ij}^{\text{obj}} (p_i - \widehat{p_i})^2 + \\
& \sum_{i}^{S^2} I_{i}^{\text{obj}} \sum_{c \in \text{class}}^{B} (c_i - \widehat{c_i})^2 + \\
& \lambda_{\text{noobj}} \sum_{i}^{S^2} \sum_{j}^{B} I_{ij}^{\text{noobj}} (p_i - \widehat{p_i})^2
\end{aligned}
\tag{11-8}
$$

需要计算其中的 Po 的预测值（$\widehat{p_i}$）和真实值（$p_i = 1$）之间的均方差损失［详见式（11-8）的第 3 项］，物体中心在网格单元中的相对位置坐标的预测值和真实值之间的偏差［仍然使用均方差损失，详见式（11-8）的第 1 项］，以及物体的宽和高与锚框的宽和高的比值的误

差［详见式（11-8）的第2项］，以上5个变量属于回归损失，除此之外，还有物体类别对应的分类损失。需要说明的是，对于分类损失，作者也采用了均方差损失，而不是常用的交叉熵损失［详见式（11-8）的第4项］。I_{ij}^{obj}表示包含物体中心的某个网格单元（i,j）。

对于不包含物体中心的单元格对应的所有锚框和结构体变量，以及虽包含物体中心但与物体的标注框的IoU得分低于阈值的锚框及其结构体变量，仅计算其Po的预测值与Po的真实值（0）之间的误差/损失，不计算其他变量上的损失［详见式（11-8）的第5项］。I_{ij}^{noobj}表示不包含物体中心的某个网格单元（i,j）。在构造目标矩阵时，Po之外的变量随机赋值，无须计算。

综上，YOLO目标检测算法的损失主要包含五部分，其中的四部分都与包含物体中心且与物体标注框的IoU得分大于阈值的锚框相关，包括Po的预测值和真实值（1）之间的误差计算，物体的中心网格单元中的相对位置/坐标值的预测值和真实值的误差计算，物体的宽和高与锚框的宽和高之比的预测值和真实值之间的误差，以及对物体的分类损失。然后对于其他锚框，仅计算其Po预测值和真实值（0）之间的损失，这是第五部分的损失计算。

YOLO一共三个检测分支，即输出特征图形状分别为$13 \times 13 \times 255$，$26 \times 26 \times 255$，$52 \times 52 \times 255$的三个检测分支，分别检测大目标、中等尺寸的目标和小目标，每个分支都独立计算对应的损失，然后进行误差回传。

11.2.5 YOLO目标检测算法的其他技术细节

1. YOLO目标检测算法中的Anchor Box

自YOLO v3开始，不再人为设计Anchor Box/参照框，而是利用K-Means聚类算法，对物体的标注框进行聚类。两个标注框之间的相似度使用IoU公式，即两个框的交除以两个框的并。聚类个数设置为9。

以COCO数据集为例，YOLO v3中通过聚类，如图11-11所示，得到9个Anchor Box/锚框，含116×90、156×198、373×326的大尺寸锚框，30×61、62×45、59×119的中等尺寸锚框，以及10×13、16×30、33×23的小尺度锚框，分别用于YOLO v3神经网络结构中的第一个目标检测分支、第二个目标检测分支和第三个目标检测分支，用于检测大目标、中等目标和小目标。

2. YOLO目标检测算法中的NMS

NMS，即非极大值抑制，用于处理候选目标检测框数量非常多的情况。NMS不是针对深度学习产生的，它在深度学习产生之前便存在。YOLO v3的NMS过程如下：每个检测框都有一个对应的Po值，表示objectness（框内是否包含物体），Po值小于0.6或者某个阈值的检测框直接滤除。

对于剩余的检测框，首先找到 Po 值最大的检测框，譬如其置信度（Po 值）是 0.95，再寻找与该检测框相交且 IoU 得分大于 0.5 的其他检测框，将其滤除。将已经处理的检测框标记为已处理。如图 11-12 所示，绿色检测框的 Po 值最大，为 0.9，因红色检测框与其相交且 IoU 得分大于 0.5，则将红色检测框滤除。对于剩余的还未处理的检测框，使用相同的技术，先寻找其中 Po 值最大的检测框，然后找到与该检测框相交且 IoU 得分大于 0.5 的其他未处理的检测框，将其滤除。如此迭代执行，直到所有检测框均被处理一遍，NMS 过程结束。

图 11-11　YOLO 目标检测算法的 Anchor Box 示意图　　图 11-12　YOLO 目标检测算法的 NMS 过程示意图

11.2.6　YOLO 目标检测算法的整体训练流程

YOLO 算法的训练流程，大致分为六步：

第一步：设定三种网格单元的大小，YOLO v3 分别使用 13×13、26×26、52×52 的网格，进行图像的虚拟划分/切分。

第二步：对于训练集中所有物体的标注框使用 K-Means 聚类算法进行聚类，聚类的个数设置为 9。得到 9 个聚类，对应 9 种锚框。

第三步：将 9 个锚框按照尺寸进行排序，把尺寸最大的 3 个锚框分配给 13×13 的网格划分（对应第一个目标检测分支，输出 $13 \times 13 \times 255$ 的预测矩阵），用于检测大目标；最小的 3 个锚框分配给 52×52 的网格（对应第三个目标检测分支，输出 $52 \times 52 \times 255$ 的预测矩阵），用于检测小目标；中间的分配给 26×26 的网格（对应第二个目标检测分支，输出 $26 \times 26 \times 255$ 的预测矩阵），用于检测中等尺寸的目标。

第四步：构造每个检测分支对应的目标矩阵。例如，对于第一个目标检测分支，该分支输出 $13 \times 13 \times 255$ 的预测矩阵，则需要构造对应的 $13 \times 13 \times 255$ 的目标矩阵。构造方法为：将原图进行 13×13 的虚拟切分，首先寻找哪些网格单元包含了物体中心，对包含物体中心的每个网格单元/图像块，在其中心放置第三步中分配的 3 个对应锚框，计算当前位置下哪些锚框与物体的标注框的 IoU 大于阈值，若是，则将其 Po 置为 1，同时计算物体中心在网格单元中的相对位置，以及物体的宽/高和锚框的宽/高之比的对数，最后构造对应的物体类别的 One-Hot 编码，便得到了该网格单元/图像块对应的目标列向量。对于不包含物体的锚框，仅将其 Po 值置为 0，其他相关结构体变量随机赋值。所有网格单元处理完之后，便得到了目标矩阵。

第五步：损失计算。对每个检测分支，它将输出一个预测矩阵，将预测矩阵与对应的目标矩阵进行损失计算。计算损失时，对包含物体中心的每个锚框，计算 Po 预测损失（其 Po 真实值为 1）、回归损失（含物体中心的相对位置坐标，以及物体的宽和高与锚框的宽和高之比的对数）和分类损失计算；对不包含物体中心的所有锚框，仅计算对应的 Po 预测损失（其 Po 真实值为 0）。

第六步：预测阶段。对于检测模型生成的检测框，先按 Po 值进行过滤，再使用 NMS 合并重合超过阈值的检测框，输出最终预测结果。

11.3　YOLO 系列目标检测算法的发展历程

1）YOLO v1 是第一个基于深度学习的单阶段目标检测算法，在一个神经网络中同时进行检测框的回归和框内物体分类。该算法在 2015 年提出，最后发表在 CVPR 2016 上。该论文的共同作者包括 RBG，他同时是 Fast/Faster R-CNN 目标检测算法的主要作者之一。

2）YOLO v2 原名 YOLO-9000，发表于 CVPR 2017，获得最佳论文提名。

3）YOLO v3 于 2018 年发表在 arXiv 上，取得了更好的目标检测性能。在该论文中，作者指出，由于军方的科研人员试图使用其技术，令其感到沮丧，他宣布不再进行目标检测的研究。因此，后续的 YOLO 版本均非出自原作者之手。

4）YOLO v4 并非原作者提出的，而是其他研究人员在 v3 的基础上增加了数据增广、新型激活函数等技巧，提升了性能。YOLO v5 的命名也有争议，由 Ultralytics 公司研发，主要特点是使用 PyTorch 框架实现，模型较小，速度较快，可部署在移动端。这两个版本均发表在 2020 年。

5）随着 Transformer 的兴起，国内学者尝试基于 Transformer 网络重新实现 YOLO 目标检测算法，典型代表为发表在 NIPS 2021 的 YOLOS，以及发表在 ICCV 2021 workshop 的 ViT-YOLO。

6）旷视科技在 2021 年提出了 YOLOX，论文分享在 arXiv 上，后来作者又将该技术应用到视频中的目标检测中，进行实时目标检测，论文发表在 CVPR 2022 上。

7）Ultralytics 公司在 2023 年又开源了 YOLO v8，该版本在 v5 的基础上进行重要改进，包含五个模型，可用于检测、分割和分类。Ultralytics 公司致力于 YOLO 目标检测算法的持续研发，并开源了相关代码，所开发的 YOLO 系列目标检测算法被业界称为"U 版"YOLO。

直到今天，YOLO 系列目标检测算法仍然是最为经典且广泛使用的目标检测算法。

本章参考文献

［1］REDMON J, DIVVALA S K, GIRSHICK R B, et al. You Only Look Once: Unified, Real-Time Object Detection ［C］//IEEE Conference on Computer Vision and Pattern Recognition (CVPR). Piscataway: IEEE, 2016: 779-788.

［2］REDMON J, FARHADI A. YOLO9000: Better, Faster, Stronger ［C］//IEEE Conference on Computer Vision and Pattern Recognition (CVPR). Piscataway: IEEE, 2017: 6517-6525.

［3］ZOU Z X, CHEN K Y, SHI Z W, et al. Object Detection in 20 Years: A Survey ［J］. Proceedings of the IEEE, 2023, 111 (3): 257-276.

第 12 章

Faster R-CNN 系列目标检测算法

本章主要内容

- R-CNN 目标检测算法
- Fast R-CNN 目标检测算法
- Faster R-CNN 目标检测算法
- Mask R-CNN 目标检测/图像分割算法

本章介绍 Faster R-CNN 系列目标检测算法，也称作 Fast/Faster R-CNN 系列目标检测算法。本章将按照 R-CNN、Fast R-CNN、Faster R-CNN 和 Mask R-CNN 的发展历程，介绍该系列的目标检测算法，以便自然过渡，读者将更加容易地接受和理解 Faster R-CNN 目标检测算法。

12.1 R-CNN 目标检测算法

R-CNN 是 Fast/Faster R-CNN 系列目标检测算法的开山之作，因为该算法是第一个用深度学习技术做目标检测的算法。R-CNN 目标检测算法的主要思想如下：

1）输入原始图像，使用传统的 Selective Search 等传统/手工特征方法在原始图像中生成约 2000 个区域建议框（Region Proposal），如图 12-1 所示（图中的第 2 步）。

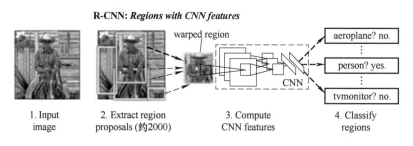

图 12-1　R-CNN 目标检测算法的整体工作流程

2）对每个区域建议框中的子图像，进行 Resize 操作，缩放到一个固定、相同的尺寸（如 56×56 像素）。2000 个区域建议框，依次缩放后，将得到 2000 幅尺寸一致的子图像。

该过程涉及子图像的类别标注/准备工作（标签制作工作），具体方法如下：将每个区域建议框和与之相交的真实标注框进行 IoU 交并比计算，若 IoU 得分大于某个阈值（如 0.5），则认为该区域建议框包含真实标注框中的物体，此时真实标注框中的物体类型即为区域建议框中的物体类型；否则，将该区域建议框标注为背景图像（即非前景，没有物体）。

3）将每幅原始图像对应的 2000 幅缩放后尺寸一致的子图像及其真实标签（子图像中是否有物体及物体的类型），送入深度分类网络（目标识别网络），比如 VGG、ResNet，进行多分类卷积神经网络训练。

4）训练阶段结束后，进入测试阶段/预测阶段，该阶段仍然使用传统方法对每幅图像提取约 2000 个区域建议框，然后对每个建议框中的子图像进行缩放，再送入 3）中训练得到的多分类卷积神经网络模型，预测每个子图像的类别。

总之，R-CNN 算法是传统方法和深度学习方法的结合。R-CNN 算法可分为两个主要阶段：第一阶段，R-CNN 利用传统方法、传统特征，生成很多区域建议框；第二阶段，R-CNN利用深度学习方法（即卷积神经网络），训练目标分类/识别模型。

R-CNN 的主要作者是 Ross B. Girshick，简称是 RBG。RBG 早在攻读博士期间，便基于传统方法研究目标检测问题。到了深度学习时代/新一代人工智能时代，RBG 提出或指导设计了 R-CNN、Faster R-CNN、Mask R-CNN 和 YOLO 等极具代表性的目标检测算法（Mask R-CNN严格意义上是图像分割算法）。因此，RBG 是基于深度学习的目标检测研究的先驱者和最重要的学者之一。

12.2　Fast R-CNN 目标检测算法

R-CNN 的下一个发展阶段是 Fast R-CNN 目标检测算法，该算法也是 RBG 提出来的。Fast R-CNN 旨在解决 R-CNN 在算法效率方面的问题/缺点：R-CNN 中，原始图像上的每一个区域建议框中的子图像都需要进行 Crop（剪切）和 Resize（调整尺寸），然后分别送入卷积神经网络中每个提取子图像的特征。因此，每幅图像对应的约 2000 个区域建议框中的子图像，需要依次送入卷积神经网络，以分别提取其卷积特征，合计 2000 次特征提取，较为耗时。

如图 12-2 所示，Fast R-CNN 目标检测算法的主要工作流程如下：

1）目标区域建议框生成。Fast R-CNN 目标检测算法的区域建议框的生成方法与R-CNN完全一样，都是基于相同的传统方法。本步骤得到约 2000 个区域建议框。

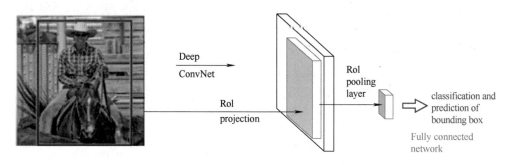

图 12-2　Fast R-CNN 目标检测算法的神经网络结构

2）对原始图像提取卷积特征。Fast R-CNN 先利用卷积神经网络对输入图像/原始图像进行卷积操作，如使用 VGG 神经网络进行卷积，得到一个特征图（特征矩阵），该特征图为原始图像/整幅输入图像对应的特征图，简称整图特征。

举例：VGG 网络的输入图像尺寸要求是 224×224 像素，该网络进行若干次卷积之后，得到的特征图尺寸为 14×14，该特征是原始图像尺寸的 1/16 大小，是原始图像/整幅输入图像对应的卷积特征。

3）将步骤1）生成的每个区域建议框，进行等比例缩放并分别投影到2）中的特征图上。

这其中有一个潜在假设：卷积之后的特征图与原图在位置上有空间对应关系。

举例：1）中的每个区域建议框是在原始图像/整幅输入图像上产生的。上例中，VGG 网络进行若干次卷积后，得到的特征图尺寸为 14×14，该特征是原始图像尺寸的 1/16。然后，将1）中得到的每个区域建议框也等比例缩放为其原始尺寸的 1/16，然后再投影到2）中的特征图上，得到每个区域建议框在整图特征中的对应子特征，如图 12-2 的第 2 步所示。

4）对步骤3）得到的每个区域建议框在整图特征中的对应子特征，进行感兴趣区域池化操作（ROI Pooling）。这是因为，2000 个区域建议框的尺寸和形状不同，其等比例缩放后投影到整图特征上得到的特征尺寸和形状亦不相同，故需要使用 ROI Pooling 操作，对每个子特征进行池化采样（如 7×7 或其他尺寸的池化采样），以得到相同尺寸的特征，便于后续分类操作（分类网络要求用于分类的特征尺寸相同）。

举例：以 7×7 池化采样为例，先把每个子特征图划分成 7×7 网格，求每个网格（共 49 个网格）中元素的最大值，最后得到 7×7 大小的特征。该采样过程肯定有信息损失。经过 ROI Pooling 操作之后，将每个框对应的 7×7 大小的特征送入分类网络进行目标识别模型训练。也即，2000 个不同形状不同大小的区域建议框，等比例缩放、投影到原图对应的特征图上之后得到的特征，通过 7×7 的 ROI Pooling 操作，强制变换为等大的子特征（都是

7×7的，该特征对应的向量有 49 个元素），送入 R-CNN 分类网络中，训练目标分类模型。另外，Fast R-CNN 还将对区域建议框的位置进行回归学习/微调。

图 12-3a 所示是经过若干次卷积之后得到的一个特征图，大小为 8×8，令图 12-3b 中的红色框是某一个区域建议框（region proposal），其大小为 7×5。对该区域建议框，进行 2×2 ROI Pooling，以得到相同尺寸的采样后的特征（本例中，将得到 2×2 的特征）。图 12-3b 中，由于区域建议框的宽为 7，无法进行平分，最终的划分情况如图 12-3c 所示，将该区域建议框划分为 4 块，对其中每一块寻找其中的最大值，进行 Max Pooling 操作。第一块最大值是 0.85，第二块最大值为 0.84，第三块为 0.97，最后一块为 0.96，输出结果如图 12-3d 所示。

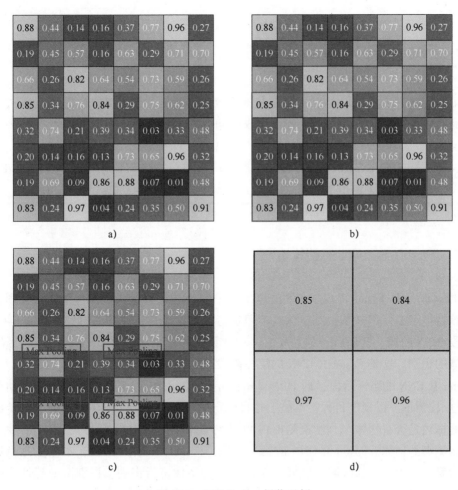

图 12-3　ROI Pooling 操作示例

整体而言，Fast R-CNN 算法与 R-CNN 算法相比，Fast R-CNN 向神经网络中输入的是整幅图像/原始图像，而不像 R-CNN 输入的是将区域建议框中的图像剪裁后得到的子图像。Fast R-CNN 在得到原图上的整体特征后，将传统方法得到的区域建议框等比例缩放、投影到整体特征图中，一次性得到所有区域建议框在整图特征中的子特征图，节约了特征提取的时间。将每幅图像的特征提取次数（送入卷积神经网络中的次数）从 R-CNN 算法的 2000 次变为 Fast R-CNN 算法的 1 次，极大地提升了特征提取的效率。另外，Fast R-CNN 通过设计 ROI Pooling 操作，将不同尺寸不同形状的特征采样缩放为相同尺寸的特征（通过 ROI Pooling）。而 R-CNN 通过对每个剪裁出来的图像执行 Resize 操作，将子图像送入卷积神经网络分别提取特征。两者的相同之处在于：①都是使用传统方法获得初始的区域建议框，②最终都是使用卷积神经网络进行目标分类。

12.3　Faster R-CNN 目标检测算法

Fast R-CNN 相对于 R-CNN，主要是在检测效率方面得到了提高，但是仍未解决区域建议框是通过传统方法而非深度学习方法生成的问题。为了探索该问题，作者进一步提出了 Faster R-CNN，旨在 Fast R-CNN 的基础上，实现基于深度学习的区域建议框生成。因此，Faster R-CNN 是 Fast R-CNN 与基于深度学习的区域建议框生成网络 RPN（Region Proposal Network）的结合。Fast R-CNN 前面章节已经介绍，本节将重点讲解 RPN（Region Proposal Network）。在此之前，先介绍 Faster R-CNN 方法的整体流程。

12.3.1　Faster R-CNN 的整体流程

图 12-4 所示是 Faster R-CNN 算法的整体流程：①先进行卷积操作，生成特征图；②然后，在该特征图上使用 RPN，基于深度学习进行区域建议框的生成。这是 Faster R-CNN 的第一阶段/RPN 阶段。③最后，对生成的区域建议框，使用 Fast R-CNN 网络进行区域建议框内物体的识别。这是 Faster R-CNN 的第二阶段/Fast R-CNN 阶段。

Faster R-CNN 的第一阶段，即 RPN（Region Proposal Network）阶段，旨在自动产生区域建议框/检测框，以锁定目标，本质上是目标定位问题，属于回归学习任务。该步骤需要判定检测框内是否有物体（判断检测框内的图像/物体是前景还是背景），但不需要识别具体是什么类型的物体。Faster R-CNN 的第二阶段，即 Fast R-CNN 阶段，本质上是目标识别问题，对第一阶段锁定的区域（区域建议框）中的图像进行识别，识别区域建议框中的图像/物体具体是什么类别，如飞机、显示器等类别。两个阶段相对独立。

其中，RPN 阶段先在上一步特征的基础上再进行一次 3×3 卷积，如图 12-5 所示。随后设计两个不同的分支：区域建议框的坐标回归分支和二分类分支（判断区域建议框内是

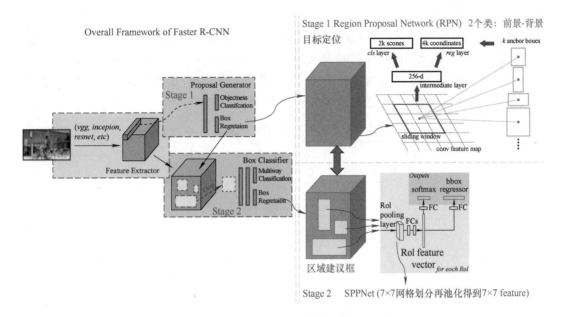

图 12-4　Faster R-CNN 目标检测算法的整体架构

否包含物体，即判断是前景还是背景）。两个分支分别在 3×3 卷积得到的特征的基础上进行 1×1 卷积，卷积核数量分别是 36 和 18，以分别生成尺寸为 14×14×36 和 14×14×18 的特征图。其中，第一个分支通道数为 36（对应的 1×1 卷积的卷积核数量为 36）和第二个分支通道数为 18（对应的 1×1 卷积的卷积核数量为 18）的原因是：进行上述 3×3 卷积时，RPN 在每个滑动窗口的中心位置上，设置 9 种固定尺寸和形状的锚框/参照框，为了表示当前位置上的某个锚框中是否有物体（即计算当前位置上的 9 个锚框中的哪个或哪些锚框与图像中的物体标注框/真实框相交，且对应的 IoU 得分大于设定阈值，如 0.5），Faster R-CNN 用两个类表示，（1 0）编码表示有物体，（0 1）编码表示无物体，因此，每个位置上的 9 个锚框，需要 18 个值（通道）；对于包含物体的锚框，为通过锚框和物体的真实标注框之间的中心点位置关系和大小关系，推断/预测物体的外接矩形框/检测框的实际位置及其宽高，需要使用 4 个变量/值，分别为某个锚框的中心点坐标及其宽和高，故每个锚框需要使用 4 个变量/值，9 个锚框共需 36 个变量。而 14×14 是输出特征图的尺寸，通过对原图的多次卷积＋池化操作得到，此处可理解为对原始图像利用 14×14 的网格进行切分（切分后，每行 14 个图像块，共 14 行）。相当于在每个图像块的中心位置，设置 9 个不同尺寸和形状的锚框，计算每个锚框与该图像上真实物体的标注框是否相交及对应的 IoU 值，IoU 得分超过规定阈值的锚框的对应类别编码置为（1 0）；否则对应编码置为（0 1）。同时，构造区域建议框/检测框的位置坐标，将其转化为真实的物体标注框与区域建议框/检测框的中心点坐标偏移量及对应的宽高比（宽、高的相对值）。该输出特征尺寸（如 14×14，

28×28）可由用户设置，但须构造对应的回归目标/真实目标列向量，供神经网络所用。事实上，输出特征/预测矩阵的形状须根据具体任务和需求确定，基于深度学习进行目标检测时，本质上是穷举地预测图像中的每个区域中是否包含物体，以及物体的形状和大小，而物体的不同形状和大小，可通过9种不同尺寸和形状的参照框/锚框来表示（当然，也可以直接回归物体的中心和宽高参数，像 YOLO V1 那样）。

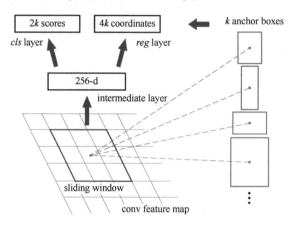

图 12-5　Region Proposal Network（RPN）的算法思想

Faster R-CNN 的第二阶段，即 Fast R-CNN 阶段，本质上是目标识别问题，该阶段已在 12.2 节中描述。此处不再赘述。

12.3.2　Faster R-CNN 的目标矩阵和预测矩阵构造（输入和输出）

目标检测算法与目标识别和图像分割算法在技术实现方面的主要区别在于：①目标检测算法需要输出的变量/元素更多，需要生成指定形状（变量数量）的预测矩阵。图像分类是一幅图像输出一个一维向量（One-Hot 编码的形状）；图像语义分割是对图像中的每个像素预测该像素所述的物体类别，是一个二维矩阵，而目标检测需要在每个图像块上预测物体的外接框/区域建议框的四个或两个对角顶点的坐标/或中心点坐标及其宽高，以及框内的物体类别（也即，在目标检测中，一个图像块便对应一个一维向量输出）。由于每个图像有多个图像块，对应的预测矩阵便是一个多维矩阵。②确定了预测矩阵的形状和大小后，还需要准备/计算对应的真实矩阵/目标矩阵，这样神经网络才能进行误差计算和权值更新。

RPN 阶段的目标矩阵和预测矩阵的构造方法及两者间的损失计算方法具体如下：

（1）RPN 阶段的目标矩阵构造　利用虚拟网格对输入图像进行划分，如 14×14，28×28。按照从左到右、从上到下的顺序，对每个图像块（图像单元），在该图像块的中心上，放置9种不同大小和形状的参照框/锚框，并计算这9个参照框是否与图像上的物体的真实标注框相交且对应的 IoU 得分大于阈值（如 0.5）。若是，则用（1,0）表示该锚框对应的图像是前景/物体；否则，用（0,1）表示该锚框对应的图像是背景（无物体）。同时，若该图像块包括了前景/物体，为了表示物体的形状和尺寸，须使用真实物体和参照框的中心坐标偏移值及宽高比（宽、高的相对值）来表达，具体而言，计算真实物体中心的坐标与参照框中心的坐标（也是图像块中心的坐标）之间的偏移量，以及真实物体的宽/高和参照框的宽/高之比（宽、高的相对值）。相关公式如式（12-1）~式（12-4）所示。

上述操作结束后，每个图像块（共有 14×14 个，或 28×28 个这样的图像块）均对应 9 种锚框/参照框，而每个参照框对应 4 个表示真实标注框的位置和宽、高相对值的变量，以及 2 个表示区域建议框内的图像/物体是否是背景或前景的类别编码，共计 6 个变量，记作 $(x_t, y_t, w_t, h_t, 1, 0)$ 或 $(x_t, y_t, w_t, h_t, 0, 1)$。最终，每个图像块将对应 54（$9 \times 6 = 54$）个需要进行回归学习的变量，其中 36 个变量为区域建议框回归学习所需，18 个变量为框内图像/物体分类所需。

（2）RPN 阶段的预测/输出矩阵构造　目标检测预测矩阵的特征图尺寸与（1）RPN 阶段的目标矩阵构造阶段对图像划分的虚拟网格单元的形状/图像块的数量相同，如 14×14、28×28，这是在输出矩阵和真实矩阵之间进行预测误差/损失计算的要求（否则，无法计算对应的损失），而目标检测预测矩阵的通道数量与（1）RPN 阶段的目标矩阵构造阶段在每个图像块上放置的锚框/参照数量及每个锚框所需的变量数量有关。根据前述分析，RPN 阶段使用了不同形状和大小的锚框，而每个锚框需要 4 个变量/元素表示物体的外接框，还需要使用 2 个变量/元素表示框内物体是否为前景或背景，一共需要 $9 \times (4 + 2) = 54$ 个变量/元素。因此，目标检测预测矩阵的输出向量的通道数量是 54。目标检测预测矩阵的最终形状是 $14 \times 14 \times 54$（或 $28 \times 28 \times 54$），只需要通过若干卷积操作，构造出来该形状的输出矩阵即可。譬如，输入图像的尺寸是 448×448 像素，则只需要进行五次卷积 + 池化操作，就能得到尺寸为 14×14 的特征图，再进行一次 1×1 卷积且卷积核数量为 54，便可得到形状为 $14 \times 14 \times 54$ 的特征图/预测矩阵。

注：RPN 阶段的输出也可分开为两部分，即 $14 \times 14 \times 36$ 和 $14 \times 14 \times 18$，分别表示预测框的位置坐标和尺寸大小（准确地说，是预测框的中心点坐标及宽高），以及预测框内图像是物体或背景的概率（二分类）。两部分预测矩阵不管是合在一起还是分开，都可以。

（3）RPN 阶段的损失计算　有了（1）中的目标矩阵和（2）中的预测矩阵，两者形状完全相同，神经网络就可以计算对应的损失了。对于预测框的位置坐标部分（预测框的中心点坐标及宽高），属于回归问题，可使用 Smooth L_1 损失或 L_2 损失计算该部分的损失；对于预测框中图像类别（属于前景和背景）的问题，属于分类问题，可以使用 BCE 损失或交叉熵损失，计算该部分对应的损失。最后，将两部分损失进行相加，或加权相加，得到总损失。然后，神经网络便可进行误差回传和权值更新。

RPN 阶段旨在利用深度学习方法产生预测框，以定位物体、锁定物体，这是 RPN 的本质任务。然后，再将 RPN 产生的预测框送入 Fast R-CNN 算法，主要是对预测框内的图像/物体进行分类，该算法前面已经介绍。

12.3.3 Faster R-CNN 的参照框设置

Anchor Box 中文翻译为参照框/锚框，旨在表示常见的物体形状和尺寸。有关锚框形状，Faster R-CNN 认为三种最常见的物体形状是横状、竖状和正方形，即宽高比为 2∶1 的长方形，宽高比为 1∶2 的长方形及宽高比为 1∶1 的正方形。有关锚框尺寸，Faster R-CNN 使用较大的（宽为 512）、中等的（宽为 256）和较小的锚框（宽为 128）。不同形状和尺寸组合后，便得到 9 种不同尺寸或形状的锚框，如图 12-6 所示。这些锚框大小和形状在目标检测过程中将是固定不变的，但将放置在不同的图像块上或特征图的不同位置上。

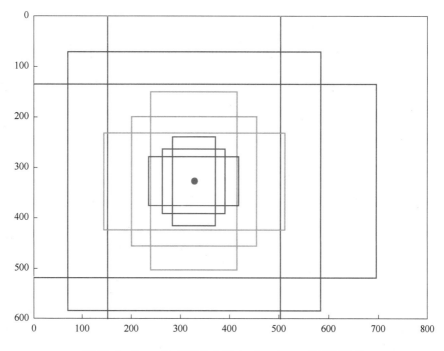

图 12-6　Faster R-CNN 的 9 种 Anchor Boxes/参照框设置

在图像或特征某个位置上的 9 个锚框，都会与图像上的真实标注框进行 IoU 计算，与某个真实标注框相交且 IoU 值大于阈值（如 0.5 或 0.7）的某个锚框，对应的类别编码将置为（1,0），同时还将计算物体的真实标注框与对应锚框的中心坐标位置偏移量及真实标注框的宽/高与锚框宽/高的尺寸比值，得到 4 个值，进行回归学习，用于预测目标的位置/形成区域建议框。

12.3.4　Faster R-CNN 的标注框预处理

目标检测的训练数据，主要是区域建议框/检测框的顶点坐标及框内物体类别的标注。检测框主要有两种数据表示方法，分别是（矩形框的中心点坐标、宽、高）的表示方法和（矩形框的左上顶点坐标和右下顶点坐标）的表示方法，如图 12-7 所示。图中的"12"表示物体的类别，后面 0.223 和 0.356 表示检测框的中心点坐标归一化后的值（即中心点的绝对坐标值分别除以图像的宽和高）；0.18 和 0.15 表示的是检测框的绝对的宽和高值与原图的宽和高之比，得到宽、高的相对值。基于此种方法制作训练数据，在 Fast R-CNN 阶段将真实物体的标注框从原图投影到卷积后的特征图上时，可直接使用该表示形式，即（12, 0.223,0.356,0.18,0.15）。

制作后的GT数据标注格式（/w, /h）

类别	中心点坐标xy		宽	高
12	0.223	0.356	0.18	0.15
15	0.523	0.562	0.4	0.36

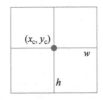

图 12-7　目标检测所需的训练数据的表示形式

注：类别表示某个标注框中的物体类别；中心点坐标 xy 表示物体中心在单元格中的相对位置（即物体中心点在该单元格内，相对于该单元格的左上顶点的位置，记作 (x_c, y_c)）；/w 表示物体的真实宽度除以锚框/参照框的宽度；/h 表示物体的真实高度除以锚框/参照框的高度。

12.3.5　Faster R-CNN 的区域建议框回归学习设置

目标检测算法通过神经网络进行检测框/区域建议框的回归学习，学习区域建议框的中心点坐标及其宽、高的相对值。但 Faster R-CNN 并没有直接回归学习检测框/区域建议框的中心点坐标及其宽、高的相对值，而是对标注框/目标框与参照框的中心点坐标偏移值及其宽高比例关系进行学习。令某个物体的真实标注框为 gt，所使用的参照框/锚框为 anchor，两者之间的坐标中心偏移值和宽高比例关系 dx、dy、dw 和 dh 的回归学习设置如下：

$$dx = (gt\_x - anchor\_x)/anchor\_width \tag{12-1}$$

$$dy = (gt\_y - anchor\_y)/anchor\_height \tag{12-2}$$

$$dw = \log(gt\_width/anchor\_width) \tag{12-3}$$

$$dh = \log(gt\_height/anchor\_height) \tag{12-4}$$

177

偏移值 dx 和 dy 的计算是真实标注框的中心点坐标减去参照框/Anchor Box 中心点的坐标，再除以 Anchor Box 的宽/高。dw 和 dh 分别是两者的宽度之比和高度之比。dx、dy、dw 和 dh 便是神经网络（RPN 区域建议网络）在训练阶段的回归学习目标。

在预测阶段，输出预测框时，需要将 dx、dy、dw 和 dh 恢复为检测框/预测框/区域建议框的物理尺寸和大小，具体公式如下：

$$\text{pre\_x} = \text{anchor\_x} + dx \times \text{anchor\_width} \tag{12-5}$$

$$\text{pre\_y} = \text{anchor\_y} + dy \times \text{anchor\_height} \tag{12-6}$$

$$\text{pre\_width} = \text{anchor\_width} \times e^{dw} \tag{12-7}$$

$$\text{pre\_height} = \text{anchor\_height} \times e^{dh} \tag{12-8}$$

综上，在训练阶段偏移值（和宽高比）的学习使用式（12-1）~式（12-4）；在预测阶段输出预测框时使用式（12-5）~式（12-8）。后者是前者的逆过程。

除了 dx、dy、dw 和 dh 的回归学习任务外，还有表示检测框/预测框/区域建议框内是否有物体的背景/前景分类任务，也需要进行学习（分类学习任务）。

12.3.6 Faster R-CNN 的神经网络结构

Faster R-CNN 目标检测算法的神经网络结构如图 12-8 所示。对一幅原始图像，先通过骨干网络（如 VGG、ResNet）提取特征，得到的特征尺寸为 14×14 或 28×28，然后使用 RPN 子网络，该子网络先在上述特征图的基础上进行一次 3×3 卷积，然后进行 1×1 卷积，卷积核数量为 54，最终得到形状为 14×14×56 的预测矩阵，即为该子网络的输出。也可以将该 14×14×56 的预测矩阵分为两个矩阵，对应两个分支，第一个分支先使用 18 个 1×1 的卷积核进行卷积，输出形状为 14×14×18 的矩阵/特征；第二个分支使用 36 个 1×1 的卷积核进行卷积，输出形状为 14×14×36 的矩阵/特征。这便是 Faster R-CNN 的预测矩阵，而其对应的目标矩阵（及预测矩阵）的构造方法已在前文陈述。

Fast R-CNN 子网络的输入是 RPN 阶段产生的检测框/区域建议框，以及真实的物体标注框。如前文所述，Fast R-CNN 将区域建议框等比例投影到原图通过骨干网络得到的特征图上，再对投影到特征图上的每个区域建议框中的子特征进行 ROI Pooling（感兴趣区域池化操作），强制将不同形状和大小的区域建议框中的子特征图变成同等尺寸的特征，如 7×7，14×14，后面再接上简单的分类头，如包含两个全连接层（也可通过 1×1 卷积替代）FC1 和 FC2，以及最终的输出层 FC3（目标识别问题），譬如 VOC 数据集是 20 个类，加上背景类一共有 21 个类，则输出层神经元的数量为 21。另外，Fast R-CNN 子网络还有一个区域建议框位置微调模块 FC4（对区域建议框进行回归学习，含区域建议框的中心点坐标及其宽、高值）。如此，通过多任务学习的方式，Fast R-CNN 子网络对每个区域建议框中的子特征进行识别，并微调区域建议框的位置和尺寸。

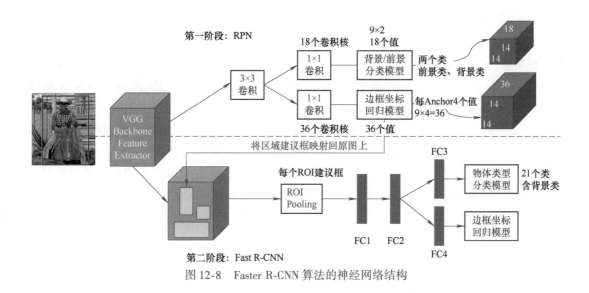

图 12-8　Faster R-CNN 算法的神经网络结构

12. 3. 7　Faster R-CNN 所使用的损失函数

目标检测涉及检测框/区域建议框的中心点坐标和宽、高相对值的回归，以及检测框内图像/物体的分类问题，分别属于回归问题和分类问题，可分别使用对应的损失函数。对回归问题，即 dx、dy、dw 和 dh 的学习方面，Faster R-CNN 算法/RPN 算法可使用 Smooth L_1 损失，具体为

$$
\left.
\begin{aligned}
\text{Loss2} &= \sum_{i \in \{x,y,w,h\}}^{n} \text{Smooth}_{L_1}(v_i - v_{\hat{i}}) \\
\text{Smooth}_{L_1}(x) &= \begin{cases} 0.5\,x^2, & |x| \leq 1 \\ |x| - 0.5, & \text{其他} \end{cases}
\end{aligned}
\right\}
\tag{12-9}
$$

对分类问题，即检测框/区域建议框内的图像/物体的分类问题，可使用交叉熵损失或 BCE 损失（区分框内图像是前景/背景的情形）。

注：目标检测算法在检测框（中心点坐标及宽高）的回归学习方面，可用损失函数很少，主要是 Smooth L_1 损失和 L_2 损失。这不同于分类损失，可用的损失函数较多，如交叉熵损失、Focal Loss（最早用于目标检测，有利于处理前景/背景样本量不均衡的问题）等。

12. 3. 8　Faster R-CNN 的整体训练流程及实现细节

Faster R-CNN 包括 RPN 网络和 Fast R-CNN 网络两部分，分别用于区域建议框/检测框的生成及框内物体/图像的识别。

1. RPN 网络的训练过程与实现细节

在实现时，RPN 对输入图像，先送入某种骨干网络，如 VGG backbone，进行卷积，提取整图特征，假定其尺寸为 14×14；再进行一次 3×3 卷积，记作 Conv1；然后，在 Conv1 的基础上，再进行一次 1×1 卷积，卷积核的数量为 54，最后得到形状为 14×14×54 的特征图/预测矩阵。或者，在 Conv1 的基础上，设计两个分支，第 1 个分支是分类分支，在 Conv1 的基础上进行 1×1 卷积，卷积核数量为 18，以区分检测框/区域建议框内的图像/物体为前景还是背景，该分支最后将得到一个形状为 14×14×18 的特征图/预测矩阵；第 2 个分支是回归分支，在 Conv1 的基础上进行 1×1 卷积，卷积核数量为 36，对每个参照框对应的 dx、dy、dw 和 dh 进行回归学习，该分支最后将得到一个形状为 14×14×36 的特征图/预测矩阵。

RPN 算法的伪代码如下：

```
1：X = VGG (Conv5_3)        #VGG 主干网络的最后一个卷积层
2：X = Conv2D (256, 256, 3*3)    #接上一个 3×3 卷积，Conv1
3：cls = Conv2D (X, 9*2, 1×1)    #前景/背景的分类分支
4：reg = Conv2D (X, 9*4, 1×1)    #检测框/区域建议框的回归分支
```

构造了上述形状的预测矩阵后，结合目标矩阵，可以计算对应的损失。其损失函数包括两部分，一个是二分类损失，一个是坐标偏移值及宽、高相对值的预测损失。相关损失函数的介绍已在 12.3.7 节给出。

在 RPN 阶段，每幅图像得到约 2000 个区域建议框，从中选择 128 个前景框和 128 个背景框，进行损失计算和误差回传。此过程涉及正负样本的挑选，预测框和真实框的 IoU 必须大于或等于 0.7 才认为是正样本，选择满足该条件的 128 个正样本。对于负样本的挑选，选择 IoU 值大于或等于 0 且小于 0.3 的作为负样本。而 IoU 值为 0.3~0.7 之间的预测框一概不用。正负样本的数量比例控制在 1∶1。

RPN 训练结束后，在测试阶段，对一幅新图像，RPN 会产生大量的预测框/区域建议框，结合置信度和 NMS 操作对这些候选的区域建议框进行筛选。对于剩余的区域建议框，每幅图像挑选前 300 个或前 100 个预测框/区域建议框送入 Fast R-CNN 阶段。

2. Fast R-CNN 网络的训练过程与实现细节

RPN 阶段训练结束之后，进入 Fast R-CNN 阶段，如图 12-9 所示。Fast R-CNN 阶段要对区域建议框中的物体/图像进行识别，识别建议框中的物体/图像属于哪一类（多分类问题）。该阶段同时对区域建议框进行微调，如图 12-10 所示。

Fast R-CNN 进行训练时，输入 RPN 阶段生成的区域建议框，以及当前图像对应的真实标注框，输出是每一个区域建议框中的物体类别，以及微调后的区域建议框（区域建议框的中心坐标及大小）。挑选正负样本时，预测框与标注框的 IoU 得分大于或等于 0.5 的选作

正样本，IoU 得分在 0.1～0.5 之间的选为负样本，且正负样本的比例控制在 1：3。

在 Fast R-CNN 阶段，已经没有 Anchor Box（锚框/参照框）的设置，只有预测框和真实标注框。预测框经过 ROI Pooling 后，得到统一尺寸的特征，送到分类头，进行子特征分类。ROI Pooling 的原理和相关介绍，已在 12.2 节中给出。

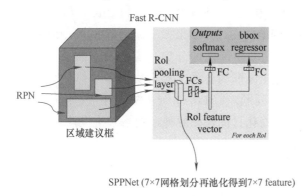

图 12-9　Fast R-CNN 的神经网络结构　　　　图 12-10　区域建议框微调示例

12.3.9　总结

1）RPN 算法的关键和难点在于目标矩阵的设计和构造。在 Faster R-CNN 目标检测算法的 RPN 阶段，为了生成区域建议框/检测框，在神经网络结构层面，可通过若干卷积操作，生成（捏成）指定形状的预测矩阵/特征矩阵，如 $14 \times 14 \times 54$ 的预测矩阵/特征矩阵，这个很容易实现。输入图像中的每个图像块均对应预测矩阵中的一个向量（含检测框的中心点坐标和宽高，以及框内物体是前景/背景的编码，如（1,0）和（0,1））。为了计算误差，还必须设计、构造输入图像上的真实矩阵/目标矩阵，形状亦为 $14 \times 14 \times 54$ 的矩阵。为了准备该矩阵，将图像按 14×14 进行划分，并按照从上到下、从左到右的顺序，以每个图像块的中心为中心，在每个图像块上放置 9 种不同形状和大小的锚/参照框，计算当前位置上的 9 个参照框与哪些真实的标注框相交且对应的 IoU 得分大于指定阈值，然后，按照式（12-1）～式（12-4），计算每个参照框相较于某个真实的物体标注框的坐标中心点的偏移值和宽、高的相对值，并构造表示检测框中物体为前景还是背景的编码，如（1,0）和（0,1），如此，当前位置（当前图像块）对应一个由 $9 \times 6 = 54$ 个真实值/元素组成的向量。以上是 RPN 算法的关键之处。一旦有了目标矩阵和预测矩阵，设计或利用现有损失函数，便可以计算误差，神经网络便可以自动更新权值、进行优化，使预测矩阵越来越接近目标矩阵。

2）Faster R-CNN 与 Fast R-CNN 的不同之处。Faster R-CNN 与 Fast R-CNN 相比，多了 RPN 阶段/网络，用深度学习方法完成区域建议框的自动生成，不再使用传统的手工特征方法。RPN 网络本质上用 9 种不同尺度和形状的参照框在原图或原图对应的特征上进行穷尽式滑动，每个滑动位置上，均计算这 9 个参照框在当前位置上是否与某个真实的物体标注框相交且 IoU 得分大于 0.5，以覆盖图像中出现的每个物体，召回率较高，但也产生了大量的无关检测框，使得精度较低。整体而言，RPN 阶段就是目标定位，产生候选的区域建议框；而 Faster R-CNN 的第二阶段即 Fast R-CNN，主要目标进行区域建议框内的物体/特征分类。

3）Faster R-CNN 的不足之处。如果了解了从 R-CNN、Fast R-CNN 到 Faster R-CNN 的发展历程，我们就能够自然地接受 Faster R-CNN 的架构设计。如果孤立地理解 Faster R-CNN，可能会感觉存在冗余：第一个阶段 RPN 网络有区域建议框的分类（二分类，前景/背景）和回归任务；第二个阶段 Fast R-CNN 仍有区域建议框的分类（多分类，即具体是哪个类别）和回归任务，显得冗余繁杂。为了克服这些问题，YOLO v1 等算法设计了单阶段回归学习的网络架构，同时进行目标检测与识别，以简化目标检测的神经网络架构设计和学习、训练过程。

12.4 Mask R-CNN 目标检测/图像分割算法

Mask R-CNN 是对 Faster R-CNN 算法的改进，同时适用于目标检测和图像分割任务。与 Faster R-CNN 相比，Mask R-CNN 的主要改进在于：①在 Fast R-CNN 子网络中，增加了一个 Mask 分支，输出形状为 $14 \times 14 \times 80$ 的特征/预测矩阵，用于检测框中的物体分割；②改进了 Fast R-CNN 子网络中的 ROI Pooling（感兴趣区域池化）操作，设计了更优的 ROI Align（感兴趣区域对齐）算法。总之，Mask R-CNN 相较于 Faster R-CNN，主要是改进了 Fast R-CNN子网络：一是改进了其神经网络结构——增加了一个 Mask 分支；二是优化了所需的感兴趣区域池化操作，用于更加准确地识别区域建议框/检测框中的物体类别。

1）在神经网络结构层面，Mask R-CNN 在 Faster R-CNN 的第二个阶段即 Fast R-CNN 子网络中增加了一个 Mask 分支。如图 12-11 所示，该子网络原有两个分支，一个预测物体的类别（class），另一个对检测框/区域建议框进行回归（box）。在此基础上，Mask R-CNN 增加了第 3 个分支：掩码分支/Mask 分支。Mask 分支也是一个普通的卷积神经网络，该分支先进行 1×1 卷积（或 3×3 卷积），卷积核数量为 256，得到 $14 \times 14 \times 256$ 的特征/预测矩阵；然后再进行一次 1×1 卷积（或 3×3 卷积），卷积核数量为 80，得到 $14 \times 14 \times 80$ 的特征图。如果有 80 个类，输出的特征/预测矩阵有 80 个通道，一种物体类型对应一个通道。这是检测框/区域建议框内图像的实例分割所需。

2）还有一个变化是 Faster R-CNN 用的是 ROI Pooling，而 Mask R-CNN 用的是 ROI Align（感兴趣区域对齐），ROI Align 相较于 ROI Pooling，效果更优，有利于解决标注框等比例投影到卷积后的特征图中时，因整除等因素带来的真实标注框在特征图上的位置漂移问题。12.4.2 节将详细介绍 ROI Align 的原理。

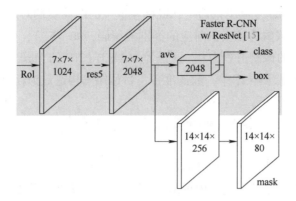

图 12-11　Mask R-CNN 的神经网络结构

12.4.1　像素级标注数据准备

图 12-12 所示是 MS COCO 数据集中的一个图像。用逐像素点标注的方法，将原图中的每一个物体对应的像素点标注出来。像素级的标注与检测框不同，因为像素级的标注只有物体本身、没有背景；而检测框除了包含物体本身之外，还有背景，比如图中的树叶、草丛等。像素级标注的成本非常昂贵，只有 MS COCO 等数据集才拥有这样的像素级标注。

如果用一个通道表示某类物体的像素级标注，如图 12-12中的两只长颈鹿，属于同类物体，则可以使用一个通道的掩码矩阵表示。属于长颈鹿的像素值/元素值置为 1，该通道的其他像素值置为 0。希望通过学习神经网络，能够自动地把属于某类物体的像素点准确预测出来。

在每个通道上，都会预测各个像素属于该通道对应的类别的概率，概率值范围在 0 到 1 之间。每个像素的预测值都进行 Sigmoid 激活变换，保证激活后的值在 0 ~ 1 之间，再与该像素点的真实标注值对应起来，每一个像素点的损失计算采用 BCE 损失函数或 Dice 损失函数（Dice 损失基于矩阵运算，在前面损失函数章节已经讲解）。MS COCO 数据集一共有 80 个类，每个通道分别计算损失，最后求所有通道上的损失之和，或其平均值。

图 12-12　像素级标注的图像数据

在 Mask R-CNN 中，需要对真实标注框中的像素进行掩码标注。这是 Mask R-CNN 的 Mask 分支/掩码分支学习所需。例如，MS COCO 数据集已经对图像中的每个实例进行了像素级标注，在此基础上，若要构造某个标注框内的真实掩码矩阵，可在原图上，将每个标注框中的像素级标注剪裁/复制出来即可；或标注框中的图像实例对应的像素标注值保持不变（如像素值置为1，或置为该实例对应的类别的编码，如"5"），而标注框中的背景区域（非图像实例的区域）的像素值置为0。这是为 Mask R-CNN 的 Mask 分支/掩码分支学习进行的数据准备。在目标检测技术中，数据准备、目标矩阵构造最为耗时，也最为关键。

12.4.2　ROI Align 池化技术/采样技术

在检测框中的物体识别问题中，Faster/Fast R-CNN 采用 ROI Pooling（感兴趣区域池化操作），而 Mask R-CNN 将其升级为 ROI Align（感兴趣区域对齐操作）。ROI Pooling 技术需要升级的原因主要有两个：第一个原因是标注框从原图映射到特征图中时，可能会因整除产生偏差。物体标注是在原图上进行的，但感兴趣区域池化操作使用的是卷积后的特征图。假定卷积后的特征图尺寸变为原图的 1/16，如果一个标注框的左上顶点的水平坐标值在原图中是17，等比例投影到卷积后的特征图中时，标注框的左上顶点的水平坐标的真实值应为 17/16 = 1.0625，该值可能会四舍五入变成1，产生误差。第二个原因是 ROI Pooling 操作自身的原因。如果划分的区域不能被 7×7（或 14×14）整除，就会导致区域划分不均的问题。以上两个原因导致标注框投影到特征图中时，存在标注框的真实位置和投影特征图中的位置之间发生漂移的情况，故 Mask R-CNN 设计了 ROI Align 技术解决该漂移问题。

假定图 12-13a 所示是一个经过若干次卷积之后得到的 8×8 尺寸的特征图，图中红框中的蓝色区域是标注框从原图投影到卷积后的特征图所对应的区域。红框左下顶点的坐标值为（0.2,7.8），0.2 代表该点的水平坐标值，7.8 代表该点的竖直坐标值。类似地，红框左上顶点的坐标值为（0.2,2.8）。首先对该区域进行 2×2 划分（本例的目标是进行 2×2 感兴趣区域池化），划分后如图 12-13b 所示，对该区域平均切分。

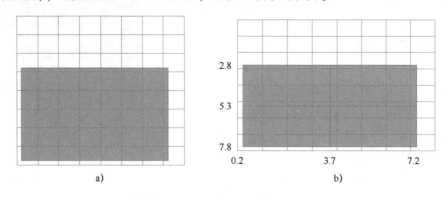

图 12-13　ROI Align 过程（1）

紧接着，ROI Align 技术又使用黄色网格，把每个 1/4 区域再分为 4 块，分别求这 4 块的中心点的特征值，如图12-14所示。可以看到图中的黄色网格与特征图的蓝色网格有一定偏移。通过计算可得，黄色网格的中心点坐标为（4.05,1.95）。下面需要计算每个黄色单元格的中心点坐标值（及对应的特征值），第一个黄色单元格的中心点如图12-15a中的红色中心点所示。该红色中心点的坐标值为（1.075,3.925），下面需要计算该坐标点对应的特征值。这个红色中心点位于第4行、第2列的网格单元中，红色中心点距离该网格单元左上顶点的相对坐标位置为（0.075,0.925）。假定对应的特征值如图12-15b所示，该网格对应的四个顶点的特征值分别为0.34、0.76、0.21、0.74（顺时针方向），基于双线性插值法，根据该网格的四个顶点的特征值，计算红色中心点对应的特征值，具体方法有如下两种：

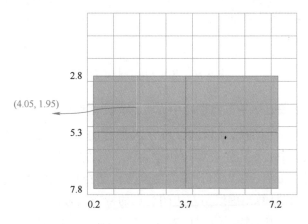

图 12-14　ROI Align 过程（2）

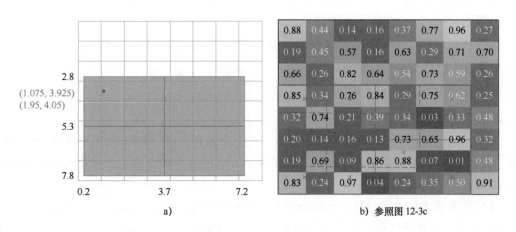

a)　　　　　　　　　　　　　　　b) 参照图 12-3c

图 12-15　ROI Align 过程（3）

1. ROI Align 按照竖直方向进行中心点的特征值计算

对这个红色中心点求垂线，如图12-16a中的虚线表示。该垂线与网格上面水平线和下面水平线有两个交点，分别计算两个交点的值。已知图 12-16a 上边两个顶点的特征值分别为 0.34、0.76，计算该条线段与垂线的交点的特征值。由于红色中心点到网格左边距离为 0.075，所以可以计算垂线与上边的交点的特征值为 $0.76 \times 0.075 + 0.34 \times 0.925 = 0.3715$。同理，计算垂线与下边的交点的特征值为 $0.74 \times 0.925 + 0.21 \times 0.075 = 0.70025$。有了这两个交点的特征值之后，采用同样的线性插值法，计算红色中心点的特征值为 $0.70025 \times 0.925 + 0.3715 \times 0.075 = 0.67559375$。

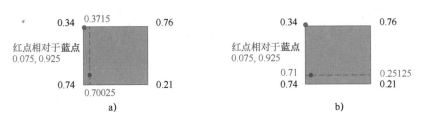

图 12-16　ROI Align 过程（4）

2. ROI Align 技术按照水平方向进行中心点的特征值计算

与竖直方向计算特征值的原理相同，再在水平方向上计算红色中心点的特征值。如图 12-16b 所示，由红色中心点向左右两边作垂直线，与左右两边分别交于一点。已知图左边两个端点的值分别为 0.34，0.74，计算左侧交点的特征值。由于红色中心点到网格上边距离为 0.925，所以可以计算出虚线与左边的交点的特征值 $0.74 \times 0.925 + 0.34 \times 0.075 = 0.71$。同理，计算右边交点的特征值为 $0.76 \times 0.075 + 0.21 \times 0.925 = 0.25125$。有了这两个交点的特征值后，同样利用线性插值法，计算红色中心点的特征值为 $0.71 \times 0.925 + 0.25125 \times 0.075 = 0.67559375$。

因此，利用双线性插值计算某个划分区域的中心点的特征值，不管是按照水平方向，还是竖直方向，得到的特征值相同，均为 0.67559375。

3. 推导与证明

事实上，由如下定理和推导可以证明上述结论。

定理：给定一个网格单元及待估算特征值的某个采样点/区域中心点在该网格单元中的相对坐标，那么，无论是按照竖直方向还是水平方向进行双线性插值，最终得到的采样点特征值均相同。证明过程如下：

（1）按竖直方向进行计算　令四个顶点的特征值分别是 a_1, a_2, a_3, a_4（顺时针），该采样点/区域中心点在网格单元中的相对位置为 x, y（代表采样点/区域中心点距离所在网格单元的左上顶点的相对距离）。

上面的交点的（特征）值：$u_1 = (a_2 - a_1) \times x + a_1 = a_1 \times (1-x) + a_2 \times x$

下面的交点的（特征）值：$u_2 = a_4 \times (1-x) + a_3 \times x$

最后，根据 u_1 和 u_2，计算中心点 u 的特征值：

$$u = u_1 \times (1-y) + u_2 \times y$$
$$= a_1 \times (1-x) \times (1-y) + a_2 \times x \times (1-y) + a_3 \times x \times y + a_4 \times (1-x) \times y$$

（2）按水平方向进行计算　四个顶点的特征值分别是 a_1, a_2, a_3, a_4（顺时针），该采样点在网格中的相对位置是 x, y，故用线性插值法可得

左侧的点的值：$h_1 = a_1 \times (1-y) + a_4 \times y$

右侧的点的值：$h_2 = a_2 \times (1-y) + a_3 \times y$

最后，再求一下根据 h_1 和 h_2 计算中心点 h 的特征值：

$$h = h_1 \times (1-x) + h_2 \times x$$
$$= a_1 \times (1-y) \times (1-x) + a_4 \times y \times (1-x) + a_2 \times (1-y) \times x + a_3 \times y \times x$$
$$= a_1 \times (1-x) \times (1-y) + a_2 \times x \times (1-y) + a_3 \times x \times y + a_4 \times (1-x) \times y$$

经过上述推导，我们发现，$h = u$。因此，无论是按竖直方向还是按照水平方向求解双线性插值，计算得到的采样点/区域中心点的特征值的结果都是一样的。

上面举例阐述了 2×2 的 ROI Align 的第一个 1/4 区域再划分为 4 块黄色网格区域，其中第二个黄色网格区域的中心点的特征值计算方法。第一个 1/4 区域的其余 3 块/划分区域中的中心点，可用相同的方法求得其特征值，最后，求 4 块黄色网格区域的中心点的特征值的最大值，如此便完成了第一个 1/4 区域的 ROI Align 操作，得到一个特征值。类似地，可以进行其他三个 1/4 区域的 ROI Align 操作，得到对应的特征值。最后，每个不同尺寸和大小的检测框/标注框通过该 2×2 的 ROI Align 操作，将得到 $2 \times 2 = 4$ 个特征值，然后送入 Fast R-CNN 的分类头进行分类。

综上，ROI Align 的主要流程是：先利用 7×7 或 14×14 等尺度的网格，对区域建议框进行均匀切分；对每个网格单元，将其进一步划分为四块等大的子区域，然后分别求每个子区域的中心点的坐标及特征值（利用双线性插值法），最后求这四个子区域的中心点的特征值的最大值，即为该网格单元的特征值。类似地，求其他网格单元的特征值。每个区域建议框将得到共计 7×7 个或 14×14 个特征值，送入 Fast R-CNN 的分类头进行分类。

有了 ROI Align 池化技术/采样技术，便可对某个区域建议框/标注框投影到特征图上的区域进行池化操作。首先，利用 7×7 或 14×14 的网格，对区域建议框/标注框内的特征进行平均划分。然后，利用 ROI Align 技术，对每个网格单元/单元格再进行 2×2 切分（该切分将得到 4 个区域），求每个区域的中心点的特征值及其最大值，作为该网格单元的最终特征值。类似地，可求得其他网格单元的特征值。如此，不同形状和尺寸的标注框/区域建议框将通过该 ROI Align 池化操作，得到等大的特征图，供 Fast R-CNN 子网络中的分类网络及回归网络使用。需要说明的是：特征图通常为多维矩阵，故每个通道可分别进行 ROI Align 池化操作，不同通道池化后的特征，将组成最终池化后的多维特征矩阵。

12.4.3　FPN 技术

Mask R-CNN 除了 ROI Align 技术，还应用特征金字塔/FPN（Feature Pyramid Networks）技术。该技术的大概思想：一个图像经过多层卷积，卷积次数越多特征图尺寸越小。早期的卷积操作得到的特征图一般尺寸比较大，但特征比较弱。随着后续卷积的进行，特征不断变强，而特征图的尺寸不断变小。因此，深层卷积得到低分辨率（小尺寸）、强特征的特征图，浅层卷积得到高分辨率（大尺寸）、弱特征的特征图。而理想的特征是高分辨率、强特征。

如图 12-17 所示，左边是正常的卷积操作，右边先将第五层 Conv5 的特征进行二倍上采样，变成与 Conv4 的尺寸相同，然后将 Conv5 二倍上采样后的特征图与 Conv4 直接相加融合，得到新的第 4 层的特征。再将该特征进行二倍上采样，并与 Conv3 的特征相加融合，得到新的 Conv3 的特征。经过 FPN 操作后，神经网络的性能得到一定提高。如今，FPN 已是深度学习最为常用的性能提升手段（trick）之一。

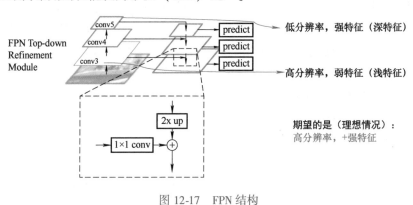

图 12-17　FPN 结构

12.4.4　总结

与 Faster R-CNN 相比，Mask R-CNN 增加了一个 Mask 分支，用于检测框内的物体分割，但需要对应的像素级标注数据。Mask 分支中每一个通道预测一种类型的物体。Mask R-CNN 第 2 个阶段，即 Fast R-CNN 阶段需要使用相同尺寸的特征方能进行分类，故需要对不同尺寸和形状的检测框中的特征进行池化操作，Mask R-CNN 为此设计了 ROI Align 池化技术，通过该池化操作，得到 7×7，或 14×14，或 28×28 的等大特征图，送入 Mask/Fast R-CNN 后续的物体分类等模块。

Mask R-CNN 算法的创新之处在于可以利用 Faster R-CNN 目标检测网络进行实例分割，

而且掩码分支的每个类别占一个通道的设计思想也激发了很多研究人员的灵感。例如，在 Mask R-CNN 算法的基础上，研究人员很快便提出了 Mask TextSpotter 算法，用于文本定位和字符识别［在掩码分支中，每个/每种英文字母（字符）占一个通道］任务，发表在 ECCV 2018 上。之后该团队又将该算法不断迭代，推出了性能更优的 Mask TextSpotter v3 算法，并发表在人工智能领域顶刊 TPAMI 上，具有更好的文字检测和识别性能。

本章参考文献

［1］ REN S Q, HE K M, GIRSHICK R B, et al. Faster R-CNN：Towards Real-Time Object Detection with Region Proposal Networks ［C］//Annual Conference on Neural Information Processing Systems （NeurIPS）. Cambridge：MIT Press, 2015：91-99.

［2］ HE K M, GKIOXARI G, DOLLÁR P, et al. Mask R-CNN ［C］//IEEE Transactions on Pattern Analysis and Machine Intelligence （TPAMI）. Piscataway：IEEE, 2020, 42 （2）：386-397.

［3］ GIRSHICK R B. Fast R-CNN ［C］//International Conference on Computer Vision （ICCV）. Piscataway：IEEE, 2015：1440-1448.

［4］ ZOU Z X, CHEN K Y, SHI Z W, et al. Object Detection in 20 Years：A Survey ［J］. Proceedings of the IEEE, 2023, 111 （3）：257-276.

第 13 章

基于深度学习的图像分割技术

本章主要内容
- 全卷积网络
- U-Net
- DeepLabs 等前沿分割算法

本章将讲解基于深度学习的图像分割技术。图像分割是人工智能的前沿研究领域，在 CVPR 2020—2022 年的论文中，每年均有 100 余篇与图像分割相关的论文，可见很多研究人员都在从事图像分割相关的研究。目前，基于深度学习的图像分割技术，相较于之前的传统方法（非深度学习技术），虽然取得了一定的进展和突破，但离完美解决尚有非常遥远的距离。换句话说，图像分割领域中的很多问题，直到今天都没有完美解决，仍有较大的研究空间，这也是每年计算机视觉顶会上都发表百余篇图像分割论文的重要原因。

13.1 全卷积网络

首先介绍经典的基于深度学习的图像分割技术——全卷积神经网络，简称全卷积网络（Fully Convolutional Network，FCN）。FCN 的论文题目是"Fully Convolutional Networks for Semantic Segmentation"[1]，发表在 CVPR 2015 上，论文是基于深度学习的语义分割的开山之作，提出首个面向语义分割任务的全卷积神经网络，即 FCN。在理解 FCN 之前，首先需要清楚理解图像分割，特别是语义分割的概念和问题定义。

13.1.1 语义分割与实例分割的概念

广义上的图像分割可以分为语义分割（Semantic Segmentation）、实例分割（Instance Segmentation）和全景分割（Panoptic Segmentation）三种类型。语义分割一般指在像素级别上，预测图像中的每个像素所属的物体类别（class label）。图 13-1 中，如果图像大小是 800 × 600 像素，则图像一共有 800 × 600 个像素点，语义分割算法需要预测每个像素点是属于前景还是背景，若属于前景，还需进一步预测具体的物体类别。由于一个图像中可能有多个物体类别，因此语义分割的过程通常是像素级别的多分类过程。相比之下，常见的基于深度学习的目标分类问题中，一幅图像对应一个类别（每幅图像中只有一个类型的物体），是图像级别的分类问题。与图像分类问题相比，语义分割需要对图像中的每个像素进行分类，是像素级分类问题。但两者属于分类问题，因此，在损失函数方面，有一些损失函数可共用。

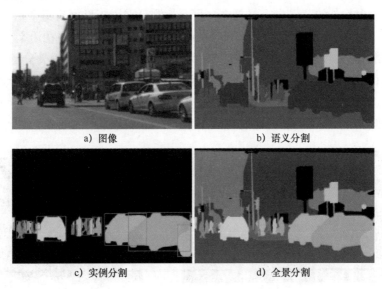

a）图像　　　　　　　　　　　　b）语义分割

c）实例分割　　　　　　　　　　d）全景分割

图 13-1　图像分割示例

（1）语义分割和实例分割概念辨析　语义分割和实例分割是两个相关的概念。简单地说，像素级别的分割就是语义分割。而实例分割不但要进行像素级别的分类/分割，还要进一步分割属于同一类型的不同实体。换句话说，语义分割是类别级的分割，即 Category-level，对同一类且紧密相连的物体，会一起分割出来；实例分割是实例级的分割，即 Instance-level，对同一类物体紧密相连的情况，需要逐个分割出来，因而难度和挑战更大。如图 13-2a 所示的 5 个人，若对其进行实例级的分割，则须把每个实体都精细分割出来，尽管他们属于同一类别（人）。此种情况下，图 13-2a 中的 Person 3、Person 4 与 Person 5，若要实现精准的实例分割，难度较大（存在遮挡和重叠区域）。

（2）实例分割与目标检测的联系与区别　实例分割在语义分割的基础上将不同实例分割出来。目标检测得到的物体边界一般用矩形框或四边形框表示，框内的像素内容往往不只包含物体本身，还会包含一些跟物体无关的背景区域或其他物体的少部分区域。譬如，通常采用矩形框对图 13-1 中的目标进行框定，小部分黑色区域将被包含。相较于目标检测，实例分割只期望得到物体本身的轮廓（像素），物体轮廓将呈不规则形状，分割更加精细，难度也更大。在图 13-2b 中，我们能更加具体地理解目标检测与实例分割的关联和区别。该图中有两只长颈鹿，这两个物体都属于长颈鹿这个类别，即属于同类的两个实体。如果做实例分割，则期望把这两只长颈鹿分别分割出来，并用两种颜色分别表示，如一个用蓝色表示，另一个用橘黄色表示。但如果对这两只长颈鹿做目标检测，则只需用矩形框把它们分别框定即可，但检测框中除了包含长颈鹿本身外，还包含了很多背景内容。尤其是当某一物体中间有间隙时，比如蓝色的长颈鹿的两个前腿中间，用矩形框或者四边形框进行框定时，难免包含额外的背景内容。总之，目标检测只需用矩形框对每个目标/物体进行框定/锁定，尽管里面包含了部分非物体的背景内容；而实例分割需要在语义分割的基础上，将每个实例精准分割出来，且不能包含背景或其他实例的内容。但语义分割与目标检测的任务也是紧密相关的，例如，可以先利用目标检测算法定位到（框住）每个物体，再对检测框中的物体进行实例分割。相比而言，语义分割的任务难度更大。如果能够实现对实例（物体）的精准分割，那么，自然也就完成了目标检测（定位）的任务。

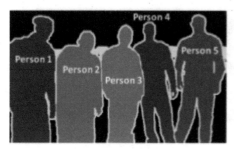 

a) Person物体类型的实例分割   b) 长颈鹿的实例分割和目标检测示例

图 13-2 实例分割示例

全景分割结合了语义分割和实例分割，全景分割将所有的像素点赋予类别标签的同时（语义分割），还须将不同的实例物体分割开来（实例分割），如图 13-1d 所示。在实现方面，早期的全景分割技术，对图像的背景使用场景分割或语义分割技术（如天空、草坪、森林、河流、大山等），对图像的前景使用实例分割技术（如行人、汽车、动物等）。在 CVPR 2021 上，谷歌研究院以及美国约翰霍普金斯大学的研究人员提出了 MaX-DeepLab 方法，还提出了基于掩码转换器的端到端的全景分割解决方案。发表在 ECCV 2022 上的 kMaX-DeepLab 方法基于 K-Means 聚类算法的思想，对 MaX-DeepLab 方法进行了改进，将交叉注意力模块从聚类的角度再次设计，实现了全景分割性能提升。

13.1.2 图像的像素级标注

语义分割和实例分割都需要像素级的标注。基于该标注，对每个像素所属的物体类别进行预测时，它的预测值和标注值（真实值）之间可以计算误差（损失），进而用于神经网络的误差回传。进行像素级标注时，对图像中的每个像素，它属于背景、前景及所属的具体物体类型，都要进行标注。如图 13-2a 所示的每个像素点，标注时可用一个二元组或三元组表示。以二元组为例，元组的第一个值指代该像素属于前景还是背景，0 表示背景、1 表示前景。元组的第二个值表示具体的前景物体类型，即该像素所属的具体物体类别。当然，元组中还可以有其他标注内容，如物体类别的大类。像素级标注的图像集需要耗费巨大的人力和时间才能得到，成本极高。COCO 数据集有像素级别的标注，是实例分割和目标检测的经典数据集（注：COCO 数据集里面有少部分标注不够准确）。

进行像素级标注时，既可以是整图标注，也可以是对图像中部分区域（尤其是包含目标的区域）进行标注。如图 13-3 中的椅子目标区域，可以对该区域进行像素级的标注。如果椅子目标框尺寸为 28×28 像素，那么目标框中与椅子相关的像素，用数值 1 表示属于椅子物体的像素，形成一个掩码矩阵。该矩阵为 28×28 大小，矩阵中的元素值为 1 或 0，1 表示属于物体的像素，0 的地方表示背景。

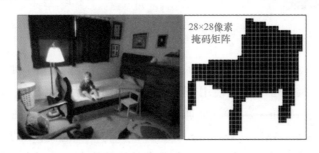

图 13-3　图像中椅子目标区域对应的像素级标注（掩码矩阵）

类似地，图 13-4 中，图像中的目标是人（小孩）。假定该目标框的大小也是 28×28 像素，那么小孩的目标框，也可以用一个掩码矩阵表示。读者如果注意观察，能够发现该掩码矩阵跟真实小孩的形状并不完全一样，如图像中小孩左侧的手在这掩码矩阵中体现不出来，小孩的胳膊和腿中间的空隙在掩码矩阵中也没有体现出来。因此，利用掩码矩阵表示属于物体的像素时，尚不能做到非常精细，这可能对后面的模型训练和预测产生负面影响。

图 13-4　图像中小男孩目标区域对应的像素级标注（掩码矩阵）

对图 13-5 左图进行整图标注时，如果用不同数值表示每个像素对应的物体类别，即不同的值表示不同的类别，将得到如图 13-5 右图所示的矩阵。这就不再是 0　1 掩码矩阵了，而是用数值表示类别。1 表示的是人本身的像素点；2 表示的是小钱包的像素点；3 表示的是植物，这是一个比较粗略的分类；4 表示的是地面；5 表示建筑。简言之，标注一幅图片中的每个像素分别属于哪一种物体，用不同的类别编号表示，这就是在整图上的像素级标注。

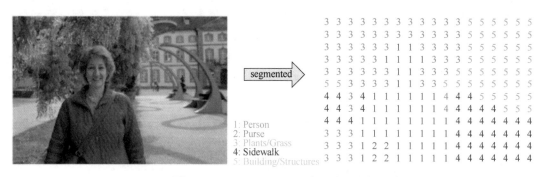

图 13-5　图像分割中的像素级数据标注（该图来自互联网）

对于图 13-5 右图，若用掩码矩阵表示，则需要 5 个独立的矩阵，如图 13-6 所示。具体而言，图中一共有 5 类，每个类别使用一个通道（矩阵）表示，那么人（Person）的类别将占一个通道，钱包（Purse）占一个通道，植物（Plants/Grass）占一个通道，人行道（Sidewalk）占一个通道，建筑（Building/Structures）占一个通道。由于是一个类别一个通道，若要找人这个物体类别，则通过人这个通道就能找到其对应的像素点（即该通道中值为 1 的那些像素）。

有了像素级的标注，每个像素点上的预测值和真实值之间就可以计算误差了。如图 13-6 中的左边第一个通道中的左上角的像素点，若用神经网络预测出来的值是 0.8，但它真实值是 0，就可以计算损失（误差）了。而具体计算损失时，可以是 L_1 距离，即真实值和预测值之差的绝对值，也可以用 BCE 损失/Dice 损失等损失函数。对该通道中的每个像素点或整个预测矩阵，利用相关损失函数，计算预测值和真实值之间的误差。

13.1.3　用于语义分割的全卷积网络

全卷积网络，是一种用于图像的语义分割的神经网络的简称。全卷积和全连接 FC（Fully Connected Layer）易混淆。全连接操作指当前层的每个神经元会跟下一层的所有神经元进行相连，因此叫作全连接。图 13-7 所示是一个传统的卷积神经网络，该卷积神经网络进行若干卷积操作后，后面再跟上若干个全连接层，即 Fully Connected Layers，用于分类等任务。相较于传统的卷积神经网络，全卷积网络中没有全连接层，全部是卷积操作（事实上，很多全连接操作都可由卷积操作替代）。

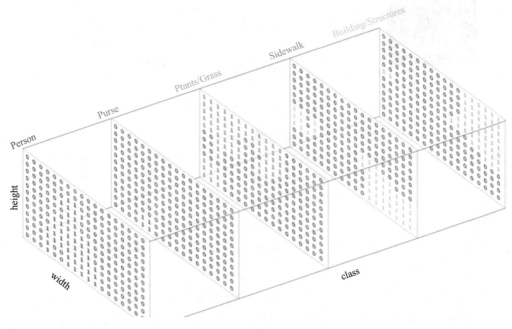

图 13-6　像素级标注图像的掩码表示（图像中的每类物体均有一个掩码矩阵表示）

　　下面以图 13-7 和图 13-8 为例，进一步说明两者的区别和联系。图 13-8 中的全卷积网络与图 13-7 中的传统的卷积神经网络的不同之处在于：全卷积神经网络将图 13-7 中的全连接层全部替换为 1×1 卷积操作。譬如，假设神经网络的某一个隐层为 4096 维的全连接层，若要替换它，可使用 4096 个 $1 \times 1 \times C$ 的卷积核进行卷积操作，C 就是当前图像特征的通道数。这样一个 $1 \times 1 \times C$ 的多维卷积核，一共需要 4096 个，就能替代原来的 4096 维的全连接层。正是因为全连接网络被 1×1 的多维卷积替代，神经网络中只剩下卷积层（和池化层），故称全卷积网络。

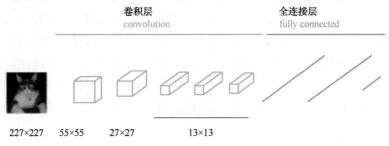

图 13-7　传统的/常见的卷积网络结构（该图来自互联网）

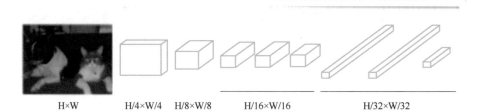

图 13-8　全卷积网络结构示例（该图来自互联网）

另外，全卷积网络和全卷积操作也易混淆，同时也存在紧密联系。如上所述，全卷积操作是指神经网络的全连接操作全部被卷积操作替代，使得神经网络中只有卷积操作（和池化操作）。而全卷积网络特指全卷积神经网络 FCN，用于图像的语义分割，该神经网络只有卷积操作（和池化操作）。粗略地说，全卷积网络默指用于分割的全卷积网络 FCN，而全卷积操作指用卷积操作替代原来的全连接操作，使得神经网络中不存在全连接操作。

下面正式介绍全卷积神经网络 FCN 的原理、神经网络结构、损失函数和训练过程。

1. FCN 的神经网络结构

首先，FCN 能够接受任意尺寸的图像输入，而不像传统的分类神经网络那样要求输入图像从一开始就调整（Resize）到固定尺寸大小。例如，当使用默认的 ResNet、DenseNet、EfficientNet 等神经网络进行图像分类时，这些网络都会要求首先把图像调整到固定尺寸，这是强制性的。而全卷积网络 FCN 不要求图像从一开始便调整到固定尺寸大小，即 FCN 并不需要对图像进行 Resize 操作。因此，在 FCN 中，不同输入尺寸的图像得到的特征维度就不同了。例如，一个 800×800 像素的图像，如果不做任何的 Resize，连续进行 5 次卷积操作，和一个 400×400 像素的输入图像进行 5 次相同的卷积操作，得到的特征图尺寸大小肯定不同，这对图像语义分割的任务并没有影响，但对其他任务（如目标检测和目标分类）可能会有影响。语义分割网络总是需要输出一个尺寸与输入图像等大的特征图，而拟输出的特征图的通道数量取决于输入图像/待分割图像中的物体类别数量。

FCN 全卷积网络的计算过程可分为两个阶段。第一阶段是系列的卷积操作和池化操作的阶段$^{\ominus}$，特征图的尺寸在此阶段将单调递减。当图像的特征图缩小到一定大小后，就进入第二阶段。FCN 的第二阶段主要对特征图进行多次反卷积/上采样操作，使得特征图尺寸逐渐变大，直到特征图尺寸跟输入图像尺寸相同。第二阶段结束后，最终的特征图上的每一个元素与输入图像中的每一个像素点，在空间上是一一对应的。此时特征图上的每一个元素的值（经 Sigmoid 激活后的值），即预测值，可与原图上对应位置的像素点的标注值

（即真实值），利用 BCE 损失/Dice 损失函数等进行损失计算，迭代训练分割网络。

例如，FCN 的第一阶段，对图像进行 5 次卷积和池化后，得到的特征图尺寸为原图的 1/32。FCN 的第二阶段，需要进行对特征进行上采样，如果对上述原图 1/32 大小的特征图只进行一次 32 倍的上采样，以把特征图恢复到原始图像大小，即进行 32 倍的上采样，简称为 FCN-32s，但作者发现其分割效果并不是非常理想，于是就提出一些改进的方法，即 FCN-8s，下面具体介绍。

如图 13-9 所示，FCN 在第一阶段，进行 5 次卷积和池化（Pooling），得到的特征图大小是原图的 1/32。FCN 在第二阶段，即上采样阶段，先进行一个 2 倍上采样，得到的特征图尺寸变为原图的 1/16。而第一阶段的第 4 次池化操作得到的特征图大小也是原图大小的 1/16，FCN 将上面两个原图 1/16 大小的特征图相加融合，融合之后的特征尺寸仍是原图尺寸的 1/16。然后对该融合后的特征图进行一次 2 倍上采样，得到的特征图大小是原图的 1/8，而 FCN 第一阶段的第 3 次池化操作的特征图大小也是原图尺寸的 1/8，FCN 将这两个原图 1/8 大小的特征图再次相加融合，融合后的特征图大小仍为原图的 1/8。最后，FCN 再对该特征图进行一次 8 倍上采样，得到的特征图大小与原图尺寸相同。上述全卷积过程亦简称为 FCN-8s。作者通过实验发现，FCN-8s 方法的语义分割效果更佳。

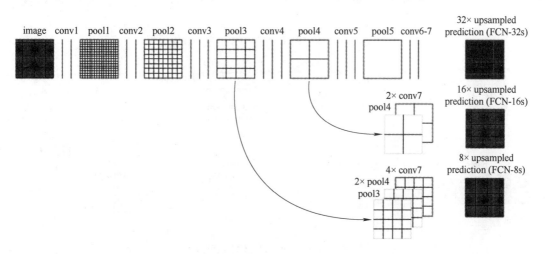

图 13-9　FCN 全卷积网络（FCN-8s）的神经网络结构

2. FCN 的整体框架和计算流程

下面详细介绍全卷积网络的整体框架和计算流程，如图 13-10 所示。

图 13-10 中的思想前面已经介绍，在第一阶段，FCN 对输入图像进行一系列的卷积操作（和池化操作），直到得到的特征图大小变为原图的 1/32，如图 13-11 所示，该神经网络在第一阶段经历了 5 次卷积和 5 次池化操作，其中，第 5 次池化操作 pool5 之后得到的特征图大小即为原图的 1/32。在第二阶段，FCN 对第 5 次池化操作 pool5 得到的特征图（原图

大小的 1/32），进行一次 2 倍上采样，得到的特征图的大小变为原图的 1/16。该特征图再与第一阶段第 4 次池化 Pool4 对应的特征图直接相加融合，两者按位相加后得到的特征图大小为原图的 1/16。然后，对融合后的特征再进行一次 2 倍上采样，得到的特征图大小为原图的 1/8。该特征图与第一阶段第 3 次池化操作 Pool3 对应的特征图（其大小亦为原图的 1/8）进行相加融合，融合后的特征图尺寸仍为原图 1/8 大小。最后，FCN 对该特征图直接进行 8 倍上采样，最终得到的特征图尺寸与原图大小相同。以上就是 FCN 的全部计算过程。其中，上采样方法可以是双线性插值，也可以是其他方法，比如前文中提到的 Deconvolution、反卷积，都可以实现上采样。

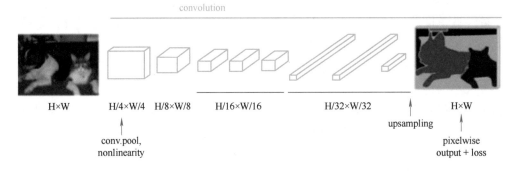

图 13-10　全卷积网络 FCN 的整体框架和计算流程

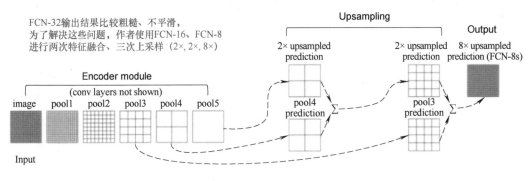

图 13-11　FCN 的具体计算过程

总的来说，FCN 在第二阶段一共进行了 3 次上采样（两次 2 倍上采样，一次 8 倍上采样），其中前两次上采样后的特征图还需要与第一阶段的等尺寸的（浅层）特征进行融合。

FCN 最终输出的特征图尺寸跟输入图像的大小相同，故直接可以进行像素级别的预测和损失计算。注意：有读者可能会疑惑最后的 8 倍上采样，是不是上采样幅度太大了，为什么不与 Pool2 和 Pool1 的特征也进行融合呢？这取决于实验结果，可以进行尝试。事实上，后面要讲解的 U-Net 分割网络就融合了 Pool2 和 Pool1 的特征。请读者在后面学习 U-Net 网络时，可对比 FCN 分割网络和 U-Net 分割网络在神经网络结构和计算过程方面的异同之处。

3. 损失函数

下面介绍 FCN 分割网络所使用的损失函数。首先介绍逐像素交叉熵损失。如图 13-12 所示，逐像素交叉熵损失的计算基于掩码形式的数据，例如一类物体一个通道，对每个通道，左侧是预测结果，右侧是真实结果。

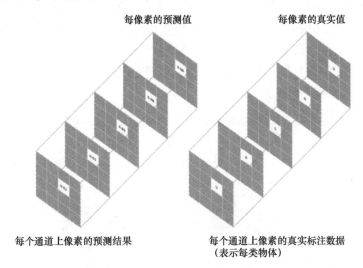

图 13-12　FCN 的损失计算，基于预测结果和真实标注数据（每个类别使用一个通道/掩码矩阵表示）

在 FCN 中，输出的特征图的尺寸与输入图像的尺寸是等大的，因此可以假定输出特征图上的每一个像素跟输入图像的每一个像素在空间上是一一对应的。基于该假设，可以计算每一个元素（像素点）的预测值和它的真实值之间的误差，令每个通道表示某个类别上的预测结果矩阵。比如预测值是 0.06，真实值是 0，使用按位相减的计算方法可得出误差值为 0.06；可以使用普通的交叉熵损失 $\sum y_i P_i$ 计算损失 y_i 是某个像素点的真实值，P_i 是预测值。也可以用 BCE 损失函数，代入公式 $-y \times \log p + (1-y) \times \log(1-p)$，由于此时当前像素对应的真实标签值（即 y 值）是 0，则将 y 代入 BCE 损失函数公式后，将得到 $\log(1-0.06)$。如此，每个像素点（元素）都将得到一个损失值，对所有像素点（元素）的损失值求平均值，或对前景、背景像素点（元素）分开计算平均损失，再将两个平均损失加权求和，得到最终损失。这些都是一些技巧，但也非常重要，至于选择何种技巧取决于最终的实验效果。

除了逐像素交叉熵损失（在像素/元素级别上计算损失，使用 BCE 损失函数）外，还有一种基于矩阵的损失计算方法，这里重点介绍最为常用的 Soft Dice 损失函数。如图 13-13 所示，左部的第 2 个通道是预测矩阵，右部的第 2 个通道是对应的真实标注数据，损失计算所使用的 Soft Dice 损失函数为

$$\text{SoftDiceLoss} = 1 - \frac{2 \sum_{\text{pixels}} y_{\text{true}} \, y_{\text{pred}}}{\sum_{\text{pixels}} y_{\text{true}}^2 + \sum_{\text{pixels}} y_{\text{pred}}^2} \qquad (*)$$

Soft Dice 损失首先将两个对应通道上的矩阵按位点乘，由于是点乘操作，真实标注为 0 的这些像素（元素）点乘后仍然为 0，而真实标注为 1 的像素值（元素）对应的预测值在点乘后将保留下来，将这些预测值相加。例如，两个矩阵点乘后，第二个通道对应的矩阵中第 2 行 2 列标注为 1 的像素（元素）对应的预测值是 0.92，下一个标注为 1 的像素（元素）对应的预测值是 0.89。如此，只需将右侧五个标注为 1 的元素在左侧矩阵中对应的预测值保留下来，并对它们求和，再乘以 2，便得到 Soft Dice 损失公式中的分子的值。而 Soft Dice 损失的分母对右侧的真实标注矩阵和左侧的预测矩阵单独计算，对每个矩阵分别求矩阵中的所有元素的值的平方和，再将两者相加，得到分母的值。最后用 1 减去分子值/分母值，得到 Soft Dice 损失的最终值。

每像素的预测值　　　　　　　　　　每像素的真实值

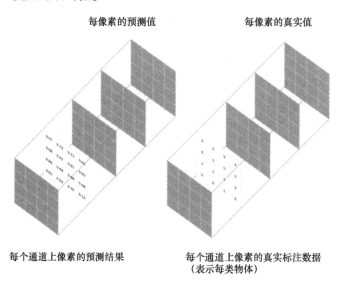

每个通道上像素的预测结果　　　　　每个通道上像素的真实标注数据
（表示每类物体）

图 13-13　Soft Dice 损失函数的计算方法示例

Soft Dice 损失函数在语义分割中广泛使用。除此之外，还有其他损失函数，如 Tversky 损失函数，在前面的损失函数章节已经介绍。整体而言，在图像语义分割中最常用的两个损失函数，一个是逐像素交叉熵损失（基于 BCE 损失函数），另一个便是在矩阵级别进行运算的 Soft Dice 损失，上面均已详细讲解。

13.2　U-Net

下面介绍另一个经典的语义分割网络 U-Net，它其实与 FCN 是同时（同年）提出的，两个神经网络在思想上也有一定的相通性。U-Net 最开始用于医学图像分割，论文发表在医学图像处理与分析的顶级国际会议 MICCAI 2015 上，题目为"U-Net：Convolutional Networks for Biomedical Image Segmentation"[2]。

13.2.1　U-Net 语义分割网络简介

前述 FCN 全卷积网络在第二阶段上采样过程中，进行特征融合时只用了第一阶段卷积过程中形成的较深层的特征，即特征融合时只利用了第一阶段的第 3 ~ 5 次池化 Pool5、Pool4、Pool3 对应的特征图，而 Pool1 和 Pool2 对应的浅层特征并没有用于第二阶段的特征融合，最后的分割结果并不是特别精细。相较于 FCN 语义分割网络，U-Net 语义分割网络除了融合深层特征外，还融合了浅层特征。这是 U-Net 与 FCN 的主要区别之一。

如图 13-14 所示，U-Net 也分为两个阶段，第一阶段为卷积阶段和下采样阶段，第二阶段为上采样阶段。但 U-Net 第二阶段的特征融合过程中，既融合了第一阶段的深层特征，又融合了该阶段的浅层特征。U-Net 神经网络结构在卷积（第一阶段）、上采样和特征融合（第二阶段）的过程呈现对称的 U 形形状，故称作 U-Net。总体而言，U-Net 和 FCN 分割网络在思想上有很多相似之处，亦有不同之处，后面我们将进行对比分析。

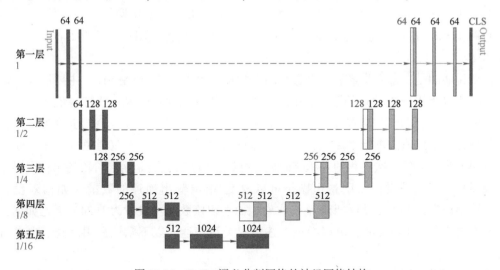

图 13-14　U-Net 语义分割网络的神经网络结构

如图 13-14 所示，在 U-Net 语义分割神经网络中，输入为一幅医学图像，或其他类型的图像，输入图像尺寸假定为 572×572 像素。U-Net 的所有卷积操作的卷积核均为 3×3 大小。

U-Net 的第一阶段（左侧分支）即卷积阶段，包括五个步骤（对应图 13-14 左侧，自上而下）：

第一步，对输入图像（可以是单通道的灰度图像/黑白图像，或三通道的彩色图像），

U-Net 先进行带 padding 的 3×3 卷积，卷积核的数量是 64，得到的特征图的通道数量就是 64。原始的 U-Net 网络在卷积的过程中没有使用 padding（图像边缘补零操作），所以 3×3 卷积之后特征图大小从 572×572 像素变为 570×570 像素。为了方便读者理解，图 13-14 中，编者采用了带 padding 的卷积操作，同一层卷积操作后，特征图尺寸保持不变。例如，输入图像是 572×572 像素，第一阶段两次卷积后，得到的特征图尺寸仍然是 572×572。故第一步进行两次带 padding 的 3×3 卷积后，输出的特征图尺寸等于原图尺寸，通道数是 64。

第二步，对于第一步/第一层得到的特征图，进行第一次 2×2 池化操作，特征图的尺寸缩半，通道数仍为 64。然后，再进行两次 3×3 卷积，卷积核数量为 128，特征图尺寸保持不变，等于原图尺寸的 1/2，而通道数是 128。

第三步，对于第二步/第二层得到的特征图，进行第二次池化操作，特征图尺寸缩半。再进行两次 3×3 卷积，卷积核数量为 256，最终得到的特征图尺寸是原图尺寸的 1/4，通道数是 256。

第四步，对于第三步/第三层得到的特征图，进行第三次池化操作，特征图尺寸缩半。再进行两次 3×3 卷积，卷积核数量为 512，最终得到的特征图尺寸是原图的 1/8，通道数是 512。

第五步，对于第四步/第四层得到的特征图，进行第四次池化操作，特征图尺寸缩半。再进行两次 3×3 卷积，卷积核数量均为 1024，最终得到的特征图尺寸是原图的 1/16，通道数是 1024。

需要说明的是，第五步最后一次卷积的卷积核数量取 1024 还是 512，主要取决于后续的第二阶段（上采样阶段）的第一步中的上采样操作的实现形式是双线性插值法（bilinear upsampling）还是反卷积/转置卷积（ConvTranspose2d）等方法。若是第二阶段第一步的第一个操作是基于插值法进行上采样，则该操作逐通道进行，并不改变通道的数量，此种情况下，第五步的最后一次卷积的卷积核的数量可设置为 512；若是第二阶段的第一次操作是基于反卷积进行上采样，而反卷积操作可以改变/指定输出通道的数量（如输入设定为 1024，输出设定为 512），则本步最后一次卷积的卷积核数量可设置为 1024。无论如何，研究人员在自己实现 U-Net 时，可以根据上述情况灵活变通。以下默认采用反卷积法进行上采样。

U-Net 的第二阶段（对应图 13-14 右侧分支，自下而上）即上采样阶段，也包括五个步骤：

第一步，第一阶段（第五步/第五层）最终得到的特征图尺寸是原图尺寸的 1/16，通道数为 1024。U-Net 在第二阶段，首先对其进行 2 倍上采样（反卷积操作），得到的特征图大小为原图尺寸的 1/8，通道数从 1024 变为 512（通过反卷积操作可以设置）。将该特征图（记为 up-conv_1）与第一阶段的第四步/第四层卷积操作得到的 1/8 原图尺寸的特征图（记为 conv_4）进行叠放融合。融合后，特征图尺寸为原图的 1/8，通道数为 512 + 512 = 1024 通道。

随后，进行两次带 padding 的 3×3 卷积，卷积核数量均为 512，最后得到的特征图尺寸将是原图尺寸的 1/8，通道数为 512。

第二步，对第一步得到的 1/8 原图尺寸的特征图，对其进行 2 倍上采样（反卷积操作），得到的特征图大小为原图尺寸的 1/4，通道从 512 变为 256（通过反卷积操作可以设置），记为 up-conv_2。然后，与第二阶段的第一步类似，将 up-conv_2 特征图与第一阶段的第三步得到的特征图（原图尺寸的 1/4，记为 conv_3）进行叠放融合。融合后，特征图尺寸为原图的 1/4，通道数为 256 + 256 = 512 通道。

随后，进行两次带 padding 的 3×3 卷积，卷积核数量均为 256，最后得到的特征图尺寸将是原图尺寸的 1/4，通道数为 256。

第三步，对第二步得到的 1/4 原图尺寸的特征图，进行 2 倍上采样（反卷积），得到的特征图大小为原图尺寸的 1/2，通道从 256 变为 128（通过反卷积操作可以设置），记为 up-conv_3。然后，同第二阶段的第一步和第二步类似，U-Net 将 up-conv_3 特征图与第一阶段的第二步得到的特征图（原图尺寸的 1/2，记为 conv_2）进行叠放融合。融合后，特征图尺寸为原图的 1/2，通道数为 128 + 128 = 256 通道。

然后，对该特征图进行两次带 padding 的 3×3 卷积，卷积核数量为 128，最后得到的特征图尺寸将是原图尺寸的 1/2，通道数为 128。

第四步，对第二步得到的 1/2 原图尺寸的特征图，进行 2 倍上采样（反卷积），得到的特征图大小与原图尺寸相同，通道从 128 变为 64（通过反卷积操作可以设置），记为 up-conv_4。然后，同第二阶段的第一步、第二步和第三步类似，将 up-conv_4 与第一阶段的第一步得到的特征图（与原图尺寸相同，记为 conv_1）进行叠放融合，得到与原图尺寸相同的特征图，通道数为 64 + 64 = 128 通道。

随后，进行两次带 padding 的 3×3 卷积，卷积核数量均为 64，得到的特征图大小与原图尺寸相同，通道数为 64。

第五步，再进行一次带 padding 的 3×3 卷积（或 1×1 卷积），卷积核数量为 CLS（待分割的物体类别总数量，含背景类）。最终得到的特征图大小与原图尺寸相同，通道数为 CLS。最后，基于前文所述的逐像素交叉熵损失（基于 BCE 损失函数）或 Soft Diss 损失计算损失，进行误差回传、权值更新。

这里介绍 U-Net 和 FCN 语义分割网络的神经网络结构和计算过程的异同之处。U-Net 与 FCN 语义分割网络在思想和技术上有很多相同之处，两者都用于图像的语义分割，都使用全卷积操作，都将计算过程分为卷积阶段和上采样阶段，在上采样阶段都设计了与卷积阶段的特征进行融合的技术路线。两者的不同之处在于：①U-Net 的第一阶段在其神经网络结构的左侧分支，为卷积阶段，得到的特征图的尺寸一直在减小；U-Net 的第二阶段为上采样阶段（和特征融合阶段），特征图的尺寸不断增加，直到与原图尺寸相同或相当。两个阶段呈对称的 U 形形状。相较于 U-Net，FCN 语义分割网络的计算过程也分为相同的卷积阶段和上采样阶段，但 FCN 的上采样阶段只利用了第一阶段的第 3 ~ 5 次池化对应的特征图，而第 1、2 次池化对应的浅层特征并末用于第二阶段的特征融合，因此 FCN 的第 阶段和第二阶段的运算并非呈 U 形对称。②U-Net 进行特征融合时，两个特征图的特征融合方法为拼接（通道数加倍），而非 FCN 所使用的通道相加融合（通道数不变）。

读者在具体实现、使用 U-Net 语义分割网络时，可进行变通，如使用带 padding（补零）的卷积操作，则每一步中卷积前后的特征图尺寸保持不变，这也将简化后续的 U-Net 的运算。下面将从代码层面讲解 U-Net 语义分割网络的具体实现（带 padding）。

13.2.2　U-Net 语义分割网络的代码实现

下面利用伪代码，具体讲解 U-Net 语义分割网络的代码实现（需要说明的是：斜体部分的代码在真实程序中应放在 PyTorch 的 forward( ) 函数中进行）。著者发现，利用该伪代码讲解 U-Net 语义分割网络的原理，其实更加简单、直观、易理解。U-Net 原论文由于没有使用 padding 操作，导致特征图尺寸的变化规律不够明显/不够简单，在某种程度上增加了读者理解的难度。该伪代码和图 13-14 中的神经网络结构的不一样之处在于：伪代码中使用带 padding（补零）的卷积，因此，卷积后的特征图大小保持不变，后续运算会更简单一些；而且，伪代码中的每一步只有一次卷积。

伪代码的第一部分是收缩阶段，特征图尺寸不断变小，对应 U-Net 的左分支。该程序中的每一步只进行一次卷积操作，Conv2D 表示对于输入图像进行一次 3 × 3 卷积，激活函数是 ReLU，Padding 的属性是 same，表示带补零的卷积操作，卷积后的特征图尺寸保持不变，卷积核数量使用 64、128、256、512、1024 等值。总的来说，第一阶段，即特征图收缩阶段，进行了 5 次（5 步）卷积操作和 4 次池化操作。对应地，这 5 步得到特征图的尺寸分别为原图尺寸的 1、1/2、1/4、1/8 和 1/16，通道数分别为 64、128、256、512、1024。

伪代码的第二部分是扩张阶段，其第一步先对收缩阶段/第一阶段（第 5 步）得到的尺寸为原图的 1/16 的特征图 conv5 进行 2 倍上采样，得到的特征图记为 deconv_1，其尺寸由原图的 1/16 变为原图的 1/8，然后将该特征与第一阶段的第 4 步对应的 1/8 特征图 conv4 进行通道叠放融合，叠放前的通道数均为 512，叠放后的通道数变为 1024。随后，再进行一次卷积操作，得到的特征图记为 up_conv1。然后，进行第二次上采样操作及卷积操作，得到 up_conv2，依次类推。第二阶段得到的特征图恢复为原图大小后（up_conv4），最后再进行一次 3 × 3 卷积或 1 × 1 卷积，卷积核数量设置为 CLS，CLS 为待分割的物体种类，以便输出期望数量（CLS）的通道，以进行后续的损失计算。

```
# U-Net 左半部分网络定义，每步只进行一次卷积
self. conv1 = Conv2d(3,64,3,padding =' same')
```

```
self. maxpool = MaxPool2d(2)

self. conv2 = Conv2d(64,128,3,padding =' same')
self. maxpool2 = MaxPool2d(2)

self. conv3 = Conv2d(128,256,3,padding =' same')
self. maxpool3 = MaxPool2d(2)

self. conv4 = Conv2d(256,512,3,padding =' same')
self. maxpool4 = MaxPool2d(2)

self. conv5 = Conv2d(512,1024,3,padding =' same')

# U-Net 右半部分网络的定义，上采样后进行特征的叠放合并
self. deconv_1 = nn. ConvTranspose2d(1024,512,3,stride = 2,padding =' same')
self. x1 = torch . cat([deconv_1,conv4],dim = 1)
self. up_conv1 = Conv2d(1024,512,3,padding =' same')

self. deconv_2 = nn. ConvTranspose2d(512,256,3,stride = 2,padding =' same')
self. x2 = torch . cat([deconv_2,conv3],dim = 1)
self. up_conv2 = Conv2d(512,256,3,padding =' same')

self. deconv_3 = nn. ConvTranspose2d(256,128,3,stride = 2,padding =' same')
self. x3 = torch . cat([deconv_3,conv2],dim = 1)
self. up_conv3 = Conv2d(256,128,3,padding =' same')

self. deconv_4 = nn. ConvTranspose2d(128,64,3,stride = 2,padding =' same')
self. x4 = torch . cat([deconv_4,conv1],dim = 1)
self. up_conv4 = Conv2d(128,64,3,padding =' same')
# 最后一次 3×3 卷积或 1×1 卷积,输出通道数设置为 CLS,CLS 为待分割的物体种类
self. up_conv5 = Conv2d(64,CLS,3)
```

13.3　DeepLabs 等前沿分割算法

前面介绍了两个经典的语义分割神经网络，即 FCN 和 U-Net，这两个神经网络直到今天仍被广泛采用，尤其是 U-Net 的衍生网络——U-Net ++ 语义分割网络，如今被广泛使用。本节将介绍其他的代表性的语义分割算法，DeepLabs[3] 和 Mask R-CNN。

13.3.1 DeepLabs 语义分割算法

DeepLab v2 用的是空洞卷积。空洞卷积的原理和计算过程，在前面章节中已经介绍。膨胀后的卷积核尺寸 = 膨胀系数 × (原始卷积核尺寸 − 1) + 1。当 Padding（图像四周补零操作）的大小与膨胀系数相同时，经过空洞卷积之后的特征图大小与原图/输入特征图相同。图 13-15 给出了 DeepLab v2 中的 DenseASPP 模块（空洞卷积金字塔）的结构。DenseASPP 模块采用 4 种不同膨胀率进行空洞卷积，图中的 rate 数值即膨胀率。若 Padding 的大小与膨胀率相同，就能保证得到的特征图大小与原图/输入特征图相同。最后，不同膨胀率得到的特征图大小相同，因而可以对其按位相加融合。图 13-16 是四个特征图的相加融合示例，该图从左到右的四个分支分别进行 6 倍、12 倍、18 倍和 24 倍空洞卷积操作，各分支还都包含了两次 1×1 卷积操作，最后将四个分支的特征图相加融合。

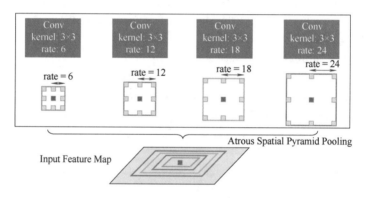

图 13-15　DeepLab v2 的 DenseASPP 中的不同空洞卷积模块

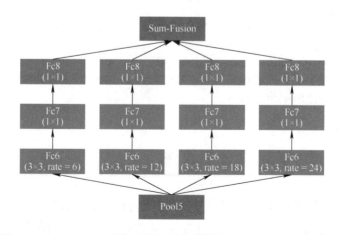

图 13-16　DenseASPP 中的不同空洞卷积模块对应特征图的相加融合

图 13-17 所示是 DeepLab v3 + 的神经网络结构,该算法先进行 3 次不同滑动步幅的卷积操作(滑动步幅/stride 分别为 4、8、16),再进行一个膨胀率为 2 的空洞卷积,后面跟上空洞卷积块 ASPP +,该模块包括一个 1 × 1 卷积和三个膨胀率分别为 6、12 和 18 的空洞卷积,最后将四个卷积操作得到的特征进行叠放,然后再进行一次 1 × 1 卷积融合多通道信息,得到最终的特征图。

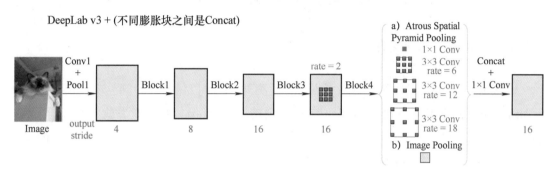

图 13-17　DeepLab v3 + 的神经网络结构及其 ASPP + 模块

DeepLab v3 + 和 DeepLab v2 的区别之一是 DeepLab v2 的 ASPP 模块中不同膨胀率对应的特征图之间是按位相加融合,而 DeepLab v3 + 的 ASPP + 模块是叠放融合。另一个区别是,DeepLab v3 + 在 ASPP + 模块还先进行了若干次卷积和若干次连续的空洞卷积操作。

图 13-18 所示是 DeepLab v3 + 神经网络结构的一个完整示例。该例中,算法首先对输入图像进行 4 次独立的空洞卷积操作(步幅/stride 为 2),特征图尺寸变为原图尺寸的 1/16,

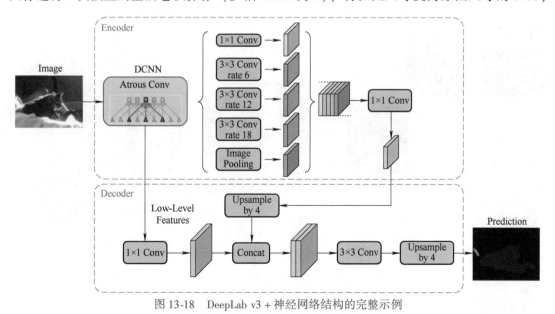

图 13-18　DeepLab v3 + 神经网络结构的完整示例

后面紧接一个 DeepLab v3 + 的 ASPP + 模块，该模块中的不同特征图之间进行叠放融合，然后再进行一次 1×1 卷积，以融合多通道信息，此时得到的特征图尺寸为原图的 1/16。在 Decoder 中，再将第 2 次独立空洞卷积操作得到的低层特征（此处特征图为 1/4 原图大小）与 ASPP + 模块得到的特征图 4 倍上采样后的特征图进行叠放融合，然后再进行一次 3×3 卷积和一次 4 倍上采样操作后，最后得到的特征图大小恢复为原图尺寸。

13.3.2　Mask R-CNN 算法简介

Mask R-CNN 前文已介绍，它除了做目标检测外，也可以做语义分割，现在仍有很多基于 Mask R-CNN 的改进算法。例如，前面提到的 Mask Textspotter 算法就是受到了 Mask R-CNN 的启发。所以，当大家掌握了一个新技术并融会贯通后，就有希望提出自己的思路或改进方案；若不理解算法原理，只是会调用，则很难提出更好的技术。

图 13-19 所示是 Mask R-CNN 的神经网络结构图。Mask R-CNN 在 Faster R-CNN 的基础上，增加了一个分支，即 Mask 分支。该 Mask 分支经过两次 1×1 卷积后，卷积核数量分别为 256 和 80，最终得到的预测结果为 14×14×80。当然，这里需要掩码矩阵标注。Mask R-CNN 还设计了更优的 ROI Align 的方法。

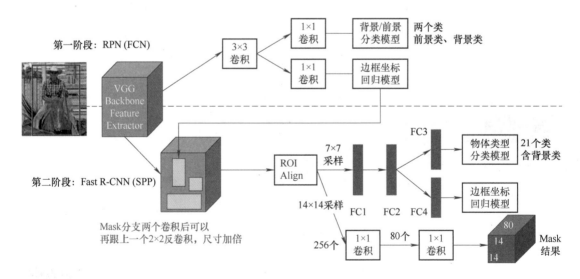

图 13-19　Mask R-CNN 神经网络结构

本章参考文献

［1］ LONG J, SHELHAMER E, DARRELL T. Fully convolutional networks for semantic segmentation ［C］// IEEE Conference on Computer Vision and Pattern Recognition（CVPR）. Piscataway：IEEE, 2015： 3431-3440.

［2］ RONNEBERGER O, FISCHER P, BROX T. U-Net：Convolutional Networks for Biomedical Image Segmentation ［C］//Medical Image Computing and Computer Assisted Intervention（MICCAI）. Berlin：Springer, 2015：234-241.

［3］ CHEN L C, PAPANDREOU G, KOKKINOS I, et al. DeepLab：Semantic Image Segmentation with Deep Convolutional Nets, Atrous Convolution, and Fully Connected CRFs ［J］. IEEE Transactions on Pattern Analysis and Machine Intelligence, 2018, 40（4）：834-848.

［4］ MINAEE S, BOYKOV Y, PORIKLI F, et al. Image Segmentation Using Deep Learning：A Survey ［J］. IEEE Transactions on Pattern Analysis and Machine Intelligence, 2022, 44（7）：3523-3542.

［5］ TAKOS G. A Survey on Deep Learning Methods for Semantic Image Segmentation in Real-Time ［DB/OL］. （2020-09-27）［2023-07-01］. https：//arxiv. org/abs/2009. 12942.

［6］ U-Net 网络原理分析与 pytorch 实现 ［EB/OL］. （2019-10- 20）［2023- 09- 06］. https：//zhuanlan. zhihu. com/p/87593567.

［7］ Uno Whoiam. DeepLab 语义分割模型 v1、v2、v3、v3 + 概要 ［EB/OL］. （2019-07-29）［2023-09-06］. https：//zhuanlan. zhihu. com/p/68531147.

［8］ KIRILLOV A, HE K M, GIRSHICK R B, et al. Panoptic Segmentation ［C］// IEEE Conference on Computer Vision and Pattern Recognition（CVPR）. Piscataway：IEEE, 2019, 9404-9413.

第14章

生成对抗网络（GAN）

本章主要内容

- 原始 GAN/朴素 GAN
- DCGAN
- BEGAN
- 基于 GAN 的关系型/表格型数据生成技术

GAN（Generative Adversarial Networks）的中文译名是生成对抗网络，它是 Goodfellow 等人于 2014 年 10 月在 *Generative Adversarial Networks* 一文中提出的通过对抗学习和不断博弈合成逼真样本的新思路，旨在使用算法自动合成与真实数据的分布较为接近的生成数据。其思想被认为是机器学习领域近 20 年来最有开创性的想法之一。

GAN 作为热门研究领域之一，得到了迅猛、持续的发展，涌现出很多 GAN 变体，如 WGAN、InfoGAN、DCGAN、BEGAN、ProGAN、StyleGAN，以及 BigGAN 和 BigBiGAN 等算法。如今，人们能够利用 GAN 技术进行歌曲、图像以及动画、电影的自动生成。大众了解较多的产品可能是国外的 DeepFake 和国内的 ZAO APP（利用 GAN 将电影或照片中的人物头像进行替换的技术和手机端软件）。

尽管 GAN 的技术一直向前发展，但该技术至今仍存在一些瓶颈问题。目前 GAN 更多应用于娱乐，例如前面提到的 DeepFake 和 ZAO APP，其生成的内容更多的是一种视觉的体验和观感，在娱乐方面有一定应用，但生成的数据未必对目标识别、检测、分割等任务有帮助。另外，尽管技术不断迭代，但 GAN 自身存在的理论问题和技术瓶颈并未得到有效解决。

本章将详解 3 个相关算法，分别是原始 GAN、DCGAN 以及 BEGAN 等代表性的图像型数据（Image data）生成算法，并简要介绍 Table-GAN、CTGAN、FakeTables、GLGAN、QAST 等代表性的关系型数据（Tabular data/Relational Data）生成技术。

14.1　原始 GAN/朴素 GAN

首先介绍原始 GAN/朴素 GAN，它来自 Goodfellow 等在 2014 年发表的论文 *Generative Adversarial Networks*[1]。在介绍原始 GAN 之前，先介绍相关背景知识和准备工作。

14.1.1　GAN 的生成器、判别器神经网络结构和主要损失函数

请先看图 14-1a 所示的神经网络，这种人工神经网络结构在前面章节已介绍过，它包含一个输入层和一个输出层，其中输入层数据的维度是可以由用户指定或者由输入数据决定，输出层的神经元数量也由用户指定，默认是数据集中的类别数量。输入层和输出层中间有若干个隐层。

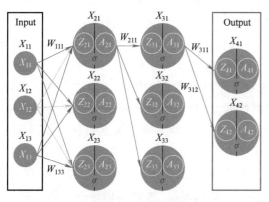

a）生成器神经网络结构示意图

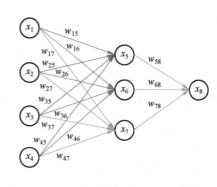

b）判别器神经网络结构示意图

图 14-1　神经网络结构示意图

（1）生成器　在生成对抗网络（GAN）中，需要先构建一个名为生成器（Generator）、结构如图 14-1a 所示的神经网络。此处的示例为人工神经网络，但也可以使用卷积神经网络。该生成器的输入就是利用 random 机制随机生成一个由 100 个随机数组成的向量⊖，即该向量由 100 个元素值组成，每一个数值都是随机生成的。该生成器的输出层的神经元的数量默认是真实数据的维度（即真实数据的属性的个数），也可以是用户指定的由一定数量的神经元组成的输出层，如 1024 个或者 128 个。各层之间主要是进行全连接操作。需要

⊖　100 是本文的示例，用户可自行调整该参数，如改为 64 个。

强调的是：生成器神经网络里本身并不进行分类，而是通过这样的一个人工神经网络将输入层的一个向量（随机向量，如 100 维）转换为输出层用户指定维度的一个新向量，各层之间只进行全连接操作，输出指定维度的向量（如 1024，128 或 20 等）。当然，该生成器神经网络仍会进行误差回传和权值更新。生成器相当于一个编码器。

下面介绍生成器的随机向量生成。生成器的输入通常是一个 100 个随机值组成的向量，其每个值都随机生成。在 Python 中生成随机数的函数是 random. normal$(\mu, \sigma, \text{size})$，调用该函数就可以得到所需的随机数，其中 μ 和 σ 分别是所指定的正态分布或者高斯分布的均值（分布的中心）和标准差（分布的宽度，其值越小越瘦高、越大越矮胖），size 是要生成的变量的数量，例如 size = 100 代表我们调用该函数是要生成 100 个随机变量，当然也可以每次随机生成一个，然后生成 100 次。总之，该函数能为 Generator 生成器的输入层生成随机数据，提供"数据源泉"。

需要说明的是，有关生成器的数据维度，还有另一种情况，即生成器的输入层维度与真实数据维度相同的情况。当然，默认情况是生成器的输入层由 100 个神经元构成，每个神经元的值都是随机生成的，即随机生成一个 100 维的随机向量作为生成器神经网络的输入向量。

（2）判别器　在生成对抗网络（GAN）中，还需要构建一个名为判别器（Discriminator）、结构如图 14-1b 所示的神经网络，用于二分类，即输入一个样本，判断它是真实的还是生成的。判别器神经网络的输入层神经元的数量与真实数据的维度（属性个数）相同，例如输入数据的维度是 20 个属性（若是关系型数据），那么输入层神经元的数量就是 20；如果输入数据是一幅图像，那么输入层的神经元的数量就是图像中像素的总数量，总之，判别器神经网络的输入层神经元的数量一定是需要等于真实数据的维度，而判别器的输出层只有一个神经元。为什么只有一个神经元呢？因为判别器要做的就是二分类，也就是判断 0 或者 1。判别器的输入层和输出层之间可以有若干个隐层，整体结构是一个全连接神经网络（也可以是卷积神经网络）。整体而言，判别器就是一个非常普通的人工神经网络（用于关系型数据分类），或卷积神经网络（用于图像分类）。对生成的样本，期望判别器将其判定为假，即神经网络在输出层上的预测值越接近于 0 越好；对真实存在的样本，期望判别器对其的预测值接近于 1。总而言之，判别器神经网络就是一个传统的人工神经网络（或卷积神经网络），其作用是：输入一个样本，预测该样本是真实样本的概率，预测值越接近于 0，就表明输入样本是生成样本的概率就越大。

下面介绍判别器的损失函数。BCE 损失，即二元交叉熵损失，前面章节已讲解，下面进行简单回顾，其定义为

$$\text{BCE Loss} = -\left[y \times \log(P_A) + (1 - y) \times \log(1 - P_A) \right] \quad (*)$$

其中 $y = 0$ 或 1，代表输入样本的真实标签是 0 或者 1（1 表示输入样本是真实样本；0 反之）。如果真实标签（y）是 1，那么式（*）只剩下 $-\log(P_A)$，这时候就等同于普通的

Softmax 损失；如果真实标签（y）是 0，那么式（1）只剩下 $-\log(1-P_A)$。P_A 是判别器将输入样本判别为真实存在的样本的概率，当 $y=1$ 时，期望 P_A 越靠近于 1 越好，此时损失项 $-\log(P_A)$ 越接近于 0；当 $y=0$ 时，则期望 P_A 越靠近于 0 越好，此时损失项 $-\log(1-P_A)$ 也越接近于 0。

因此，在使用式（＊）之前，要先看一下数据的真实标签是 0 还是 1，如果是 1，那么 BCE 直接使用损失项 $-\log(P_A)$；如果是 0，那么直接使用 $-\log(1-P_A)$。BCE 损失函数，只适用于二分类，也就是预测值只有 0 和 1 的情况。如果是多分类，就不能用 BCE 损失，而只能用 Cross Entropy（CE），即交叉熵损失函数。

（3）生成器神经网络与判别器神经网络的区别　两者都是普通的人工神经网络（或卷积神经网络），主要区别在于输入层和输出层的神经元数量各不相同：

1）输入层，生成器与判别器的输入维度不同。判别器的输入层神经元数量默认等于真实数据的维度，而生成器的输入层是一个维度为 100 的随机向量（也可以是真实数据的数据维度或用户指定的其他维度）。生成器的输入层设计有两种情况，第一种情况是最常见的，即随机生成 100 维（或用户指定的其他维度）的向量；第二种情况是生成器神经网络的输入层神经元数量等于真实数据的维度，例如用户的输入数据的属性有 20 个，那么在输入层可以认为是由 20 个神经元组成的一个变量。第一种情况也就是用户 random 随机生成的由 100 个随机值组成的向量，在图像数据生成中更为常用；第二种情况在关系型数据的生成中作用可能更佳。

2）输出层，生成器的输出层维度默认与真实数据的维度相同，而判别器神经网络的输出层只有一个神经元。判别器是一个二分类器，即判断输入样本是真还是假。而在生成器神经网络中，它的作用是特征向量的变换，如将一个维度为 100 的随机输入向量，通过该神经网络，变换为一个与真实数据维度相同（或用户指定的维度）的向量。

上面介绍了生成器神经网络的结构、用途、输入及输出，判别器的输入、输出以及特点，以及常用的损失函数即 BCE 损失函数，下面将正式讲解原始 GAN 的核心思想。

14.1.2　原始 GAN 的核心思想

1. 原始 GAN/朴素 GAN 的整体神经网络架构

原始 GAN/朴素 GAN 的整体架构如图 14-2 所示，左侧是一个由若干个随机生成的变量组成的向量，例如前文介绍的由 100 个随机数组成的一个 100 维的向量，这里的 100 维输入噪声向量每次都是随机生成的。然后将该随机生成的向量输入 Generator（生成器），Generator 的神经网络结构通常如图 14-1a 所示，Generator 神经网络将输出一个若干维的向量，称为生成样本。在图 14-2 中，输出层的维度与真实数据的维度可以是一样的。生成器用于生成一个指定维度的数据，这就是生成器的作用。

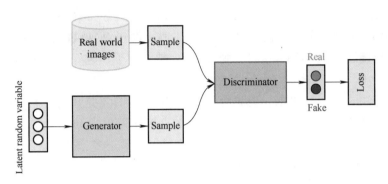

图 14-2　原始 GAN 的整体架构

真实数据即原始数据，从真实数据中取出来的样本称为真实样本。我们把生成器生成出来的生成样本和真实数据中的真实样本混合在一起，输入 Discriminator（判别器）中，判别器的神经网络结构如图 14-1b 所示，就是一个普通的人工神经网络分类器，特殊之处在于它的输出层神经元只有一个，因为它用于二分类。前面提到，判别器负责预测输入样本是真实的还是生成的。尤其需要说明的是，在具体的运算的过程中，生成器的误差由它自己单独进行回传，然后判别器的误差也是自己单独进行回传的，它们两个并没有进行所谓的端到端训练，而是交替地进行训练及误差回传，下面将具体介绍。

以上介绍了朴素 GAN 的整体架构。在具体的实现过程中，尤其是在 GAN 的变体中，前文介绍的这些技术细节都会有所变化或演进，例如生成器生成出来的变量不一定与真实数据的维度完全一样，后面可能还会再加上一些其他处理，最终才变成与真实数据的维度相同。但是，这些 GAN 变体在整体思想上与朴素 GAN 是相通的。

GAN 的主要思想是通过 Generator 生成器的神经网络及其权重优化，能够生成出来一些合成样本，然后将这些合成样本送到 Discriminator 判别器里面，即一个神经网络分类器中，Generator 期望的是 Discriminator 判断不出来该样本是生成的还是来源于真实数据。也即，Generator 神经网络的最终目的是经过它自身的神经网络变换和误差反向传播，让 Discriminator 判断不出来其生成的样本是生成的还是真实的。而 Discriminator 的目标恰恰与 Generator 相反，因为判别器的任务就是要判别出来输入的样本到底是来自于真实数据集，还是生成的。于是，Generator 和 Discriminator 就形成了一个博弈的过程：Generator 期望它生成的样本能够欺骗 Discriminator，让它判断不出来输入的样本到底是生成的还是来自于真实数据；而 Discriminator 的任务就是一个二分类判别器，它的天生使命就是要准确判定输入样本到底是生成的还是真实的，生成器和判别器之间就形成了一个迭代往复的博弈过程。

前文提到，生成器和判别器之间的训练并不是一个端到端的训练，而是在生成器神经网络训练的过程中不会去改变判别器神经网络的模型参数；而在判别器神经网络训练的过程中，生成器神经网络的权值也是冻结的。它们两个的训练是迭代交替的，而不是端到端的。

纵观原始 GAN/朴素 GAN 的核心思想，有如下重要总结：随机数机制竟然是 GAN 不断产生数据的源泉。不要小看通过 random 生成出来的 100 个随机数组成的一个向量，它竟然是 Generator 生成器神经网络不断地获得新数据的源泉，这是一个要强调的地方。也就是每次都是将由随机生成的 100 个随机数组成的一个向量作为 Generator 生成器神经网络的输入，所以它是产生 Generator 输入数据的源泉，也就是源源不断地会产生。因此，随机数机制竟然是 GAN 不断产生新数据的源泉。就是这样一个由 100 个随机数组成的向量，经过 Generator 神经网络变换之后，生成出来的样本竟然与真实样本长得很像，这就是 GAN 神奇的地方。具体而言，随机生成出来一个由 100 个随机数组成的向量经过 Generator 人工神经网络里面的全连接变换、权值更新，最后输出的一个向量竟然与真实的数据样本长得非常接近，以至于让判别器都判断不出来，这是 GAN 神奇的地方。下面进行更为具体的赏析。

1）随机数生成——GAN 不断产生新数据的源泉。有关随机数机制，前文已多次提到，每次随机生成的都是 100 个值组成的一个向量，可以基于正态分布生成这样的随机数。令 μ 和 σ 分别是正态分布的均值和标准差，在 Python 中用 numpy. random. normal$(\mu, \sigma, 100)$ 函数就能生成一个 100 维的随机向量（噪声向量）。

同时，需要反思的恰恰也是这样若干个随机生成的数值，竟然成了 GAN 生成数据的源泉。每次随机生成的 100 维的噪声向量，经过了 Generator 生成器之后，竟然能够与真实样本长得很像，以至于 Discriminator 判别器分类网络甚至判断不出来该样本是 Generator 生成出来的，这就是它神奇的地方。但是这也可能是 GAN 存在问题的地方，因为每次输入的向量都是随机生成的，可能会导致 GAN 不稳定。GAN 的另外一个缺点可能是随机生成的数据，其实并没有参照真实数据的特征进行反馈或者是改进，因为输入数据是随机生成且先后两次随机过程完全独立，两个随机生成的向量的质量并不能直接地反馈，这是 GAN 产生数据可能存在问题的地方，尽管生成器的神经网络会对随机向量进行变换。

2）Generator——利用神经网络对输入的随机噪声向量在度量空间中进行变换。我们一直强调生成器神经网络的输入就是一个由 100 个随机数组成的 100 维向量（随机噪声向量）。生成器神经网络的目的是对这样一个随机生成的 100 维的向量，进行一系列全连接变换，最后输出一个用户指定维度的向量，当然这里也可以设定输出层的维度与真实数据维度相同。再次强调，这里的 Generator 神经网络的目的不是进行分类，而只是对输入的随机噪声向量进行一系列的全连接变换，变换为一个新的向量。

举例：输入层我们通过 random 机制随机生成一个 100 维的向量，然后下一层是有 128 个神经元的一个隐层，之后依次是有 256 个神经元、有 512 个神经元的隐层，最后的隐层可以有 1024 个神经元，输出层是用户指定的一个数据的维度，此处可设定为真实数据的维度。如果真实数据是图像，那么维度就是图像的尺寸，也就是 $28 \times 28 = 784$ 维，当然也可以是用户指定的其他维度。最后输出层神经元的值是要用 Tanh 激活函数进行激活，该函数的特点是把输入值的取值范围限定在 −1 ~ 1 之间, 如果用 Sigmoid 激活函数是限定在 0 ~ 1 之间。可以看到, 该示例中, 生成器神经网络结构有一个输入层、一个输出层和四个隐层, 这就是一个简单的 Generator 神经网络结构。

2. GAN 的损失函数设计

1) Generator 生成器神经网络损失函数设计。前文提到, 虽然 Generator 神经网络不进行分类, 但是需要进行误差回传, 所以它也是需要损失函数的。那么该损失函数是怎么设计的呢? 这就是 Generator 生成器特殊的地方, 它期望的是它生成的每一个样本都被判别器判定为真, 这是它的思想。即, 生成器的输出层得到的样本, 被送到 Discriminator 判别器中进行判定, 期望它被判定为 1, 以表明生成样本非常逼真。而在将生成样本送到 Discriminator 里面的时候, Discriminator 其实是一个传统的二分类人工神经网络, 然后它会输出一个 0 ~ 1 之间的概率值/置信度, 也就是 P。Generator 期望的是 P 越靠近 1 越好, 因为生成器希望判别器把生成样本判定为真, 虽然生成器知道生成样本是假的, 但它希望能够 “欺骗” 判别器。那么, Generator 神经网络的损失函数是什么呢? 将 Generator 生成出来的每一个样本 Z, 也就是输出层得到的生成样本 Z 送入 Discriminator, Discriminator 预测 Z 为真的概率。生成器期望的是这个概率越接近 1 越好, 因为越接近 1 就表明 Generator 生成出来的样本越成功, 所以它的目标是 1, 具体使用 BCE 损失函数进行该目标的表达。这里其实等价于是将生成器生成出来的每一个样本输入判别器进行判别的时候, 把该样本的标签置为 1, 目的是为了计算损失, 且这与生成器的期望是一样的。因此, Generator 的损失函数其实是用到了 Discriminator 神经网络, 产生出来一个对 Generator 生成出来的样本的预测值, 并将预测值 (P) 与期望值 (1) 利用 BCE 损失函数, 进行损失计算和误差回传。BCE 损失函数详见本章式 (∗)。

2) Discriminator 判别器神经网络损失函数设计。前文一再强调, Discriminator 判别器就是一个非常普通的二分类神经网络。例如, Discriminator 输入数据的维度就是用户真实数据的维度, 例如 20 维或者是 784 维, 而输出层只有一个神经元, 输出是 0 或者 1 或者 0 ~ 1 之间的某一个小数值。如果真实数据是 28×28 的图像, 那么输入数据的维度是 784 维, 然后中间经过两个隐层, 这两个隐层的神经元数量分别是 512 和 256, 最后输出层只有一个神经元, 这是判别器的神经网络结构。判别器的输入来自于两部分, 一部分是生成器生成出来的样本 X_g, 还有一部分是真实数据中抽样的样本 X_r, 将生成样本 X_g 和真实样本 X_r 同时输入判别器中, 判别器要判定输入的样本到底是生成器生成出来的还是真实存在的, 其本质是简单的二分类任务。

Discriminator 判别器是一个普通的神经网络分类器, 在计算损失时, 对于真实样本, 期望判别器输出的概率值越靠近 1 越好; 而对于生成样本, 期望判别器输出的概率值越靠近 0 越好。最后, 将真实样本上的损失和生成样本上的损失相加, 得到判别器的最终损失。判别器通常使用 BCE 损失函数。对每个真实样本X_g，分别计算$BCE(P,1)$；对每个生成样本X_r，分别计算$BCE(P,0)$。最后，将两部分损失相加，即为判别器总损失。

14.1.3　GAN 中生成器与分类器的交替训练过程

前文分别介绍了生成器及判别器中的神经网络结构，以及损失函数是如何计算的，但是还没有介绍它们究竟是如何交替进行训练的，下面进行具体介绍。我们将以 GitHub 上一个公开的代码为例，介绍朴素 GAN 中生成器和判别器是如何交替训练的。

```
 1：  #Sample noise as generator input
 2：  Z = Variable( Tensor( np. random. normal( 0 ,1 ,100) ) )
 3：  # Generate a batch of images
 4：  gen_imgs = generator( z)
 5：  # Generator Loss
 6：  g_loss = BCE( discriminator( gen_imgs) ,1)
 7：  g_loss. backward( )
 8：  optimizer_G. step( )
 9：  # Discriminator Loss
10：  real_loss = BCE( discriminator( real_imgs) ,1)
11：  fake_loss = BCE( discriminator( gen_imgs. detach( ) ) ,0)
12：  d_loss = ( real_loss + fake_loss) / 2
13：  d_loss. backward( )
14：  optimizer_D. step( )
```

上述代码的第 2 行，Z 是由 random 生成的 100 个随机数组成的一个 100 维的向量，该向量作为生成器的输入数据，生成器的每个输入都是随机生成的一个 100 维向量 Z。然后，将向量 Z 送到结构如图 14-1a 所示的生成器神经网络里面。前文一再强调，生成器神经网络的本质目的不是分类，而是进行向量的变换，一个由 100 个随机数组成的 100 维的输入向量经过神经网络的全连接以及误差反向传播之后得到一个指定维度输出向量，该输出向量可以认为与真实数据的维度是一样的，例如 20 维或者 784 维，当然也可以是用户指定的其他维度的一个向量。向量 Z 经过生成器神经网络之后就得到了一个生成的样本，生成的样本记为 gen_img（代码的第 4 行）。

因为生成器也需要进行误差回传，所以我们需要计算样本 gen_img 在生成器中的损失。前文已介绍生成器的损失计算原理，它生成出来的一个样本 gen_img 送到 Discriminator 判别器的时候，我们期望判别器能够把它判别为真，那就表明生成器生成的样本很成功，所以要经过判别器神经网络的判定。判别器会对输入的样本判定一下为真的概率，概率是 0 ~ 1 之间的一个值，然后判别器神经网络结构如图 14-1b 所示，它就是一个普通的人工神经网络分类器，最后输出的就是 0 ~ 1 之间的一个值。这里因为生成器期望自己生成出来的样本能够被判别器误判为真，所以它的目标是 1。代码的第六行给出了生成器的损失计算方法。即：g_loss = BCE(discriminator(gen_imgs),1)。

BCE 损失函数原理前文已介绍，在这里简单回顾一下，式（*）中的 P_A 就是判别器预测生成器生成出来的样本为真的概率，y 是目标，由于生成器期望的目标 $y=1$，那么 BCE 损失就变成 $-logP_A$。有了这样一个损失之后，对于每一个的损失或每一批生成样本的平均损失，Generator 神经网络就可以进行误差回传了（代码的第 7、8 行）。

下面介绍 Discriminator 神经网络的损失计算，前文我们提到 Discriminator 判别器就是一个非常普通的二元人工神经网络分类器。我们在计算损失的时候是分别计算真实样本的损失和生成样本的损失，假设随机取 6 个真实的样本，6 个生成的样本，先计算 6 个真实样本的损失，因为判别器的目标就是将生成样本和真实样本混合在一块之后判定哪些是真实样本，哪些是生成样本。我们在计算损失的时候对于真实样本是利用判别器判别，最后输出的是一个 0 ~ 1 之间的值，因为真实样本就应该判定为 1，所以真实样本的目标是 1；而生成样本也要经过判别器，但判别器需要把生成样本准确地判定为 0，所以生成样本的目标是 0。在判别器判定生成样本的过程中，虽然调用生成器生成样本，但对应的生成器并不进行误差回传，生成器和判别器的训练是两个独立的过程。最后当我们计算出来 6 个真实样本的损失和 6 个生成样本的损失之后，再将两个损失相加除以 2 就是它的平均损失。详见代码的第 10 ~ 12 行。整体而言，Discriminator 就是一个传统的二分类人工神经网络，对真实样本和生成样本分开来计算损失，然后进行误差回传和权值更新。

以上就是朴素 GAN 的生成器和判别器的交替训练过程，其代码实现非常短小精悍。

再次强调，生成器和判别器是交替训练而非端到端地训练。在生成器进行训练的时候判别器是冻结的，在判别器进行训练的时候生成器是冻结的，两者之间是交替地进行训练。一般是先训练判别器，判别器在训练若干轮之后再训练生成器，然后再训练判别器，之后再训练生成器，两者之间交替往复。以上就是我们介绍的原始 GAN 的算法，下面我们就简单介绍一下原始 GAN 论文中给出的算法。

14.1.4 原始 GAN 的变体

在原始 GAN/朴素 GAN 产生之后，又有很多研究人员对它进行了改进，产生了非常多的变体，这里简要介绍两个变体：

第一个变体是 LSGAN。LSGAN 的主要贡献是将原始 GAN 中的 BCE 损失函数换成了MSE 损失函数，也就是均方差损失。其他方面主要是做了一些证明，但是它并没有从本质上改变原始 GAN。

第二个变体是 WGAN。WGAN 的主要特点是生成器和判别器的损失函数不用 log(·)

处理，其目标在于测量生成数据分布和真实数据分布之间的距离，即计算生成器生成出来的样本和来自真实数据的样本之间的距离，而不再是判定一个样本是真实的还是生成的。由于不需要进行二分类，所以判别器的输出层不再用激活函数。但是不用激活函数带来的后遗症就是判别器输出的值可能会很大，这时候增加了一个截断处理，强制保证判别器计算的距离在某一个范围内。另外，WGAN 用 RMSProp 进行神经网络优化，而没有采用基于动量的 Adam 优化方法。

14.2　DCGAN

14.2.1　DCGAN 介绍

首先介绍 DCGAN[2] 的背景，DCGAN 的英文全称是 Deep Convolutional Generative Adversarial Networks，所以 DCGAN 中的 DC 是 Deep Convolutional，也就是深度卷积。DCGAN 和原始 GAN 的基本思想和核心算法是一样的，其主要改进是将原始 GAN 适应到卷积神经网络架构上，以更好地生成和处理图像数据。由于这样的一个目标，DCGAN 去除了全连接层，并使用卷积层替代池化层（如步幅为 2 的卷积替代 2 倍池化）。最后一个改进是 DCGAN 的生成器和判别器使用了不同的激活函数，这是一些训练的技巧。生成器神经网络隐层的神经元使用的是 ReLU 激活函数，但是在输出层使用 Tanh 激活函数将输出数据的值压缩到 $-1 \sim 1$ 之间，如果用 Sigmoid 激活函数是将输出数据的值压缩到 $0 \sim 1$ 之间。而在判别器神经网络中所有层均使用 Leaky ReLU 激活函数，包括隐层和输出层。Leaky ReLU 激活函数在前面章节已经介绍过，即当 $X < 0$ 时，$Y = 0.2X$，其中系数 0.2 可以由用户自己指定；当 $X > 0$ 时，$Y = X$。ReLU 是当 $X < 0$ 时，$Y = 0$；当 $X > 0$ 时，$Y = X$，这是 ReLU 和 Leaky ReLU 的区别。那么下面我们就介绍一下 DCGAN，它也是分为生成器和判别器。

14.2.2　DCGAN 的生成器模型

DCGAN 的生成器模型的神经网络结构如图 14-3 所示，其输入仍是随机生成的一个 100 维的随机数组成的向量，这与原始 GAN 完全一样。然后可能会经过一个全连接层，该全连接层的神经元数量可能很大，把一个 100 维的随机数组成的向量变成了一个维度更高的向量，之后该全连接层会接上一个卷积层，所以其实在 DCGAN 生成器中仍然是有全连接层的，只是全连接层可能是在随机生成的 100 维的随机数组成的向量之后，即第 1 个隐层用的可能是一个全连接层。之后对该全连接层的神经元进行 reshape 操作，变成了卷积常用的形状，以进行后续的一系列卷积操作。

图 14-3 只是一个示例，在具体的应用中图中的数值可能会有所变化。在该示例中，一个 100 维的随机数组成的向量经过一个全连接层之后，假设该全连接层的神经元数量是 4096，该全连接层的输出进行一个 reshape 的操作变成了一个 $4 \times 4 \times 1024$ 的形状。然后我们进行一个 2 倍上采样，上采样的方法可以是反卷积，也就是转置卷积，这些前面章节都介绍过了，它的本质就是把一个 4×4 的尺寸变成 8×8，用到的卷积核的数量是 512，所以通道数从 1024 变成了 512。然后接上一个 2 倍上采样，尺寸从 8×8 变成 16×16，用到的卷积核的数量是 256，所以最后变成 $16 \times 16 \times 256$。之后再进行一个 2 倍上采样，尺寸变成 32×32，但卷积核的数量是 128，所以形状变成了 $32 \times 32 \times 128$。最后再进行一个 2 倍上采样，尺寸从 32×32 变成了 64×64，但这时候卷积核数量是 3，所以最终的输出形状为 $64 \times 64 \times 3$。我们在这个例子里面假定输入图像的尺寸是 $64 \times 64 \times 3$，所以输出的时候也希望输出一个 $64 \times 64 \times 3$ 的形状。当然在具体计算的过程中输入图像有可能不是 64×64，也有可能是别的尺寸，此时我们可以从后往前推，倒着计算神经网络每一层的形状。

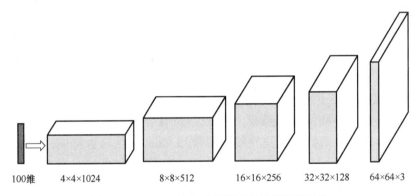

100维　　4×4×1024　　8×8×512　　16×16×256　　32×32×128　　64×64×3

图 14-3　DCGAN 的生成器模型的神经网络结构

在 DCGAN 生成器神经网络中，它的输入是一个 100 维的随机数组成的向量，但是这个 100 维的向量后面紧跟了一个神经元数量可能很大的全连接层。在图 14-3 的例子中神经元数量为 $1024 \times 4 \times 4$，也就是 16384 个神经元，将 100 维的随机向量，进行一个全连接操作之后，得到了一个 16384 维的向量，之后对该向量进行一个 reshape 的操作，把它变成 $4 \times 4 \times 1024$，其中 4×4 表示的是尺寸，1024 表示的是通道的数量。这里提到的上采样方法可以有很多种选择，只是在 DCGAN 中用的是转置卷积或反卷积，当然也可以用其他上采样方法。

在 DCGAN 的生成器中，输入是一个 100 维的随机数组成的向量，然后经过一次神经元数量非常庞大的全连接，之后再进行 4 次卷积操作，也就是 4 次上采样操作，即总共 1 次全连接加 4 次卷积，所以它里面仍然是存在全连接操作的。介绍完 DCGAN 生成器的神经网络后，下面介绍 DCGAN 的判别器神经网络。

14.2.3　DCGAN 的判别器模型

DCGAN 的判别器模型的神经网络结构如图 14-4 所示。DCGAN 的判别器本质就是一个非常普通的分类卷积神经网络，其目标就是判别输入图像是真实的还是生成的。真实样本和生成样本的尺寸都是 $64 \times 64 \times 3$，然后经过多次卷积之后，输出预测输入样本为真的概率值。

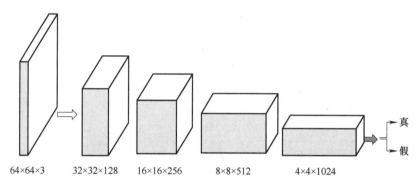

64×64×3　　32×32×128　　16×16×256　　8×8×512　　4×4×1024

图 14-4　DCGAN 的判别器模型的神经网络结构

判别器先进行一次步幅是 2、带 padding 的 3×3 卷积，卷积核数量是 128。当步幅是 2 时，相当于把它的尺寸缩减一半，等价于池化操作，得到的中间特征尺寸是 $32 \times 32 \times 128$，其中 32×32 是它的尺寸，128 是通道数。再进行一次步幅是 2、带 padding 的 3×3 卷积，卷积核数量是 256，得到 $16 \times 16 \times 256$ 的中间特征尺寸。然后再进行一次步幅是 2、带 padding 的 3×3 卷积，卷积核的数量是 512，得到的中间特征尺寸是 $8 \times 8 \times 512$。之后再进行一次步幅是 2、带 padding 的 3×3 卷积，卷积核的数量是 1024，最后得到的特征尺寸是 $4 \times 4 \times 1024$。

在 DCGAN 的判别器中，特征尺寸在一路下降，每次都是以 2 倍的速度在变小，但卷积核的数量一路上升，也就是通道数量一直在上升，从 3、128、256、512 到 1024。最终得到的特征尺寸为 $4 \times 4 \times 1024$。其实后面需要对它进行一个拉平操作，拉平之后就得到一个 16384 维的向量。但是判别器是要判定真或假，输出层只有一个神经元，所以在拉平之后就跟上了一个全连接层，该全连接层的前一层是卷积最后一层，得到的结果在拉平之后是一个 16384 维的向量，后一层是只有一个神经元的输出层，然后两者之间进行全连接操作，所以在 DCGAN 判别器中，除了前面常规的卷积操作之外，在最后一个卷积操作后面其实仍然跟上了一个全连接操作。

总而言之，因为判别器的目的是为了判定一幅图像是生成的还是真实的，也就是 0 和 1，所以判别器的输出层只有一个神经元。整体而言，判别器经过了 4 次卷积操作和 1 次全连接操作，最后的全连接操作就是为了把第 4 次卷积得到的一个维度比较高的向量与只有 1 个神经元的输出层之间进行全连接，因为判别器只需要判定是真或假，这就是 DCGAN 的判别器模型的神经网络结构。

14.2.4 DCGAN 的训练流程

下面介绍 DCGAN 的训练流程。通过分析下面的代码可以发现，这些训练流程与原始 GAN 完全相同，没有任何区别。只是这里的 Generator 神经网络和 Discriminator 神经网络不再是原来的人工神经网络，而是换成了前文我们介绍的两种卷积神经网络结构，图 14-5 所示是它的一个简单的训练流程的示意图。

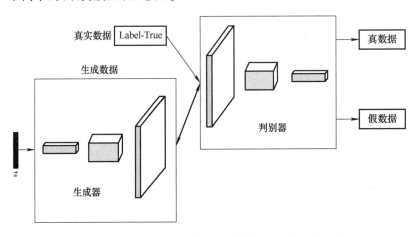

图 14-5　DCGAN 中生成器与判别器的交替训练流程

```
 1：   #Sample noise as generator input
 2：   Z = Variable(Tensor(np. random. normal(0,1,100)))
 3：   # Generate a batch of images
 4：   gen_imgs = generator(z)
 5：   # Generator Loss
 6：   g_loss = BCE(discriminator(gen_imgs),1)
 7：   g_loss. backward()
 8：   optimizer_G. step()
 9：   # Discriminator Loss
10：  real_loss = BCE(discriminator(real_imgs),1)
11：  fake_loss = BCE(discriminator(gen_imgs. detach()),0)
12：  d_loss = (real_loss + fake_loss) / 2
```

```
13: d_loss. backward( )
14: optimizer_D. step( )
```

首先我们用 random 的方法随机生成了一个 100 维的向量，将这个 100 维的向量送入 DCGAN 的生成器卷积神经网络中，输出一个尺寸为 $64 \times 64 \times 3$ 的样本，注意，生成样本的尺寸和真实样本的尺寸是一样的。之后再把真实样本和生成样本都送入判别器中，期望判别器能够准确判定出输入的样本是生成的还是真实的。训练生成器的时候需要调用判别器去判定生成器生成样本的质量，当然我们期望的是生成样本能够被判别器误判为真，所以它的目标是 1，这是生成器的损失计算方法。判别器就是一个传统的二分类神经网络，判别器要准确地判定出来输入样本是生成的还是真实的，在计算损失的时候分别计算真实样本上的损失和生成样本上的损失，然后再把两个损失相加除以 2，最后进行误差回传。这就是 DCGAN 的训练流程，与朴素 GAN 完全相同。

14.3　BEGAN

下面介绍 BEGAN[3]，BEGAN 算法的英文名称是 Boundary Equilibrium Generative Adversarial Networks，该算法主要也是用于图像生成，它在 DCGAN 的基础上，提出了新的图像合成思想。BEGAN 的常用中文译名为边界均衡生成对抗网络。

14.3.1　BEGAN 介绍

BEGAN 的主要思想是对 GAN 做了进一步的改进，提出了一种新的评价生成器生成样本质量的方法，那么该评价方法对重建后的图像和原图像进行按位做差值，差值的平均值称作重建误差，作为区分真假图像的主要依据，这是 BEGAN 的主要思想所在。BEGAN 与 GAN 算法的主要区别在于 GAN 算法是尝试将生成数据的分布规律 P_g 和真实数据的分布规律 P_r 之间的距离逐渐缩小。而 BEGAN 不是让 P_g 和 P_r 接近，即真实数据的分布规律和生成数据的分布规律可以不一样，只要两个分布规律的重建误差接近就行。

BEGAN 的判别器是一个自编码器，它的主要目标是学习输入和输出之间的关系，使输出和输入尽量保持一致。自编码器的思想是：一幅真实图像经过自编码器的编码模块之后将变成一个向量，例如一个 128 维的向量；然后将该向量送入自编码器的解码模块，得到另一幅图像，并计算该图像与真实图像是否一样或者比较接近。

BEGAN 的生成器的目标是让生成图像的重建误差尽可能小，但判别器的目标与它正好相反：判别器是要判定真或假，期望生成图像的重建误差尽可能大，而真实图像的重建误差尽可能小。下面将详细介绍。

14.3.2　BEGAN 的编码模块和解码模块神经网络结构

首先以图 14-6 为例介绍 BEGAN 中的编码模块和解码模块。此处，编码模块和解码模块只是对数据的一个处理，但并没有做分类，因此千万不要把编码和解码误认为是分类器。图 14-6a所示是 BEGAN 的编码模块，输入的是真实图像，例如 $64 \times 64 \times 3$，该图像经过若干次卷积及池化操作（使用步幅是 2 的 3×3 卷积），其尺寸是一路降下来了，从 64×64 变成 32×32，再变成 16×16 和 8×8。但使用的卷积核的数量一直在增加，也就是特征的通道数一直在增加，从 3、n、$2n$、$3n$ 到 $4n$，最后得到了一个 $8 \times 8 \times 4n$ 的特征尺寸，其中 n 的数值是用户指定的。将这样的一个特征拉平之后得到一个 $8 \times 8 \times 4n$ 维的向量，编码模块结束。编码模块输入的是一幅图像，最后得到的是一个向量。

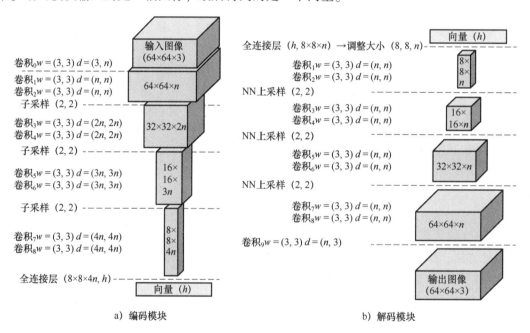

a) 编码模块　　　　　　　　　　　　b) 解码模块

图 14-6　BEGAN 的编码模块、解码模块的神经网络结构

解码模块（Decoder）输入的是一个随机向量，再与一个 $8 \times 8 \times n$ 或者 $8 \times 8 \times 4n$ 的隐层进行全连接⊖，该向量进行 reshape 后变成了 $8 \times 8 \times n$ 或者 $8 \times 8 \times 4n$ 的尺寸。然后经过若干次上采样，也就是反卷积，从 $8 \times 8 \times n$、$16 \times 16 \times n$ 到 $32 \times 32 \times n$，但通道数一直都是 n。

⊖　此处存在争议，解码模块的第一个全连接层的神经元数量建议设为 $8 \times 8 \times 4n$，以便与编码器输出的向量大小对应上。

由于输出图像要求是 $64 \times 64 \times 3$，所以最后一次卷积的卷积核数量是 3，最后得到的是 $64 \times 64 \times 3$ 的特征图，这样就能保证解码器的输出图像与编码器的输入图像的尺寸是一样的。另外，该解码模块在后续处理过程中被用作生成器了，即生成器用了与解码模块一模一样的神经网络结构。

14.3.3　BEGAN 的生成器与判别器的神经网络结构

图 14-7 给出了 BEGAN 的整体架构，它也包括生成器与判别器两个部分。其中，BEGAN 的生成器的神经网络结构与图 14-6 所示解码模块的神经网络结构完全相同。其输入是随机生成的向量，例如 100 维或者是 $8 \times 8 \times n$ 维，这与 DCGAN 完全相同。该向量经过生成器（解码模块）神经网络的若干次变换，尤其是反卷积这种上采样方法，最后输出一个与真实图像等大的生成图像，例如 $64 \times 64 \times 3$。所以，BEGAN 的生成器的流程是一个随机生成的向量经过解码器神经网络结构，最后得到一个输出图像的过程。该输出图像的尺寸与真实图像的尺寸是完全一样的。

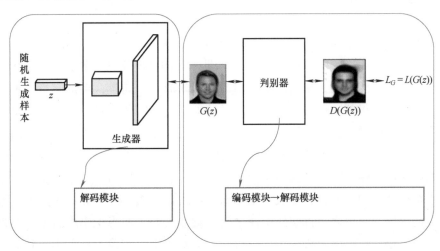

图 14-7　BEGAN 的整体架构

而 BEGAN 的判别器有一个特殊之处：对于输入判别器中的每一个样本，不管该样本是生成的还是真实的都要经过两个阶段的处理。第一个阶段是先对该样本进行一个编码，编码操作把一幅图像从 $64 \times 64 \times 3$ 变成一个向量，然后这个向量再进行一个解码操作，最后又恢复到一个与真实图像尺寸相同的尺寸。相当于判别器对每一个输入图像先进行一个编码，编码完了之后立即就进行一个解码，也就是一幅图像经过编码解码之后又变成了另外一幅图像，然后要计算这两个图像是不是一样或者比较接近。所以，每一幅输入图像，不管是真实的还是生成的，都要分别经过编码器和解码器得到一个输出图像，然后将输出图像与输入图像直接按位相减。

读者不难发现，真实图像只经过了一次编码器和一次解码器。而生成样本，首先要经过解码器生成合成图像，然后该合成图像再经过编码器和解码器进行解码，因此生成图像经过了两次解码器、一次编码器。因为，一个生成样本开始时的输入是一个随机生成的向量，例如一个 100 维或者 $8 \times 8 \times 4n$ 维的向量，将该向量送到解码模块中，进行若干次上采样，得到一幅合成图像，这是第一次用到了解码模块。随后，当使用判别器去判定输入样本是生成的还是真实的时候，每幅图像（不管是生成的，还是真实的）均须输入判别器中，判别器本身包含了编码和解码模块，输入判别器的每幅图像，先在编码器中进行编码，将它从一幅图像变成一个向量，然后经过解码器，从一个向量恢复成图像。因此，对于生成图像，它在生成的时候已经过了一遍解码模块，然后在进行判别的时候又过了一遍，所以一个生成的图像等于过了两遍解码模块、一遍编码模块，而对于真实图像，因为它不需要生成，只在判别器判别的时候，才需要过一遍编码模块和解码模块。

14.3.4　BEGAN 的训练流程

下面介绍 BEGAN 算法的损失函数以及整体训练流程，本质是在原始 GAN 的核心代码和整体训练流程的微改进。BEGAN 的主要思想是一幅图像不论其是真实的还是生成的，都要通过编码模块和解码模块，相当于把一幅图像编码成一个向量，再把向量经过解码变成一幅图像，最后还是得到一幅图像，但中间经过了编码和解码的过程，要看输出图像与输入图像是不是长得很像，这就是重建误差。重建误差就是将经过编码和解码后的图像与原始图像之间按位相减，然后求平均值，平均值就是损失，如图 14-7 所示，在生成器里，我们知道开始的时候，输入随机生成的向量，例如 100 维或者 $8 \times 8 \times n$ 维，这个向量会经过一个相当于解码模块的生成器，变成一幅图像，最后计算损失时，计算的是生成图像与其经过判别器的编码、解码之后得到的图像之间的重建误差，相当于生成的图像经过判别器的编码、解码又变成另一幅生成图像，最后看一下两幅生成图像差别大小。我们知道生成器期望的是两幅图像长得很像。下面算法代码的第 6 行，gen_imgs 本身已是生成图像，判别器 Discriminator 又把这幅生成图像经过编码、解码变成另一幅生成图像，最后计算两幅生成图像的差异和损失。

```
1： #Sample noise as generator input
2： Z = Variable(Tensor(np. random. normal(0,1,100)))
3： # Generate a batch of images
4： gen_imgs = generator(z)
5： # Generator Loss
```

```
 6:g_loss = torch. mean( discriminator( gen_imgs) -gen_imgs)
 7:g_loss. backward( )
 8:optimizer_G. step( )
 9:# Discriminator Loss
10:real_loss = torch. mean( discriminator( real_imgs) -real_imgs)
11:fake_loss = torch. mean( discriminator( gen_imgs. detach( ) ) -gen_imgs)
12:d_loss = real_loss-fake_loss
13:d_loss. backward( )
14:optimizer_D. step( )
```

BEGAN 判别器的损失计算与朴素 GAN 不同。判别器的目的是区分一幅图像到底是生成的还是真实的，在计算损失的时候也是分开计算，先计算真实样本的重建误差，再计算生成样本的重建误差。由于真实样本已经存在，不需要生成，所以一个真实样本经过了一个编码和解码之后变成了另外一幅图像，因此，BEGAN 判别器期望真实图像与对其重建后的图像之间的误差越小越好。而对于生成图像，该生成图像经过判别器时也要经过编码和解码，这幅生成图像变成了另外一幅生成图像，对于两幅生成图像之间的重建误差，判别器则期望其重建误差越大越好[⊖]。在原始 GAN 中，判别器神经网络预测的是一个 0～1 之间的概率（即真假概率），属于二分类模型，可直接使用 BCE 损失函数；而在 BEGAN 中不存在分类问题，而使用重建误差，即直接将两幅图像按位相减，得到一个差值矩阵，然后对于这个差值矩阵中的所有元素求平均值，将这个平均值作为损失。但 BEGAN 判别器希望真实样本的重建误差越小越好，而生成样本的重建误差越大越好，因此将两部分的损失相减（伪代码的第 11 行）。

14.4　基于 GAN 的关系型/表格型数据生成技术

现有的 GAN 技术大多面向图像型数据的生成，针对图像数据，评估生成图像质量的方法多为 Inception scores、SSIM 和 PSNR 等指标和人眼视觉观察的效果。

本节针对关系型/表格型数据的生成，介绍相关的技术，包括 TableGAN、ITS-GAN（FakeTables）、CTGAN、medGA 和 GL-GAN 等算法。这 5 种算法主要研究关系型的表格数据生成，而衡量表格型数据生成质量的指标主要是利用生成数据后的算法分类准确度是否提升等方面。整体而言，相对图像型数据生成，表格型数据生成的评估更加客观、见实效。因为，表格型数据不能只注重生成数据逼真、好看就行了（图像型数据生成可以这样用眼

⊖　此处存在争议，有一些同行认为是越小越好。本文按原始论文讲解。

睛判别，但是也存在"中看不中用"的生成效果：看上去好看、逼真，但是生成的图像数据对实际的模式识别可能没有用。当然，有些任务追求的就是视觉上的好看、逼真，没有必要用于识别，例如风格迁移），却是讲求实效的：生成的数据要对实际的分类模型有帮助才算成功，否则就是无用的。

1. Table-GAN[4]

Table-GAN 是首个利用 GAN 技术生成表格型数据（关系型数据）的算法。

该算法使用了类似于 DCGAN 的神经网络结构，但在此基础上增加了一个分类器模块 C 和对应的分类损失。该分类器 C 和分类损失用于衡量生成样本的语义正确性（合理性）。利用分类器，可以对一个生成样本的类别/标签进行预测，然后将预测的类别和生成样本自带的类别标签进行比较，看其是否一致。如此一来，一些语义不正确的记录就能在样本生成的过程中被避免。如（胆固醇 = 60.1，糖尿病 = True）就是一个无效的生成样本，因为该人员的胆固醇的值较低，不太可能成为糖尿病患者。需要说明的是，还可能存在单个属性的值合理，但是几个属性的值在一起在语义上就不合理的情况。

然而，Table-GAN 直接对整个表进行生成时，尚不能考虑到表中（关系中）属性之间的函数依赖关系。如 DBMS 课程中涉及的属性 B 函数依赖于属性 A（即属性 B 的值，取决于属性 A 中的值，A→B）。为了进一步解决该问题，研究人员在 Table-GAN 的基础上提出了 ITS-GAN[5]。

2. ITS-GAN（FakeTables）[5]

ITS-GAN 方法的主要思想是，如果属性 A 和属性 B 存在函数依赖关系（如职级决定工资），那么，通过一个 AutoEncoder 自编码（解码）神经网络，就能通过该神经网络自动学习到属性 A 和属性 B 的变换关系，即在 AutoEncoder 中输入属性 A 的值，通过神经网络的学习和变换，就能在输出的时候得到属性 B 的值。当然属性 A 和属性 B 可以是单个属性，也可以是若干属性的组合（请回顾 DBMS 课程的相关理论，一个属性或若干属性共同函数确定另外一个属性）。在 ITS-GAN 算法中，函数依赖关系应该是假定事先给定的或事先通过其他方法计算出来的。在损失函数中，ITS-GAN 方法将通过 AutoEncoder 输入属性 A，得到属性 B 的预测值，将其和 B 的真实值之间的差异作为一个新的损失项。除此之外，ITS-GAN 方法还增加了生成样本在每个属性上（列级）的平均值和用户指定的（期望的）该属性的真实平均值的差异，作为另外一个损失。ITS-GAN 的应用场景是，如某国政府在公开数据时出于隐私保护等目的，只公布 1% 的真实数据，以及相关的统计数据/汇总数据（包括某个属性上的平均值，例如工资收入），如何生成出来逼真的数据，让这些生成数据同时满足统计数据/汇总数据的约束。

3. CTGAN[6]

CTGAN 是在朴素（原始）GAN 的基础上进行改进得到的，它主要解决了如何同时生成离散型（类别型，如血型）和数值型属性（如浮点数、整数、小数等）的数据的问题。对于离散型数据，它在生成时考虑到数据不均衡的问题，在采样时保证每个属性的少数类和多数类的值都能有相同的机会被公平采样到。对于数值型数据，该算法提出每个属性的值可能同时存在多个满足该属性的现有数据的高斯混合模型（称为多种 mode），CTGAN 对数据进行高斯归一化，在此过程中随机选取其中的一种 mode。通过上述相关技术，CTGAN 取得了较高的生成数据质量。

4. medGAN [7]

medGAN 算法用于生成病例数据，它通过 AutoEncoder 学习潜在特征（进行度量空间学习），再结合朴素（原始）GAN，能够解决离散型病例数据生成的问题。

5. GL-GAN [8]

GL-GAN 主要用于生成二类不均衡数据，以提高二类不均衡数据的分类准确度。跟 medGAN 部分类似，GL-GAN 方法首先使用一个独立的 AutoEncoder 对原始数据进行度量空间学习和数据变换，相关的损失函数是 AutoEncoder 的 Encoder 模块的类内距离最小化（类内距离通过类内的每个样本和类的中心点之间的距离计算）和类间距离最大化（类间距离通过不同类的中心点之间的距离计算），以及经过 AutoEncoder 的 Decoder 模块后，输入样本 x 和经过 Encoder 编码-Decoder 解码后的样本 x2 的重建损失（x 和 x2 直接相减即可）。上述 AutoEncoder 训练结束后，固定该自编码器模型，将每个原始样本转换为度量空间的样本（即 AutoEncoder 位于 Encoder 和 Decoder 之间的中间向量）。然后，用 SMOTE 算法在新的度量空间中生成少数类样本。这些生成的少数类样本和原始数据在新的度量空间中的对应样本，均输入 GAN 中的生成器 G 模块。G 模块的神经网络结构与 AutoEncoder 的 Decoder 神经网络结构完全相同，作用主要是两个，一是将度量空间中的样本映射回原始空间，二是神经网络迭代优化，以便生成出判别器难以辨别的合成样本。另外，与 Table-GAN 类似，作者也在 GAN 模块中增加了分类器模块，并在总体损失中增加了分类损失，但是由于是二元分类，分类器模块的损失函数是 L_1 或 L_2 距离（先对输出层神经元使用 Sigmoid 函数进行激活之后，使其取值在 [0,1] 之间，再进行 L_1/L_2 损失函数计算预测值和真实值的差异），即真实值和预测值的差或平方差。

6. QAST [9]

本书作者及合作者提出了 QAST 算法，用于合成少数类所需的样本，以提升分类性能。主要思想是利用模型驱动的分类算法监督生成对抗网络所合成的样本标签生成，使得生成样本具有更为正确的语义标签，最终显著提升了不均衡数据的分类性能。相关成果发表在 AAAI 2023 上，源代码已经开源：https://github.com/yaxinhou/QAST。

本章参考文献

［1］ GOODFELLOW I J, ABADIE J P, MIRZA M, et al. Generative Adversarial Nets ［C］//Annual Conference on Neural Information Processing Systems (NeurIPS). Cambridge: MIT Press, 2014: 2672-2680.

［2］ RADFORD A, METZ L, CHINTALA S. Unsupervised Representation Learning with Deep Convolutional Generative Adversarial Networks ［C］//International Conference on Learning Representations (ICLR). 2016.

［3］ BERTHELOT D, et al. BEGAN: Boundary Equilibrium Generative Adversarial Networks ［DB/OL］. (2017-03-31) ［2023-07-07］. https://arxiv. org/abs/1703. 10717.

［4］ PARK N, MOHAMMADI M, GORDE K, et al. Data Synthesis based on Generative Adversarial Networks ［J］. Proceedings of the VLDB Endowment, 2018, 11 (10): 1071-1083.

［5］ CHEN H P, JAJODIA S, LIU J, et al. FakeTables: Using GANs to Generate Functional Dependency Preserving Tables with Bounded Real Data ［C］//Proceedings of the Twenty-Eighth International Joint Conference on Artificial Intelligence (IJCAI). San Francisco: Morgan Kaufmann, 2019: 2074-2080.

［6］ XU L, SKOULARIDOU M, INFANTE A C, et al. Modeling Tabular data using Conditional GAN ［C］//Annual Conference on Neural Information Processing Systems (NeurIPS). Cambridge: MIT Press, 2019: 7333-7343.

［7］ CHOI E, BISWAL S, MALIN B A, et al. Generating Multi-label Discrete Patient Records using Generative Adversarial Networks ［J］. Proceedings of Machine Learning Research, 2017, 286-305.

［8］ WANG W T, WANG S H, FAN W Q, et al. Global-and-Local Aware Data Generation for the Class Imbalance Problem ［C］//Proceedings of the 2020 SIAM International Conference on Data Mining (SDM), Philadelphia: SIAM, 2020: 307-315.

［9］ ZHANG C S, HOU Y X, CHEN K, et al. Quality-Aware Self-Training on Differentiable Synthesis of Rare Relational Data ［C］//Thirty-Fifth Conference on Innovative Applications of Artificial Intelligence (AAAI). Palo Alto: AAAI Press, 2023: 6602-6611.

第 15 章

长尾学习

本章主要内容

- 长尾分布和长尾学习背景介绍
- 代表性长尾学习算法

长尾学习是深度学习、人工智能领域近些年的研究热点。据统计，2016 年至 2021 年，发表在顶级国际会议如 CVPR、ICCV、NIPS、ICLR 等上有关长尾学习和不均衡学习的论文，已逾百篇；而在 2022 年，仅 CVPR 2022 上就发表了约 20 篇与长尾学习、不均衡学习相关的论文，足见其研究热度。为了方便读者理解长尾学习的算法，本章首先介绍长尾分布的概念、长尾分布与不均衡分布的联系与区别，以及长尾理论、长尾需求、长尾场景的含义。然后，给出长尾学习的方法归类，并重点介绍各类别中代表性的长尾学习算法。

15.1 长尾分布和长尾学习背景介绍

15.1.1 长尾分布的概念及其与不均衡分布的联系与区别

长尾（long-tail）这一名词本意是指某些鸟类尾巴很长的现象，如图 15-1 所示。在机器学习领域，经常见到某些数据中不同类别的样本量分布不均衡的现象，呈现出如图 15-2 所示的形似鸟类长尾的形态，人们将符合此类分布的数据称为长尾分布。长尾分布的数据可划分为少量的头部类别（head classes）和数量众多的尾部类别（tail classes）：头部类别类别数量较少，但每个类的样本量巨大；尾部类别类别数量巨大，但每个类的样本量稀少。在图 15-2 中，横坐标代表类别的 ID，纵坐标代表每个类别的样本数量。其中，红色类别（头部类别、多数类）只有 3 个，但包含了大量的样本；而黑色类别（尾部类别、少数类）虽然类别数量多，但是每个类别的样本量很少。需要说明的是，图 15-2 仅是长尾分布数据的简单示例，真实情况下，尾部类别的数量可能非常巨大（如某个数据有几百个尾部类别)。长尾分布的一个真实案例：据称，亚马逊平台共有约500万种图书，按销售量排序，前13万名图书占据近一半的总销售量，13万名之后的图书贡献了剩余的销售量。在这个例子中，前13万名图书就是亚马逊数据库中的头部类别，13万名之后的图书是尾部类别（有约487万种）。

图 15-1   鸟类的长尾现象

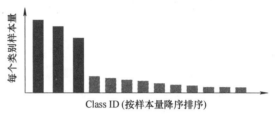

图 15-2   长尾分布示例

长尾分布与不均衡分布的术语易混淆。不均衡分布指数据中不同类别的样本数量分布不均衡（这方面与长尾分布一致），但并不强调头部类别和尾部类别在数量方面的关系（而长尾分布中，尾部类别的数量通常非常巨大）。长尾分布是一种特殊的不均衡分布。两者的主要区别为：

1) 长尾分布中，少数类（尾部类别）的类别数量庞大，而不均衡分布中，少数类的类别数量可能只有少数几个，也可能数量庞大。

2) 长尾分布中，多数类（头部类别）的类别数量较少，而不均衡分布中，多数类的类别数量可能只有少数几个，也可能数量庞大，甚至可能超过少数类的类别个数。

3) 长尾分布中，所有少数类的样本量之和，可能与多数类相当，或达到较高的比例（如30%），而不均衡分布不一定满足该特性。

如今，长尾现象、长尾分布已广泛存在于生活、工作中的方方面面。人们也偶尔使用头部和尾部这样的现象性术语（主观的看法），但这不同于本书中的长尾分布和长尾学习的严谨性学术概念（有准确定义、相关理论和技术方案）。例如，生活中人们经常使用头部平台、腰部平台和尾部平台名词，根据受欢迎程度和用户覆盖面将不同平台划分为以上三种类型。携程网可视作头部平台之一，而其他的腰部平台和尾部平台虽然不像携程这样有广泛的覆盖面，但也有各自的细分市场、服务对象和盈利空间。头部企业的含义与头部平台接近，而规上企业（规模以上企业）除了包含头部企业外，也可能包含腰部企业（注：根据《国家统计局关于布置2010年统计年报和2011年定期统计报表制度的通知》（国统字〔2010〕87号），规模以上工业企业是指年主营业务收入2000万元及以上的工业法人企业）。

15.1.2　长尾需求与长尾场景

长尾需求指拥有某种需求的用户数量不大（长尾客户）或案例较少，即该需求出现次数不多、非普遍存在，属于个性化需求。

1）网购场景。当人们需要购买新书或畅销书时，在京东、当当网等平台中可以很容易检索到对应的书籍。而有些出版年份较早的书籍，还有一些特殊的书籍，如古文字书籍，人们在上述平台上可能找不到所需书籍，但人们可能通过淘宝和孔夫子网就能购买到所需的书籍，因此淘宝和孔夫子网等平台，一定程度上可视作能满足长尾需求的平台。

2）生活场景。在购买 U 盘的场景中，仅仅采用 "U 盘" 或者 "64GB 的 U 盘" 作为检索关键词，则可以在电商平台上找到非常多的候选产品，但若增加一些个性化需求的术语，例如，①希望 U 盘带有保护盖，因此像纸屑或身上的衣服丝就不会进到这个 U 盘里面。②希望 U 盘支持写保护，这样可以防止病毒被写入 U 盘中。③ 希望 U 盘带有一个防丢绳扣。上述三种需求对应的关键词 "保护盖" "写保护" "防丢"，笔者在电商平台上发现，同时满足三种需求的 U 盘几乎没有。事实上，上述三种需求合在一起，就是一种长尾的需求（也是一组长尾关键词，后面会提到）。

3）技术场景。文字识别是一个通用的技术，很多大公司提供了通用的软件和 API，用户只要输入一个文本图像到软件或者 API 接口中，就能得到对应的文字识别结果。然而在文字识别之前，在有些场景下还需要进行文本图像的版面分析，例如身份证的识别。另外，还有像营业执照的识别，也有固定的格式。除了这些之外，在生活中还有很多票据，例如金融票据，另外不同公司的票据、不同超市的票据（小票），版面结构可能多种多样。若使用通用的版面分析技术，尽管也能得到一定准确度的结果，但这个结果很可能只是部分准确，无法做到非常精准。而针对特定类型的文本图像或票据，设计针对性的、精准的版面分析算法和技术，可认为是一种长尾场景，因为通用的技术很难完全满足需求，而需要个性化定制研发，需要较多的人力和时间投入。

4）企业和市政部门处理长尾需求的不同方式。大型公司出于经营利润的考虑，往往会只关注通用需求，以实现平台级可复制的通用服务；而长尾需求往往是需要定制研发的，且客户量可能不大、创造的利润可能不高，因此很多大公司遇到长尾需求和长尾场景的时候，可能会选择暂时忽略或不做。但在一些现实场景中，就不能仅仅关注通用需求。例如，① 在城市管理和服务中，主管部门就不能只关注 20% 的通用需求，也应关注长尾场景的需求，以提供个性化服务，如公共交通、消防、下水管道的管理是通用需求，防止高空抛物、地铁站积水等需求则是长尾需求；② 导致高铁事故的原因很多，有些因素虽然发生频率很低，如一根保险丝的熔断，或某个螺栓的损坏（尽管其过去极少出现过损坏的情况），但一旦发生，则危害甚巨，故需监测防范，对应的技术需求就是长尾场景。此种情形下，长尾场景、长尾需求就必须提前应对，制定对应的解决方案。

15.1.3 二八定律与长尾理论/长尾效应

二八定律又名80/20定律、帕累托法则、幂律法则等，指在一组因素或对象中，最重要的对象或因素只占其中的一小部分，约20%，其余80%尽管是多数，却是次要的。据说，银行80%的利润，来自20%甚至更少的客户。二八定律强调抓住主要矛盾、重点服务主要客户，以协助解决核心利润、时间管理、重点客户、资源分配、核心产品研发等问题。

人们在生活中经常被二八定律左右。全世界的电影成千上万，但是电影院每个月只上映几十部电影。这是因为电影院考虑到盈利的需要，只会选择播放爆款的电影，以便获得更高的上座率、创造更多的利润。而事实上，各个年龄阶段的人，甚至是每个人，都有各自的电影偏好，但人们去了电影院之后，只能在电影院提供的电影列表中进行选择，而自己的个性化需求（长尾需求）往往不能被满足，因此我们其实是被二八定律左右了。

安德森在他出版的一本书《长尾理论》中首次提出了长尾理论的概念。在这本书中，长尾现象指那些原来因销量小不受重视，但种类巨大、累积总收益超过或接近主流产品的现象。二八定律和长尾理论通常使用于经济学/商业领域、管理学、社会科学中。

1）二八定律和长尾理论如同一枚硬币的两面。在图15-2中，除了三个头部类别之外，还有数量非常庞大的尾部类别。如果我们只关注于三个头部类别的话，就是二八定律；如果我们更加关注尾部类别的话，它就是长尾理论。数据在本质上没有变化，有可能是相同的数据，但因人们关注点的不同，适用的理论就变得不同：如果我们只关注头部的话，就叫作二八定律，因为想把主要的精力和资源集中在少数的头部类别上；如果我们更关注长长的尾部类别的话，就叫作长尾理论，因为更关注、更想挖掘大量的尾部类别的潜力。二八定律和长尾理论如同一枚硬币的两面。对同一个数据，从正面看是二八定律，反面看是长尾理论。但在竞争越来越激烈的今天，人们不再敢轻易忽略数量众多的尾部类别或尾部客户，而是愈发重视。

2）二八定律和长尾理论的区别。二八定律强调中心化、聚焦头部、忽略尾部，而长尾理论强调去中心化、关注尾部。二八定律通常发生在资源有限且昂贵及有限货架场景，而长尾理论常见于无限货架，如电子商务、在线商城等场景。在电影院场景下，受到二八定律的支配，由于存在空间资源约束和追求利润最大化的目标驱使，只播放上座率高的电影。而在电商场景或数字世界中，由于没有货架和空间上的约束，长尾理论可能更加适用，如淘宝网，就是长尾需求能够得到满足的平台。

15.1.4　SEO 中的长尾关键词

在电商场景下，商家可以通过优化关键词提升产品在电商平台或搜索引擎中的排名、流量和销量（为在搜索引擎中获得更高的排名对网站进行的优化，即 SEO）。主关键词指的是产品的名称或者是关键特点，其搜索量往往较大，但不同产品或网站间的竞争激烈，竞价排名费用较高。长尾关键词指的是对产品的特殊要求，对应的关键词搜索量较低，但转化成交的可能性很大，更能精准获取潜在买家。以 15.1.2 节中的购买 U 盘为例，三个关键词加在一起其实就是一个长尾关键词，它的出现频率不高，但是一旦出现的话，就能满足客户的特殊需要，交易成功率非常高。网购鲜花时，鲜花是主关键词，但是出售鲜花的网站特别多，某个售花网站或商家不一定能在电商或搜索引擎的返回结果中排名靠前，在此种情况下，商家就需要考虑利用长尾关键词优化其产品页面，提升其在搜索引擎或电商的结果排序中的位次。那么，商家怎么样得到这些长尾关键词呢？首先要懂业务，知道客户有哪些需求，比如说一些人群喜欢买百合，另一些人群喜欢购买红玫瑰等，也需要根据用户的搜索历史分析客户对哪些长尾关键词比较感兴趣，进而优化用户的搜索体验，以在电商平台或搜索引擎的结果排序中靠前。总体而言，在兼顾行业的主关键词的同时，要洞察不同客户的需求，重点挖掘长尾关键词，以对网站内容进行优化，从而吸引客户的眼球。

15.1.5　长尾学习与不均衡学习

长尾学习是指如何在尽量不降低多数类/头部类别（即训练样本较多的类别）的识别正确率的前提下，显著提升少数类/尾部类别（即训练样本较少的类别）的识别正确率的研究问题。长尾学习针对的数据（简称长尾数据），可以是计算机视觉任务中的图像数据、音视频数据，也可能是结构化数据（表格型数据）。

据调查，在机器学习及计算机视觉研究中，2016 年以前，人们通常用不均衡学习指代针对该类型数据的机器学习解决方案，但在 2016 年以后，尤其是 2019 年至今，从计算机视觉和人工智能领域发表的相关论文来看，人们越来越多地用长尾学习（long-tailed Learn-ing）术语，但不均衡学习术语仍被沿用，两个术语共存、混用。不均衡学习、长尾学习有时指结构化不均衡数据的学习，也指图像型不均衡数据的机器学习技术。由于不均衡分布、长尾分布的数据普遍存在的客观现实，长尾学习、不均衡学习有重要的研究价值和空间，是近年的研究热点之一，譬如，仅在 CVPR 2022 上，就约有 20 篇与长尾学习、不均衡学习相关的学术论文。

15.2　代表性长尾学习算法

基于深度学习的长尾学习技术可以粗分为三大类，即数据平衡类、损失重加权类和解耦学习类，如图 15-3 所示。第一类是数据平衡类，这一类中包含样本重采样技术。第二类是损失重加权类，简单地说，对当前批（batch）中的训练样本的损失进行加权求和时，类别属于少数类/尾部类别的训练样本将乘以相对较大的权重系数，而类别属于多数类/头部类别的训练样本则乘以相对较小的权重系数，以增加少数类/尾部类别的训练样本的对应损失在总损失中的重要性。第三类是解耦学习类，解耦学习是相对较新的一个技术，2019 年研究者将解耦学习首度应用在了长尾数据上，取得了非常好的效果。下面将对三种类型长尾学习技术中的代表算法进行讲解。

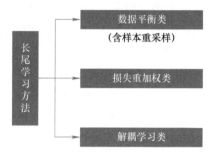

图 15-3　长尾学习方法归类

15.2.1　数据平衡类长尾学习方法

粗略地说，采用数据平衡类方法解决长尾学习任务的方法有两种路径：样本重采样法（Resampling Techniques）和样本合成/增广法（Data Synthesis and Augmentation Techniques）。

1. 样本重采样法

此类方法对原始数据进行有针对性的采样，这也是我们日常工作中有意无意地采用的方法，具体分为以下几种情况：①过采样：对少数类的样本，进行过采样，即增加采样频率，增加抽样得到的少数类样本数量。由于某些少数类的样本可能会在不同批次中被反复使用、进行模型训练，这种方法可能存在过拟合的问题。②欠采样：对多数类的样本，进行欠采样，即减少其采样频率，以减少对应的多数类样本的数量。③困难样本选择法：训练时重点选择分类预测的损失值较大的样本。

2. 样本合成/增广法

当样本量不足时，一个朴素的想法是能否直接生成更多的样本来弥补样本量不足的问题。样本合成/增广法指采用一些方法，对少数类的样本进行增广。

RSG（Rare-Class Sample Generator）算法[1]是新的样本增广算法，如图 15-4 所示。其核心思想是：不同类的聚类内部的样本向量与聚类中心向量的差异，应存在线性关系或较为接近。基于该思想，该算法采用两个步骤得到增广样本。第一步称为中心估算模块，在

该模块的计算过程中，首先将多数类中的每一个类，均划分为若干个聚类，然后，对于该类别的每个聚类中的样本，执行运算

$$x_{\text{fd-freq}} = x^l_{\text{freq}} - \text{up}(C^l_K) \tag{15-1}$$

将聚类中每个样本的特征向量减去所在聚类中心的特征向量，得到多数类的样本与其所在聚类中心的特征向量间的差异值。

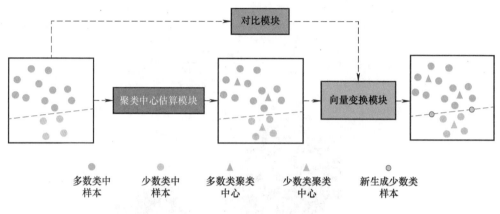

图 15-4　RSG 算法

第二步称为向量变换模块。在该模块中，对每个少数类的样本，将其特征向量加上式（15-1）得到的差异值的线性变换 $T(x_{\text{fd-freq}})$，得到少数类的新样本。线性变换可以先采用一个卷积，再进行若干次全连接来实现，即

$$x^{l'}_{\text{new}} = T(x_{\text{fd-freq}}) + x^{l'}_{\text{rare}} \tag{15-2}$$

通过上述两个步骤，能够生成更多的少数类样本。

15.2.2　损失重加权类长尾学习方法

长尾学习的第二类方法是损失重加权方法。所谓的损失重加权，指在当前批中，在计算样本的损失时，不同类别的样本前面的损失系数不同。例如，计算头部类样本的损失时，乘上一个较小的系数；而尾部类样本的损失，乘上一个较大的系数。该方法的目的是强调尾部类样本的学习。本节介绍两种前沿的损失重加权方法，即 Class-Balanced Loss[2]（CB Loss）和 Label-Distribution-Aware Margin Loss[3]（LDAM Loss）。

1. CB Loss

CB Loss 是一种经典的损失重加权方法，可用于长尾分布或不均衡分布数据的学习。该方法思想是，对每个类别的样本对应的损失的权重与该类别的样本数量成反比关系。即，某个类别的样本量越高，其对应的样本的损失所乘以的权重就越小。CB Loss 主要是对不同

类别的样本的损失值，乘以一个与样本量负相关的系数进行调整，即样本量越大的类别，该类别样本上的预测损失的权重越小；样本量越小的类别，该类别样本上的预测损失的权重越大。该算法的主要思想如图 15-5 所示。

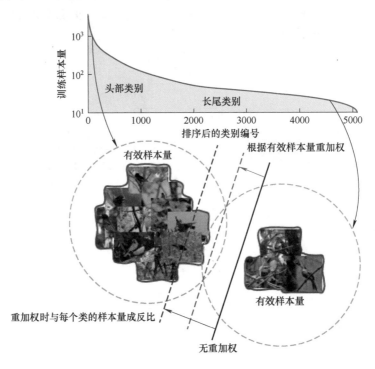

图 15-5　CB Loss 的算法思想

CB Loss 计算式为

$$CB(\boldsymbol{p}, y) = \frac{1 - \beta}{1 - \beta^{n_y}} L(\boldsymbol{p}, y) \qquad (15\text{-}3)$$

式中，$\boldsymbol{p}$ 为神经网络的预测值；y 为类别标签；β 为损失系数中可调节的超参数，一般从以下 4 个数中进行选取：$\{0.9, 0.99, 0.999, 0.9999\}$；$n_y$ 为类别 y 上的样本数量；L 可以为使用某种损失函数得到的损失值。当确定了超参数 β 的值之后，对神经网络进行训练时，若 n_y 越大，则损失加权系数 $\frac{1 - \beta}{1 - \beta^{n_y}}$ 的值就会越小；反之，若 n_y 越小，则加权系数越大。这体现了头部类别样本损失值乘以较小的系数、尾部类别样本损失值乘以较大系数的思想。

图 15-6 给出了在不同 β 取值下，取不同样本量时 β^{n_y} 的值。假设当前 β 是 0.999 的话，某一个类别若有 1000 个样本，$\beta^{n_y} = 0.36770$，那么这个类别对应的样本损失所乘的权重系数 $\frac{1 - \beta}{1 - \beta^{n_y}}$ 的分母就相对较大，整个权重系数就越小；若另外一个类的样本量为 100，那么这

个类别 $\beta^{n_y} = 0.90479$，权重系数的分母相对 1000 个样本的类变小，最后得到权重系数相对较大；最后，对于一个只有 10 个样本的类，$\beta^{n_y} = 0.99004$，权重系数的分母相对 1000 个样本和 100 个样本的类则更小，权重系数最大。通过分析，可以发现 CB Loss 中的 β 可能也存在问题。当某类的样本量比较小时，其权重可能存在过大的问题。整体而言，CB Loss 的思想是对某个样本的损失进行加权时，该权重与当前样本所属类别的样本总量成反比关系。

$$0.999^{1000} = 0.36770 \qquad 0.999^{100} = 0.90479 \qquad 0.999^{10} = 0.99004$$
$$0.99^{1000} = 0.000043 \qquad 0.99^{100} = 0.36603 \qquad 0.99^{10} = 0.90438$$
$$0.9^{100} = 0.000027 \qquad 0.9^{10} = 0.348678$$

图 15-6 CB Loss 中，不同样本量、不同 β 值计算结果示例

2. LDAM Loss

这是另一种损失重加权方法，该方法直接对交叉熵损失函数进行更改以实现在尾部类别中采用较大权重的目标。这其实是一系列的方法，即 LDAM Loss 思想比较相似的方法还有很多。其主要特点是修改 Softmax Loss（Softmax Cross Entropy Loss）公式，令每个类减去一个 margin 参数（边际参数），该参数与每个类的样本数量成反比关系，即

$$L_{\mathrm{LDAM}}((x,y)\,;f) \ = \ -\log\frac{e^{z_y-\Delta_y}}{e^{z_y-\Delta_y}\ +\ \sum\limits_{j\neq y}e^{z_j}} \tag{15-4}$$

式中，$\Delta_y = \dfrac{C}{n_j^{1/4}}, \ j \in \{1,2,\cdots,k\}$

x 为样本；y 为类别标签；f 为神经网络；z_j 为 Logit 向量中第 j 个元素的值（Logit 向量指最后一层网络的输出尚未经过 Softmax 函数激活的向量）；n_j 为第 j 个类别样本的数量；C 为影响边际参数值的大小的一个超参数。式（15-4）的含义是指在对 Logit 向量进行 Softmax 激活前，在当前样本所对应的 Logit 向量中的元素值（如第 3 个值）减去边际参数 Δ_y，该参数 Δ_y 取值为当前样本所属类别在训练集中的样本总量的四次方根的倒数。若当前样本对应类别的样本量越大，则边际参数越小；反之，边际参数越大。

与普通的 Softmax 公式相比，LDAM Loss 本质上对激活前的 Logit 向量进行了一个比较小的修改，在 Logit 向量中当前训练样本对应类的位置减去了一个边际参数。例如，假定输出层是一个由 10 个元素组成的向量，当前训练的样本，真实类别对应的是向量的第 3 个元素，那么 LDAM Loss 在计算时，仅令其第 3 个元素值上减去边际参数 Δ_y，然后采用 Softmax 函数进行激活。注意：此时，只有 Logit 向量的第 3 个元素的值减去了边际参数，其他 9 个元素的值没有修改。LDAM Loss 发表于 NIPS2019，该方法如今被很多人采用，因其实现简单，效果好。

3. CosFace Loss 及其与 LDAM Loss 的异同之处

LDAM Loss 与 CosFace Loss[4] 有相似之处。CosFace Loss 的网络架构和计算流程如图 15-7

所示。在 CosFace Loss 中，也是减去了一个边际参数（其作用见图 15-8），但不同类别在 Logit 中所减去的边际参数的值相同，而 LDAM Loss 则是每个类别有一个对应的边际参数。另一个不同之处是，CosFace Loss 中在得到 Logit 向量时，设计了归一化处理，在物理意义上等同于计算输出层的每个神经元对应的权值向量与最后一个隐层的向量之间的余弦夹角距离。

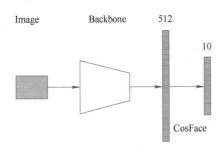

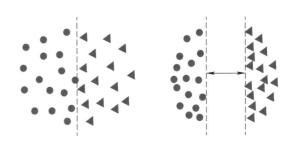

图 15-7　CosFace Loss 网络结构图　　　　　图 15-8　边际参数的作用示例

CosFace Loss 的公式为

$$L_{\text{lmc}} = \frac{1}{N} \sum_i - \log \frac{e^{s(\cos(\theta_{y_i,i}) - m)}}{e^{s(\cos(\theta_{y_i,i}) - m)} + \sum_{j \neq y_i} e^{s\cos(\theta_{j,i})}} \tag{15-5}$$

CosFace Loss 的计算过程如图 15-9 所示。令 X 为最后一个隐层对应的向量，W 为输出层与该隐层之间的权值矩阵，$|X|$ 代表向量 X 的 L_2 范数，$|W^{\text{T}}|$ 代表对 W^{T} 的每个列向量分别求范数。CosFace Loss 通过 $\dfrac{W^{\text{T}}X}{|W^{\text{T}}||X|}$ 操作可得到输出层 Z，而普通的交叉熵损失在计算 Z 时仅使用 $W^{\text{T}}X$（并未除以范数 $|X|$ 和 $|W^{\text{T}}|$）。W^{T} 是输出层的每个神经元/每个类对应的所有权值组成的向量，$\dfrac{W^{\text{T}}}{|W^{\text{T}}|}$ 对其归一化处理。下面举例说明，令最后一个隐层对应 512 维的特征向量，输出层为 10 维的向量，因此权值矩阵 W 为 512×10 的矩阵。CosFace Loss 通过归一化操作（即除以范数 $|X|$ 和 $|W^{\text{T}}|$），得到的输出层的元素代表了特征向量 X 与该元素在矩阵 W 中对应的权值向量之间的余弦距离。然后，对输出层初始的向量 Z（logit 向量），根据当前计算样本所属类别，Z 的对应位置的元素值减去边际参数，即 $Z_t = Z_t - m$，而 Z 中其他元素的值均不变，最后再统一乘缩放因子 s，得到最终向量 Z（Logit 向量）。最后，对 Z 使用 Softmax 进行激活，得到向量 A，对 A 计算交叉熵损失。边际参数对训练结果的影响如图 15-8 所示，可见引入边际参数之后，能更有效地将不同类别样本的特征进行区分。如上面提到的，CosFace Loss 与 LDAM Loss 相比有很多相似之处，其主要区别在于：①求解输出层的 Logit 向量时，CosFace Loss 进行归一化操作。②CosFace Loss 的边际参数与样本量无关，而是所有类别的样本共享同一个边际参数。作者通过大量的实验发现 $m =$

0.35，$s=30$ 的时候，性能相对较优。而 LDAM Loss 可能更适用于长尾数据，为每个类别设置一个边际参数。

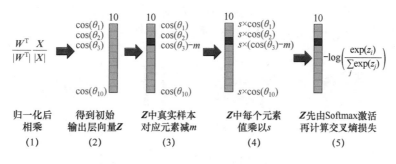

图 15-9　CosFace Loss 的计算过程详解

15.2.3　解耦学习类长尾学习方法

1. 面向长尾学习的解耦训练法

Kang 等人[5]首先发现解耦训练对于长尾数据的分类性能的提升很有帮助。解耦学习类方法指将特征网络训练和分类器训练过程解耦。应用于长尾学习时，将长尾学习训练过程分为特征提取骨干网络训练与分类模型再训练两个阶段。在第一阶段（特征提取骨干网络训练阶段），采用正常的（普通的）卷积神经网络训练，即对原始数据，进行 Instance-wise 的样本随机采样，然后进行正常的卷积神经网络训练，如图 15-10 所示。第一阶段的目标是为了得到更强更好的特征提取骨干网络。在第二阶段（分类模型再训练阶段）采用了一个特殊处理，将第一阶段训练结束后得到的骨干网络进行冻结（权值不再更新），然后，对原始数据，进行 Class-wise 的样本随机采样（样本重采样），且仅训练骨干网络后面的由若干个全连接层组成的子神经网络/分类网络，如图 15-11 所示。

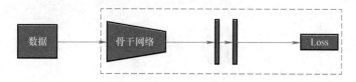

图 15-10　解耦学习第一阶段训练示意图

值得注意的是，在第一个阶段和第二个阶段，在数据处理上有非常大的区别。在第一个阶段采样数据的时候，使用的是 Instance-wise 样本随机采样，采样的时候不考虑样本对应的标签，随机选择。因此在这种情况下，随机采样得到的一个批次样本，其中样本所属类别的分布也满足长尾分布，即在同一个批次样本中，也呈现头部类别样本较多、尾部类别样本较少的特点。在第二个阶段中，采用 Class-wise 样本采样方式，首先随机选取若干个类别，然后对于选定的类别，从每个类别的全部样本中，随机抽取数量相当的样本。因此在第二阶段的训练中，每个 Batch 中各类别的样本数量相当，因而进行分类网络训练的时候，这个分类网络对于少数类的识别正确率应有进一步的提升。

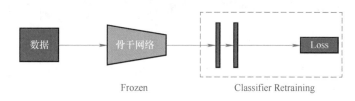

图 15-11　解耦学习第二阶段训练示意图

2. 面向长尾学习的 BBN 算法

BBN[6]（Bilateral-branch network）算法是前沿的解耦学习算法，该方法是对上述解耦学习的思想的改进。在上述解耦学习算法中，两个阶段是完全割裂的，需要先对第一个阶段训练，结束之后，然后把骨干网络冻结，再进行第二阶段的训练，即骨干网络后面的子分类网络的训练。BBN 的作者认为这种把整个训练过程严格区分为两个阶段的方法，有进一步优化的空间，因此提出 BBN 方法，该方法可以实现在两个阶段中间平滑过渡，如图 15-12 所示。

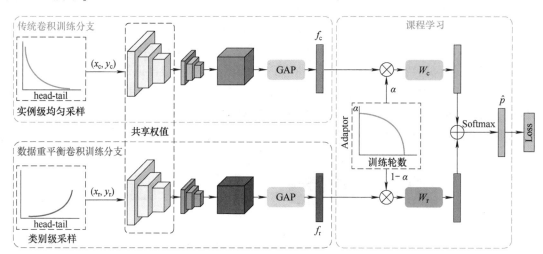

图 15-12　BBN 算法示意图

具体而言，BBN 算法采用了双通路网络结构进行学习，即同时训练两个同构的 CNN 分类网络（二者共享骨干网络）。其中，上面的分支采用 Instance-wise 采样方法，下面的分支采用 Class-wise 采样方法。而在其他方面，两个分支的神经网络结构完全一样。最终损

失为

$$L = \alpha E(\hat{\boldsymbol{p}}, y_c) + (1 - \alpha) E(\hat{\boldsymbol{p}}, y_r) \tag{15-6}$$

式中，$\alpha = 1 - \left(\dfrac{T}{T_{\max}} \right)^2$；$\hat{\boldsymbol{p}}$ 为网络的预测向量；y_c 为上面分支的标签；y_r 为下面分支的标签；T 为训练轮数。在训练的开始阶段，α 等于 1，总损失偏向于基于 Instance-wise 的训练损失（上面的分支，即普通的分类训练），随着训练轮数逐渐增加，α 逐渐减小，总损失逐渐向基于 Class-wise 的训练损失过渡（下面的分支，即针对不均衡数据的分类器训练），最终实现了两个阶段之间的平滑过渡。

本章参考文献

[1] WANG J F, LUKASIEWICZ T, HU X L, et al. RSG: A Simple but Effective Module for Learning Imbalanced Datasets [C]//IEEE Conference on Computer Vision and Pattern Recognition (CVPR). Piscataway: IEEE, 2021: 3784-3793.

[2] CUI Y, JIA M L, LIN T Y, et al. Class-Balanced Loss Based on Effective Number of Samples [C]//IEEE Conference on Computer Vision and Pattern Recognition (CVPR). Piscataway: IEEE, 2019: 9268-9277.

[3] CAO K D, WEI C, GAIDON A, et al. Learning Imbalanced Datasets with Label-Distribution-Aware Margin Loss [C]//Annual Conference on Neural Information Processing Systems (NeurIPS). Cambridge: MIT Press, 2019: 1565-1576.

[4] WANG H, WANG Y T, ZHOU Z, et al. CosFace: Large Margin Cosine Loss for Deep Face Recognition [C]//IEEE Conference on Computer Vision and Pattern Recognition (CVPR). Piscataway: IEEE, 2018: 5265-5274.

[5] KANG B Y, XIE S N, ROHRBACH M, et al. Decoupling Representation and Classifier for Long-Tailed Recognition [C]//International Conference on Learning Representations (ICCV). Piscataway: IEEE, 2020.

[6] ZHOU B Y, CUI Q, WEI X S, et al. BBN: Bilateral-Branch Network With Cumulative Learning for Long-Tailed Visual Recognition [C]//IEEE Conference on Computer Vision and Pattern Recognition (CVPR). Piscataway: IEEE, 2020: 9716-9725.

[7] ZHANG C S, ALMPANIDIS G, FAN G J, et al. A Systematic Review on Long-Tailed Learning [J]. IEEE Transactions on Neural Networks and Learning Systems, 2025.

第16章

Transformer 架构原理

本章主要内容

- 自注意力机制
- Transformer 架构
- Transformer 的基础应用——BERT 自然语言处理模型

继卷积神经网络（CNN）之后，Transformer 架构因其在很多任务上的性能超越了 CNN 而成为近年的主流神经网络架构。当前很火很流行的大语言模型，如 ChatGPT、Claude 3.5 Sonnet 和 Mistral 模型，均基于 Transformer 架构。事实上，Transformer 几乎是所有大模型的底层架构。本章将重点讲解自注意力机制，Transformer 架构原理及其基础应用——BERT 自然语言处理模型。

16.1 自注意力机制

16.1.1 向量之间的点乘与余弦相似度

向量之间的点乘就是两个向量在相同位置上的元素依次相乘，如图 16-1 所示，然后再相加求和。而两个向量的余弦相似度是其点乘分别除以每个向量的 L^2 范数，L^2 范数是向量各个元素平方和的 1/2 次方，又称 Euclidean 范数或者 Frobenius 范数。下面给出了余弦相似度的公式，即

$$\text{Cosine}(\boldsymbol{Q}, \boldsymbol{K}) = \frac{\boldsymbol{Q} \cdot \boldsymbol{K}}{\sqrt{|\boldsymbol{Q}|} \ \sqrt{|\boldsymbol{K}|}} \qquad (16\text{-}1)$$

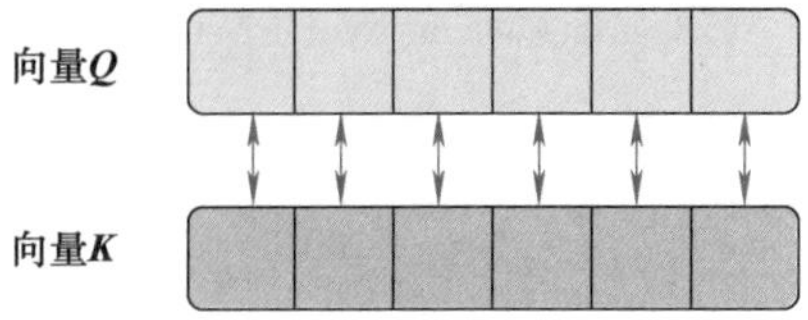

根据式（16-1）可知，如果两个向量完全一样，则其余弦相似度为 1；两个向量越相似，则其余弦相似度的值越大。

图 16-1　向量之间的点乘

上面计算了一个向量 Q 与另外一个向量 K 之间的余弦相似度，类似地，可以分别计算一个向量与其他每个向量之间的余弦相似度。如图 16-2 所示，对于句子"I like swimming very much"中的每个单词（令当前向量为 Q），分别计算该单词对应的词向量与其他每个单词的词向量之间的余弦相似度，一共有 25 次计算。

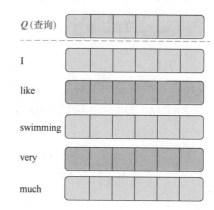

图 16-2　分别计算句子中的每个单词/向量与其他所有向量之间的余弦相似度（令当前向量为 Q）

16.1.2　自注意力机制的原理

上述过程的矩阵运算表示如图 16-3 所示。其中，图 16-3b 是图 16-3a 中的每个向量的转置；在图 16-3c 中，若当前向量为 I，即令 $q_1 = k_1$，则 $q_1 \times K^T$ 表示 I 与其他每个单词的词向量的点乘，可以理解为进行余弦相似度计算；类似地，在图 16-3d 中，当前向量为 like，即令 $q_2 = k_2$，则 $q_2 \times K^T$ 表示 like 与其他每个单词的词向量的点乘/余弦相似度计算；以此类推。

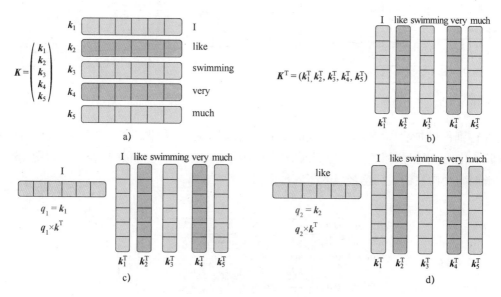

图 16-3　通过矩阵形式表示每个向量与其他向量的点乘/余弦相似度计算

若 $q_1 \times K^T$，$q_1 = k_1$(I)，表示单词 I 对应的向量与其他每个单词的向量之间的余弦相似度，对该相似度进行归一化，如使用带温度的 Softmax 函数对其进行归一化，τ 通常直接取

$\sqrt{d_k}$，即向量 $\boldsymbol{k}_1$，$\boldsymbol{k}_2$，$\boldsymbol{k}_3$，$\boldsymbol{k}_4$，$\boldsymbol{k}_5$ 的维度（如 512 维），则有

$$\mathrm{softmax}\left(\frac{\boldsymbol{q}_1\,\boldsymbol{K}^{\mathrm{T}}}{\tau}\right) = \mathrm{softmax}\left(\frac{\boldsymbol{s}_{11},\boldsymbol{s}_{12},\boldsymbol{s}_{13},\boldsymbol{s}_{14},\boldsymbol{s}_{15}}{\sqrt{d_k}}\right) = \boldsymbol{s}'_{11},\boldsymbol{s}'_{12},\boldsymbol{s}'_{13},\boldsymbol{s}'_{14},\boldsymbol{s}'_{15} \quad （16\text{-}2）$$

式中，$s'_{1i} \in (0,1]$，$s'_{11} + s'_{12} + s'_{13} + s'_{14} + s'_{15} = 1$。

式（16-2）举例说明了对 $\boldsymbol{q}_1 \times \boldsymbol{K}^{\mathrm{T}}$，使用 Softmax 函数对其归一化的计算过程。类似地，对 $\boldsymbol{q}_2 \times \boldsymbol{K}^{\mathrm{T}}$，$\boldsymbol{q}_2 = \boldsymbol{k}_2$（like），使用 Softmax 函数归一化；以此类推，最后得到

$$\mathrm{softmax}\left(\frac{\boldsymbol{Q} \cdot \boldsymbol{K}^{\mathrm{T}}}{\sqrt{d_k}}\right), \boldsymbol{Q} = \begin{pmatrix} \boldsymbol{k}_1 \\ \boldsymbol{k}_2 \\ \boldsymbol{k}_3 \\ \boldsymbol{k}_4 \\ \boldsymbol{k}_5 \end{pmatrix}, \boldsymbol{K}^{\mathrm{T}} = (\boldsymbol{k}_1^{\mathrm{T}}, \boldsymbol{k}_2^{\mathrm{T}}, \boldsymbol{k}_3^{\mathrm{T}}, \boldsymbol{k}_4^{\mathrm{T}}, \boldsymbol{k}_5^{\mathrm{T}}) \quad （16\text{-}3）$$

简言之，式（16-3）等同于矩阵 $\boldsymbol{K}$ 与其转置 $\boldsymbol{K}^{\mathrm{T}}$ 的乘积，如图 16-4 所示，再对得到结果逐行进行 Softmax 归一化。

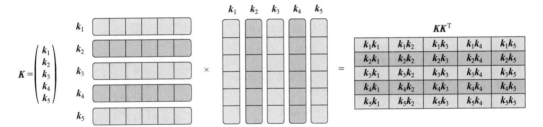

图 16-4 自注意力机制的矩阵运算表示（$\boldsymbol{k}_1 = \mathrm{I}$，$\boldsymbol{k}_2 = \mathrm{like}$，$\boldsymbol{k}_3 = \mathrm{swimming}$，$\boldsymbol{k}_4 = \mathrm{very}$，$\boldsymbol{k}_5 = \mathrm{much}$）

在得到每个向量与其他向量之间的相关性/相似性之后（即 $\boldsymbol{K}\boldsymbol{K}^{\mathrm{T}}$，再对其每行进行 Softmax 归一化）；根据该相关性，使用所有向量对当前向量进行重新加权表示，如图 16-5 所示，此时每个向量的表征已经融入了其他向量的特征。

	$\boldsymbol{K}\boldsymbol{K}^{\mathrm{T}}$					$\boldsymbol{K}$
Softmax	$(k_1k_1$	k_1k_2	k_1k_3	k_1k_4	$k_1k_5)$	k_1
Softmax	$(k_2k_1$	k_2k_2	k_2k_3	k_2k_4	$k_2k_5)$	k_2
Softmax	$(k_3k_1$	k_3k_2	k_3k_3	k_3k_4	$k_3k_5)$	$\times\ k_3$
Softmax	$(k_4k_1$	k_4k_2	k_4k_3	k_4k_4	$k_4k_5)$	k_4
Softmax	$(k_5k_1$	k_5k_2	k_5k_3	k_5k_4	$k_5k_5)$	k_5

图 16-5 自注意力机制之后，考虑向量之间的相关性（即 $\boldsymbol{K}\boldsymbol{K}^{\mathrm{T}}$），对每个向量重新表征

图 16-5 可表示为：

$$\text{softmax}\left(\frac{\boldsymbol{Q} \cdot \boldsymbol{K}^{\mathrm{T}}}{\sqrt{d_k}}\right)\boldsymbol{K} \text{ 或 } \text{softmax}\left(\frac{\boldsymbol{Q} \cdot \boldsymbol{K}^{\mathrm{T}}}{\sqrt{d_k}}\right)\boldsymbol{V} \tag{16-4}$$

即得到向量之间的相关性后（即 $\boldsymbol{KK}^{\mathrm{T}}$，再对其每行进行 Softmax 归一化），将该相关性矩阵与原矩阵 $\boldsymbol{K}$ 相乘，其本质是根据每个向量与其他向量之间的相关性/相似度，对该向量进行加权重新表征，得到重新表征后的向量 $\boldsymbol{k}_1, \boldsymbol{k}_2, \boldsymbol{k}_3, \boldsymbol{k}_4, \boldsymbol{k}_5$。此时，每个向量在重新表征时，已融入了其他向量的信息。这便是自注意力机制。

说明　尽管本节在引入时使用了余弦相似度辅助读者进行理解；但实际上，自注意力机制只是计算了两个向量的点乘，却并没有除以每个向量对应的 L_2 范数。在讲解时，通常认为两个向量的点乘表示两者之间的相关性/相似性，但是并没有对应的理论证明和支撑，即没有和余弦相似度的公式完全对应上。对此，学术界一种说法认为两个向量的点乘的物理含义是，第二个向量在第一个向量上的投影长度与第一个向量的乘积，就代表了两个向量之间的相似度/靠近程度。另一种解释是：具体实现时，在计算自注意力之前，Transformer 通常先使用 Layer Normalization（层归一化）对词向量进行归一化处理，使得每个词向量中的元素均值 μ 为 0，方差 σ^2 为 1，而根据方差的公式 $\sigma^2 = \dfrac{\sum\limits_{i=1}^{n}(x_i - \mu)^2}{n}$ 可知，此时词向量中所有元素的平方和等于元素个数 n。因为每个词向量的元素数量/词向量长度保持不变，如 $n = 512$ 等，因此，层归一化之后，结合式（16-1）可知，任意两个向量之间的余弦相似度恒等于两个向量的点乘除以 n，由于分母 n（词向量中的原始个数）为常数且保持不变，因此，层归一化后，两个向量的点乘的物理含义就是两者之间的余弦相似度。此时，自注意力计算是两个向量进行点乘计算，便有了余弦相似度的理论基础和物理意义。

总结　之所以称为自注意力，是因为如式（16-4）所示的注意力公式中的 $\boldsymbol{Q}$、$\boldsymbol{K}$、$\boldsymbol{V}$ 是同源的，可以认为 $\boldsymbol{Q}$、$\boldsymbol{K}$、$\boldsymbol{V}$ 是相等/相同的。事实上，也可只使用 $\boldsymbol{K}$，不再使用 $\boldsymbol{Q}$、$\boldsymbol{V}$ 符号。自注意力，简言之，就是同一个句子内部的单词之间的注意力/重要性/相关性计算，自注意力计算得到的每行结果，表示其他单词相对于当前单词的重要性/相关性，譬如同一个句子中的其他单词（like，swimming 等）相对于当前单词（I）的重要性/相关性。然后，自注意力机制再根据该重要性/相关性，使用其他单词的词向量（含当前单词）对当前单词的词向量进行重新加权求和表征，那么，当前单词的最新词向量便具有了句子中其他单词的词向量信息，因而，当前单词的词向量便拥有了语义特征，因为该单词拥有了同一个句子中其他单词的部分词向量特征。这便是自注意力机制的核心思想和物理意义。

16.1.3　自注意力机制的神经网络表示与实现

上节从原理和公式上对自注意力机制进行了阐述，本节将讲解如何通过神经网络实现自注意力机制，即自注意力机制是如何实现的。

如图 16-6 所示，整幅图直观展示了自注意力公式（16-4），可以粗略认为 $Q \approx K \approx V$，故也可以使用 K 替代 Q 和 V。整体上，自注意力的计算流程如下：

1）Q 与 K^{T} 进行矩阵运算，对应于图 16-3 中矩阵 K 与其转置 K^{T} 的乘积，目的是计算每个词向量与句子中的其他词向量之间的相关性/相似度。

2）将 1）中得到的矩阵中的每个元素除以 τ（即为图中的 scale），$\tau = \sqrt{d_k}$。

3）将 2）中得到的矩阵中的每行（每个行向量），依次进行 Softmax 归一化。

4）将 3）中得到的矩阵与 V 进行矩阵相乘运算，对应于图 16-5，本质上是根据每个词向量与其他向量间的相关性/相似度，对该词向量进行重新加权求和表征。

因此，使用神经网络架构表示自注意力机制时，只需要按照图 16-6 进行实现即可，操作简单、易实现。

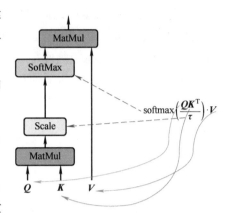

图 16-6 自注意力机制在神经
网络中的实现与表示

16.1.4 自注意力机制的矩阵运算表示与实现

$$QK^{\mathrm{T}} = \begin{pmatrix} e_{11} & e_{12} & \cdots & e_{1n} \\ e_{21} & e_{22} & \cdots & e_{2n} \\ \vdots & \vdots & & \vdots \\ e_{m1} & e_{m2} & \cdots & e_{mn} \end{pmatrix} \tag{16-5}$$

$$\frac{QK^{\mathrm{T}}}{\sqrt{d_k}} = \begin{pmatrix} \dfrac{e_{11}}{\sqrt{d_k}} & \dfrac{e_{12}}{\sqrt{d_k}} & \cdots & \dfrac{e_{1n}}{\sqrt{d_k}} \\ \dfrac{e_{21}}{\sqrt{d_k}} & \dfrac{e_{22}}{\sqrt{d_k}} & \cdots & \dfrac{e_{2n}}{\sqrt{d_k}} \\ \vdots & \vdots & & \vdots \\ \dfrac{e_{m1}}{\sqrt{d_k}} & \dfrac{e_{m2}}{\sqrt{d_k}} & \cdots & \dfrac{e_{mn}}{\sqrt{d_k}} \end{pmatrix} \tag{16-6}$$

$$\text{softmax}\left(\frac{\boldsymbol{Q}\boldsymbol{K}^{\text{T}}}{\sqrt{d_k}}\right) = \begin{pmatrix} \text{softmax}\left(\dfrac{e_{11}}{\sqrt{d_k}}, \dfrac{e_{12}}{\sqrt{d_k}}, \cdots, \dfrac{e_{1n}}{\sqrt{d_k}}\right) \\ \text{softmax}\left(\dfrac{e_{21}}{\sqrt{d_k}}, \dfrac{e_{22}}{\sqrt{d_k}}, \cdots, \dfrac{e_{2n}}{\sqrt{d_k}}\right) \\ \vdots \qquad \vdots \\ \text{softmax}\left(\dfrac{e_{m1}}{\sqrt{d_k}}, \dfrac{e_{m2}}{\sqrt{d_k}}, \cdots, \dfrac{e_{mn}}{\sqrt{d_k}}\right) \end{pmatrix} \tag{16-7}$$

$$\text{softmax}\left(\frac{\boldsymbol{Q}\boldsymbol{K}^{\text{T}}}{\sqrt{d_k}}\right) \cdot V = \begin{pmatrix} \text{softmax}\left(\dfrac{e_{11}}{\sqrt{d_k}}, \dfrac{e_{12}}{\sqrt{d_k}}, \cdots, \dfrac{e_{1n}}{\sqrt{d_k}}\right) \\ \text{softmax}\left(\dfrac{e_{21}}{\sqrt{d_k}}, \dfrac{e_{22}}{\sqrt{d_k}}, \cdots, \dfrac{e_{2n}}{\sqrt{d_k}}\right) \\ \vdots \qquad \vdots \\ \text{softmax}\left(\dfrac{e_{m1}}{\sqrt{d_k}}, \dfrac{e_{m2}}{\sqrt{d_k}}, \cdots, \dfrac{e_{mn}}{\sqrt{d_k}}\right) \end{pmatrix} \cdot \begin{pmatrix} v_{11} & v_{12} & \cdots & v_{1n} \\ v_{21} & v_{22} & \cdots & v_{2n} \\ \vdots & \vdots & & \vdots \\ v_{n1} & v_{n2} & \cdots & v_{nn} \end{pmatrix} \tag{16-8}$$

式（16-5）~式（16-8）中的矩阵运算，其含义分别对应于上一节中的1）~4）四个步骤（图16-6对应的计算流程）。再次强调，$\boldsymbol{Q}$、$\boldsymbol{K}$、$\boldsymbol{V}$ 是同源的，可以粗略认为 $\boldsymbol{Q} \approx \boldsymbol{K} \approx \boldsymbol{V}$，故在上述矩阵运算中，可使用 $\boldsymbol{K}$ 替代 $\boldsymbol{Q}$ 和 $\boldsymbol{V}$，即可以仅使用 $\boldsymbol{K}$，用其替代 $\boldsymbol{Q}$ 和 $\boldsymbol{V}$。

16.1.5 自注意力机制的实现细节

在具体实现时，对每个单词（如 I，like）对应的词向量（通常为 512 维），如图 16-7 所示，分别进行三次不同的全连接运算，即 $\boldsymbol{q}_1 = \text{FC} \cdot \text{Linear}(I_1)$，$\boldsymbol{k}_1 = \text{FC} \cdot \text{Linear}(I_1)$，$\boldsymbol{v}_1 = \text{FC} \cdot \text{Linear}(I_1)$，得到 $\boldsymbol{q}_1, \boldsymbol{k}_1, \boldsymbol{v}_1, \cdots$。$\boldsymbol{Q}$、$\boldsymbol{K}$、$\boldsymbol{V}$ 是同源的，可以粗略认为 $\boldsymbol{Q} \approx \boldsymbol{K} \approx \boldsymbol{V}$。

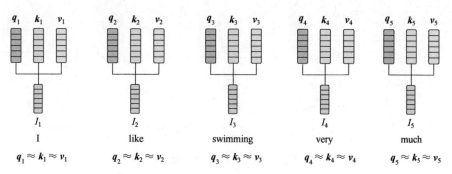

图 16-7　自注意力机制的实现细节

然后，q_1 分别与 k_1、k_2、k_3、k_4、k_5 进行点乘/相似度计算，类似地，q_2 也分别与 k_1、k_2、k_3、k_4、k_5 进行点乘/相似度计算……

其余步骤与前面章节讲解一致，与式（16-4）和图 16-6 一致。因为自注意力机制是同一个句子内部的词向量之间的相关性/相似性计算，在具体实现时，对每个单词的词向量，通常首先会进行三次不同的全连接运算，得到同源而又多样化的 $q_1, k_1, v_1, \cdots$，然后再进行式（16-4）和图 16-6 所示的自注意力计算，性能上会有所提升。

部分学者在探究轻量化 Transformer 时，提出只使用 K、不使用 Q 和 V 的思路，该思路与上面的论述一致。

16.1.6　多头自注意力机制

多头注意力（Multi-Head Attentions）是自注意力（Self-Attention）的扩展，是多个并行的自注意力。如图 16-8 所示，多头注意力机制首先将每个单词对应的词向量的嵌入空间（通常是 512 维）拆分成多个子空间（如 8 头注意力，则每个子空间是 64 维），每组进行不同的线性投影（linear projections）变换 Q、K 和 V；也可以对每个单词的词向量先进行线性投影，再拆分为 8 个子空间；然后，在每个 64 维的子空间内，独立计算每个单词的词向量与其他单词的词向量之间的自注意力，以更好地表征每个单词在不同方面的信息/含义（如该单词的词性及不同含义），捕捉到更为丰富的表示；最后，将 8 个子空间得到的注意力结果进行拼接，恢复为嵌入空间的原始维度（512 维）。该技术可以提高模型的性能，尤其是在处理长序列数据时。

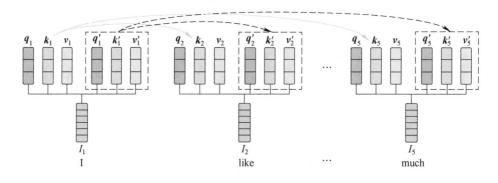

图 16-8　多头注意力机制示例

16.2　Transformer 架构

16.2.1　Transformer Encoder 神经网络架构

图 16-9 给出了 Transformer Encoder 神经网络的构建过程。Transformer Encoder 的核心是自注意力/多头注意力机制，如图 16-9a 所示，其原理已在上一节中讲解，具体实现时，可以先进行归一化，再进行自注意力计算，故在图 16-9a 中提供了两种实现方式；完成自注意力计算后，得到输出可以与输入进行相加后进行归一化，如图 16-9b 所示，此处类似于残差网络的思想；图 16-9c 中，对图 16-9b 得到的输出进行 FFN 变换（即 Feed Forward）后，将该步骤的输出与其输入相加并进行归一化，这便是单个完整的自注意力模块。堆叠使用 N 个这样的自注意力模块，便得到最终的 Transformer Encoder 神经网络架构，如图 16-9d所示。

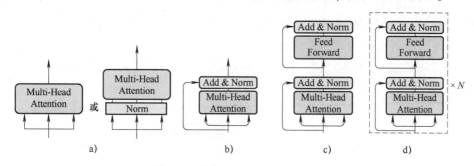

图 16-9　Transformer Encoder 神经网络的构建过程

总而言之，Transformer Encoder 神经网络的核心是自注意力机制，在此基础上进行残差计算和归一化及 FFN 变换，便是单个的自注意力模块的结构。最后，通过堆叠 N 个上述的自注意力模块，进一步提升其性能表现。

FFN 是一个前馈神经网络，Transformer 中的 FFN 一般包含两个全连接层和一个 GELU 非线性激活操作（位于两个全连接层中间）。FFN 中的两个连接层一般先升维再降维。

16.2.2　Transformer Decoder 神经网络架构

图 16-10 给出了 Transformer Decoder 神经网络架构，本质上也是基于自注意力机制，但其与 Transformer Encoder 的不同之处在于：Transformer Decoder 中的每个模块中包含了两个自注意力计算，从下到上，第一个是掩码自注意力计算（Masked Multi-Head Attention），第二个是跨注意力计算（Cross-Attention）。两者都是基于自注意力机制，区别仅在于查询向量

Q 是来自当前句子自身（对应于掩码自注意力计算），还是来自另一个句子（对应于跨注意力计算，如在机器翻译应用中）。

下节将通过具体的例子，介绍 Transformer De-coder 神经网络的运行机制及其与 Transformer En-coder 的互动方式（通过跨注意力计算）。

16.2.3 Transformer 的整体神经网络架构

图 16-11 给出了 Transformer 的整体神经网络架构，左侧为 Encoder，右侧为 Decoder，两者在前面小节中已经分别讲解。而 Encoder 和 Decoder 之间的交互/互动是通过跨注意力机制进行的，Encoder 的输出作为自注意力计算的 *K* 和 *V*，而 Decoder 的掩码注意力计算得到的输出作为 *Q*（查询向量）。以机器翻译为例，上述互动的物理含义是寻找目标语

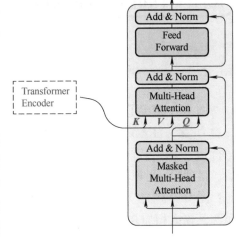

图 16-10　Transformer Decoder 神经网络架构

言中的词向量与源语言中的词向量之间的相关性，如英译汉中，寻找 Decoder 中的"我"对应的词向量和 Encoder 中的"I""like""swimming""very""much"之间的相关性，以便进行翻译。

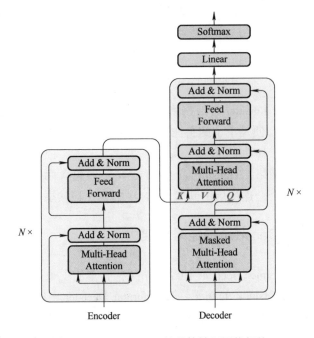

图 16-11　Transformer 的整体神经网络架构

下面以英译汉从"I like swimming very much"到"我非常喜欢游泳"为例，说明 Transformer 的整体工作流程。在此之前，假定 Transformer 的 Encoder 已经对英文输入"I like swimming very much"中的词向量进行了自注意力计算。

（1）在训练阶段的第一步，Transformer 的 Decoder（从其下部）首先读入目标语言中的第一个单词"我"。按照图 16-10 中的神经网络计算流程（自下而上），首先对"我"进行（掩码）自注意力计算，由于"我"前面没有其他单词，后面的单词被故意遮挡而无法获取（遮挡的目的是为了训练模型，使其能够正确预测下一个单词），因此，此时进行（掩码）自注意力计算时，由于只有"我"一个词向量，便无须进行自注意力计算。接着，按照图 16-10 中的流程，进入跨注意力计算，将"我"的词向量作为 Q，将其与 Transformer 的 Encoder 输出的编码之后的词向量"I""like""swimming""very""much"之间进行注意力计算，寻找"我"与这些单词的词向量之间的相关性/相似度，如图 16-12 中的（1）所示。然后，使用上述英文词向量加权求和重新表征"我"，此处的计算过程类似于式（16-4）及图 16-3 和图 16-5，唯一不同之处在于：注意力公式中的 Q 来自于目标语言"我"，K 和 V 来自于源语言经过 Transformer Encoder 编码后的英文词向量序列，而计算过程完全相同。

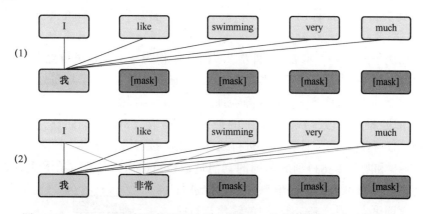

图 16-12　Transformer 的整体训练流程中 Decoder 的掩码自注意力计算示例

然后，对重新表征后的"我"的词向量，按照图 16-10 中的剩余流程，进行 FFN 变换。如果有 N 个 Decoder 模块，则将上一个模块的输出作为下一个模块的输入，重复上述计算。最后，对最终的输出进行 Softmax 分类预测，类别数等于词典大小，目的是预测"我"后面的单词是什么。

注：实际实现时，Transformer 的 Decoder 第一轮读取的输入应为 <BOS>，<BOS>和 <EOS>符号分别用于表示序列/句子的开头和结尾，主要用于 Transformer Decoder 对目标语言语句的处理时，需要知道一个新序列/句子的开始和结束标志。此处用"我"是为了便于读者理解。

（2）在训练阶段的第二步，Transformer 的 Decoder（从其下部）读入目标语言中的第二个单词"非常"，如图 16-12（2）所示，此时，句子已知的两个单词为"我"和"非常"，后面的单词被屏蔽（Masked）。

按照图 16-9 中的神经网络计算流程（自下而上），首先对"我"和"非常"进行（掩码）自注意力计算，得到重新表征后的词向量"非常"。然后，进行跨注意力计算，将"非常"的词向量作为 Q，将其与 Transformer 的 Encoder 输出的编码之后的词向量"I""like""swimming""very""much"之间进行跨注意力计算，寻找"非常"与这些单词的词向量之间的相关性/相似度，如图 16-12 中的（2）所示。然后，使用上述英文词向量加权求和重新表征"非常"，此处的计算过程类似于式（16-4）及图 16-3 和图 16-5，唯一不同之处在于：注意力公式中的 Q 来自于目标语言"非常"，K 和 V 来自于源语言经过 Transformer Encoder 编码后的英文词向量序列，而计算过程完全相同。

然后，对重新表征后的"非常"的词向量，按照图 16-11 中的剩余流程，进行线性变换。如果有 N 个 Decoder 模块，则将上一个模块的输出作为下一个模块的输入，重复上述计算。最后，对最终的输出，进行 Softmax 分类预测，类别数等于词典大小，目的是预测"非常"后面的单词是什么。

（3）以此类推，对目标语言中的第 3 个单词"喜欢"和第四个单词"游泳"进行处理。

注：上面例子中，将"非常""喜欢""游泳"作为一个单词进行处理，实际使用时，可以分别对每个汉字"非""常""喜""欢""游""泳"进行上述处理。训练阶段，Transformer 的 Decoder 读取到 < EOS > 符号时，训练过程结束。

在预测阶段/推理阶段，Transformer 的 Decoder 读入 < BOS > 词向量（Token），与 Encoder 中的输出进行跨注意力计算，并进行线性变换，接着进行分类，预测下一个单词；然后，对 < BOS > 和刚刚预测得到的单词的词向量进行自注意力计算（在预测阶段，不需要掩码，因为没有后面单词的任何信息，故直接进行自注意力计算即可），再与 Encoder 中的输出进行跨注意力计算，以此类推。直到分类预测结果为 < EOS > 时结束预测过程。

图 16-13 给出了 Transformer Decoder 的掩码自注意力计算的神经网络实现示例，与图 16-6中的自注意力计算示例相比，掩码自注意力计算在 Scale 之后，增加了一个掩码的处理，此处使用掩码矩阵 M，M 可以有两种实现形式：①M 的左下角矩阵（含对角线上元素）均为 1，右上角矩阵（不含对角线上元素）均为负无穷-inf，此时须将 M 矩阵与前

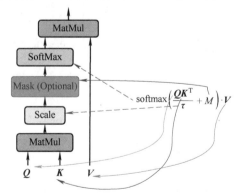

$$\mathrm{softmax}\left(\frac{QK^{\mathrm{T}}}{\tau} + M\right) \cdot V$$

图 16-13　Transformer Decoder 的掩码自注意力计算的神经网络实现

面 $\dfrac{Q \cdot K^{\mathrm{T}}}{\sqrt{d_k}}$ 得到的矩阵进行相加，如图 16-13 中的公式所示，即 $\dfrac{Q \cdot K^{\mathrm{T}}}{\sqrt{d_k}} + M$；②$M$ 的左下角矩阵（含对角线上元素）为 1，右上角矩阵（不含对角线上元素）为 0，此时须将 M 矩阵与前面 $\dfrac{Q \cdot K^{\mathrm{T}}}{\sqrt{d_k}}$ 得到的矩阵进行相乘，即 $\dfrac{Q \cdot K^{\mathrm{T}}}{\sqrt{d_k}}M$。不管是哪种实现方式，使用该掩码矩阵后，再进行 Softmax 运算时，正在处理的当前单词之后的单词在 Softmax 激活函数中的得分将为 0 或无限接近于 0，等同于将后面的单词与当前单词的相关性抹除，即只计算当前单词的词向量和它前面的单词的相关性。而其他计算过程和方法与图 16-5 及 16.1.3 小节中讲解的自注意力计算流程完全相同。最后，掩码自注意力计算的整体流程是：

1）Q 与 K^{T} 进行矩阵运算，对应于图 16-3 中矩阵 K 与其转置 K^{T} 的乘积，目的是计算每个词向量与句子中的其他词向量之间的相关性/相似度，此时 K 为 Transformer Decoder 中的每个目标语言词向量组成的序列；

2）将 1）中得到的矩阵中的每个元素除以 τ（即为图中的 Scale），$\tau = \sqrt{d_k}$。

3）将 2）中得到的矩阵与掩码矩阵 M 进行相加，M 的左下角矩阵元素值为 1、其他元素值为负无穷 $-\inf$。

4）将 3）中得到的矩阵中的每行（每个行向量），依次进行 Softmax 归一化。

5）将 4）中得到的矩阵与 V 进行矩阵相乘运算，$V = K$，本质上是根据每个词向量与其他向量间的相关性/相似度，对该词向量进行重新加权求和表征。

这便是掩码自注意力计算的实现细节。

16.2.4　Transformer 中的位置编码

前面的自注意力计算时，没有考虑单词之间的前后顺序关系，而单词之间的顺序关系对于句法和语义非常重要。例如，"Tom bit a dog" 和 "A dog bit Tom" 的语义（含义）可能是完全相反的。为考虑单词之间的顺序（位置）关系，Transformer 使用 position encoding（位置编码），送入自注意力计算之前，对每个单词的词向量加入位置编码。下面介绍 Transformer 常用的 position encoding 方法。

$$\begin{cases} \mathrm{PE}(\mathrm{pos}, 2i) = \sin\left(\dfrac{\mathrm{pos}}{10000^{\frac{2i}{d_{\mathrm{model}}}}}\right) \\[4mm] \mathrm{PE}(\mathrm{pos}, 2i+1) = \cos\left(\dfrac{\mathrm{pos}}{10000^{\frac{2i}{d_{\mathrm{model}}}}}\right) \end{cases} \tag{16-9}$$

式中，$d_{\mathrm{model}} = 512$；$i = 0,1,2,\cdots,\dfrac{d_{\mathrm{model}}}{2} - 1$；$\mathrm{pos} = 0,1,2,\cdots$。

令 $j = 0,1,2,\cdots,511$ 表示每个词向量的元素顺序编号从 0 到 511。表 16-1 给出了该位置编码的示例。对于句子中的第一个词向量，$pos = 0$，从该词向量的第 0 和 1 两个元素编号开始，相邻两个位置的"角度"相同，只是一个求正弦，另一个求余弦，此时 $2i = 0$，两个位置上对应的编码值分别为 $\sin\left(\dfrac{pos}{10000^{\frac{0}{512}}}\right)$ 和 $\cos\left(\dfrac{pos}{10000^{\frac{0}{512}}}\right)$，值为 0 和 1；在 2 和 3 两个位置上，以此类推，此时 $2i = 2$，两个位置上对应的编码值分别为 $\sin\left(\dfrac{pos}{10000^{\frac{2}{512}}}\right)$ 和 $\cos\left(\dfrac{pos}{10000^{\frac{2}{512}}}\right)$，由于 $pos = 0$，代入后值仍为 0 和 1。以此类推。

表 16-1 Transformer 常用的位置编码示例

i	$2i$	j	代入公式	$pos = 0$	$pos = 1$
0	0	0	$\sin\left(\dfrac{pos}{10000^{\frac{0}{512}}}\right)$	0	0.8414
0	0	1	$\cos\left(\dfrac{pos}{10000^{\frac{0}{512}}}\right)$	1	0.5403
1	2	2	$\sin\left(\dfrac{pos}{10000^{\frac{2}{512}}}\right)$	0	0.8218
1	2	3	$\cos\left(\dfrac{pos}{10000^{\frac{2}{512}}}\right)$	1	0.5696
$\vdots$	$\vdots$	$\vdots$	$\vdots$	$\vdots$	$\vdots$
255	510	510	$\sin\left(\dfrac{pos}{10000^{\frac{510}{512}}}\right)$	0	0.0001
255	510	511	$\cos\left(\dfrac{pos}{10000^{\frac{510}{512}}}\right)$	1	0.9999

根据式（16-9）及表 16-1 中的位置编码示例（及词向量的不同分量/元素上的位置编码），学术界有以下观点：

1）对同一个句子中的不同词向量，如 $pos = 0$、1、2、3 时，即第 1 个、第 2 个、第 3 个和第 4 个词向量，在相同的词向量元素位置上，如第 0 个元素（分量）的位置上和第 1 个元素的位置上，不同 pos 对应的取值（每个分量上的位置编码值）呈现正弦波和余弦波的取值特点，取值各不相同，具有区分性，且都有各自的周期性。越到后面的分量上，不同 pos 对应的正弦值和余弦值的差异越小（周期变大）。也有研究人员根据这种观察指出：仅使用前面的分量的位置编码值，便能有效地对不同词向量位置/pos 进行区分。

2）对于不同的句子，当 pos 和 i 确定时，位置编码就是固定值，即不同句子中，相同位置的词向量将使用相同的位置编码，故可以产生重复的周期性位置信息/模式。

16.3　Transformer 的基础应用——BERT 自然语言处理模型

　　BERT 与 GPT 是当今最具代表性的自然语言模型，其共同点是都基于 Transformer 架构。学术界有一句这样经典的话对其特点进行区分：BERT 使用堆叠的 Transformer Encoder，多用于语言理解任务；GPT 使用了堆叠的 Transformer Decoder，多用于生成任务。换言之，BERT 仅使用了 Transformer 的 Encoder，用于自然语言理解等任务；GPT 仅使用了 Transformer 的 Decoder，用于文本生成等任务。

　　BERT 的神经网络架构如图 16-14 所示，可以看到，BERT 只使用了 Transformer 的 Encoder部分。BERT 用于语言模型的预训练，主要的预训练任务是掩码单词预测任务。如图 16-14所示，训练模型时，当第四个输入单词 w_4 被掩盖（Mask）时，BERT 通过上下文的自注意力机制，预测被掩盖的单词是哪个单词，此时是分类任务，对上下文自注意力计算（Transformer Encoder）得到的 O_4 向量的类别进行预测，并进行误差回传和神经网络优化。

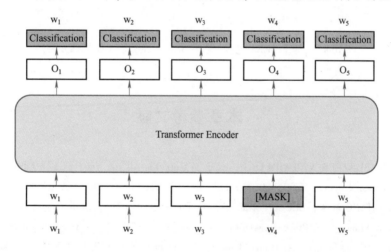

图 16-14　BERT 语言处理模型的预训练技术

　　在预训练之后，BERT 模型可用于情感分类等下游任务，即对给定的句子，判断句子表达出来的情感是欢乐、惊讶还是焦虑等。此时，BERT 在每个句子前面增加一个［CLS］向量（该向量的初始值是随机初始化的），以通过自注意力计算捕获文本中的主旨、结构和语义等信息，使得该［CLS］符号对应的输出向量能够作为整篇文本的语义表示。也即，［CLS］输出向量不是某一个词对应的向量，而是一个能够代表整个文本的语义的特征向量，可直接用于文本分类、情感分析等下游任务，如图 16-15 所示。该架构也可直接用于NSP（Next Sentence Prediction）任务，即输入两个句子，判断它们是否是上下文相关的

（放在一起，逻辑和语法是否通顺）。此时，神经网络的输入是两个句子的词向量，两个句子中间用［SEP］分隔标记（向量）进行区分。在 BERT 词表中（BERT 的英文词表大小为30000 左右），［CLS］和［SEP］两个符号在词表中的索引数字为 101 和 102。在 NSP 任务中，基于图 16-15 所示的神经网络架构，分类任务对应的类型只有两种：True 或者 False（分类时，可以认为只有一个类，也可以认为有两个类），表示两个句子是不是上下文通顺的、是不是上下文关系。

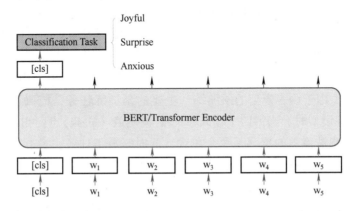

图 16-15　基于 BERT 语言处理模型的下游任务（如情感分类）

本章参考文献

［1］VASWANI A, SHAZEER N, PARMAR N, et al. Attention is All you Need［C］// Advances in Neural Information Processing Systems（NIPS 2017），Long Beach：MIT Press，2017：5998-6008.

［2］DEVLIN J, CHANG M W, LEE K, et al. BERT：Pre-training of Deep Bidirectional Transformers for Language Understanding［C］//Proceedings of the 2019 Conference of the North American Chapter of the Association for Computational Linguistics：Human Language Technologies（NAACL-HLT 2019），Minneapolis：ACL，2019：4171-4186.

［3］LIN T Y, WANG Y X, LIU X Y, et al. A survey of transformers［J］. AI Open，2022，3：111-132.

［4］KHAN S H, NASEER M, HAYAT M, et al. Transformers in Vision：A Survey［J］. ACM Computing Surveys，2022，54（10）：1-41.

［5］ZHAO W X, ZHOU K, LI J Y, et al. A Survey of Large Language Models［Z］. arXiv pre-print，2023：2303.18223.

［6］ZHOU C, LI Q, LI C, et al. A Comprehensive Survey on Pretrained Foundation Models：A History from BERT to ChatGPT［Z］. arXiv pre-print，2023：2302.09419.

第17章

大语言模型

本章主要内容
- 大模型发展现状及其影响和意义
- 大模型的核心技术
- 大模型的应用方法

自 2022 年年底 ChatGPT 横空出世后，大语言模型（LLMs）持续受到社会各界的广泛关注。大模型的出现，是 AI 进入通用人工智能时代的里程碑式事件。国外的代表性大模型有 ChatGPT（GPT-3.5、GPT-4o）、Claude（Claude 3.5 Sonnet）、Gemini、Mistral、Llama（3.3）；国产大模型亦百花齐放，涌现出 DeepSeek、文心一言、盘古、通义千问（尤其是 2025 年 1 月推出的 Qwen2.5-Max）、百川、豆包、Kimi 等优秀的支持中文的大模型，这些模型均基于 Transformer 架构。

然而，大模型的出现，几乎颠覆了整个自然语言处理研究领域的生态格局。笔者有幸参加了 ACL 2024（计算语言学会 2024 年会）这一自然语言处理领域的顶级国际会议，一个鲜明的现象尤为引人注目：几乎所有的技术都是围绕、基于（现有）大模型的，鲜有令人耳目一新的、具有深远影响的论文和技术出现。本章将介绍大模型的发展现状和背后的核心技术及应用方法。

17.1 大模型发展现状及其影响和意义

17.1.1 大模型发展现状

图 17-1 给出了国内外具有代表性的大模型产品。从开源和闭源的视角，闭源大模型有 ChatGPT 和 Claude 3.5 Sonnet，以及百度文心一言、华为盘古大模型、Kimi 等；开源的大模型有 DeepSeek、Llama 3.3 和 Mistral、Gemini/Gemma、百川（baichuan-13B/baichuan2-7B）、通义千问（尤其是 Qwen2.5-Max）等。

ChatGPT　　Claude　　　Mistral AI　Google Gemini　Meta Llama 3.1　　Kimi

百度文心一言　　字节豆包　华为盘古　阿里通义千问　百川大模型　　深度求索DeepSeek

图 17-1　国内外代表性的大模型产品

从功能视角，对话式人工智能的代表性大模型产品包括 ChatGPT、Claude 3.5 Sonnet、Genimi/Gemma、Llama 3.3、文心一言、Kimi、百川等，绘画生成人工智能的代表性大模型产品有 Midjourney 和 DALL·E 等，视频生成人工智能的代表性大模型产品是 Sora，音乐生成人工智能大模型 Suno。

技术参数方面，GPT-3 是 175 billion（175B，即 1750 亿）参数，最多使用 96 个/层注意力头，最多支持 12288 维的词向量；GPT-3 Large 是 760 Million（760M，7.6 亿）参数，24 个注意力头，词向量维度 1536；GPT-3 Small 是 125M 个参数，12 个注意力头，词向量维度 768；而 GPT-4 是 1.8 Trillion（1.8 万亿）参数，支持多模态，且能更好地支持多种语言。

在 2024 年年底和 2025 年年初，国产大模型 DeepSeek（含 V3、R1、Janus-Pro、Janus-Flow 等多个版本）得到了全世界的关注，美国硅谷也对其高度重视，因为 DeepSeek 在很多任务和指标方面上的表现媲美 Claude-3.5-Sonnet 及 ChatGPT-4o 和 o1；更重要的是，DeepSeek 的算力成本极小，总费用仅是 ChatGPT 的 1/20，DeepSeek 的 API 接口调用价格也不到 ChatGPT 的 5%，这一突破性进展昭示着低成本 AI 大模型时代的到来。更为深远的意义是，DeepSeek 极大地降低了大模型的训练成本，对算力垄断构成直接冲击，使得全球大模型巨头所信奉的大模型 Scaling Law 假说时代宣告终结（该假说认为，计算规模越大，训练数据量越多，模型才会越智能，即"算力为王、大力出奇迹"）。

17.1.2　大模型的影响和意义

大模型在写作、代码生成、艺术创作、人机交互、数据分析等方面对人类的工作具有重要的辅助作用。大模型的本质是将数据和知识压到神经网络模型中，而模型中只有参数，没有保存相关数据集或数据库。大语言模型能够获得巨大成功的原因之一是语言的规律性是可以预测的，语言数据是人类提炼、浓缩的经验知识和符号，背后是人类的长期积累和人工参与及交互。

在早期信息时代，搜索引擎（如谷歌、百度等）是人类获取信息的主要入口；在移动互联网时代，人类获取信息的主要入口是智能手机、手机浏览器和各种 App 应用；在新一代人工智能时代，人类获取信息的主要入口可能将是大模型，这便是大模型的重要影响，未来大模型将具有实时搜索的功能。未来，人类查询信息、预订机票等工作可能都主要通过大模型完成。

传统的深度学习模型与大模型的不同之处在于，深度学习模型是专才，往往只能处理单一任务或有限任务；大模型是通才，具有一定的通用人工智能的能力，可以把大模型当作人类来沟通（相当于研究生的水平）。但是由于大模型的功能很多，需要给其以明确指令，通过文字清楚地描述任务和目标，称为 Prompt。但是对于具体垂直/细分领域，大模型可能没有相关的经验和能力。

17.2　大模型的核心技术

大模型背后的核心技术就是 Transformer，其原理已经在上一章中详细阐述了。大模型以 Transformer 架构为技术基础，通过"大力出奇迹"的方式：即使用注意力层数很深的 Transformer 架构及海量数据、高性能计算设备，经过长时间训练，将文本内容等里面的知识压到神经网络模型中。据称，GPT-4 模型使用注意力层数很深（高达 120 层）的 Transformer 技术，拥有 1.8 万亿巨量参数，使用 13 万亿 token（词元/令牌）的数据集，在大约 25000 个 A100 卡上进行训练，模型训练周期约为 90～100 天，模型训练成本为 6300 万美元。简言之，大模型通过注意力层数很深的 Transformer 技术，将海量数据中的知识压到神经网络模型中。

大模型的训练过程如下：

（1）海量数据准备和清洗。大模型的训练需要海量数据，包括网页/互联网数据（如 CommonCrawl 爬取的网页数据）及 Wikipedia、论坛、书籍、论文等。很多数据集可以通过 HuggingFace 获取或调用。此外，还可使用不同单位或机构的行业数据库。获得海量数据后，还需要对其进行清洗和处理，以及制作训练所需的平行数据等（如机器翻译时中文和对应的英文）。

然后，使用各种分词工具 tokenizer，对文本数据进行 Tokenization/处理，如以单词或单词的部分（子词，如将 cats 分成 cat 和 s），或字符（如汉字）、词组、句子为单位，以将每个连续的文本分解成一个个独立的元素，称为 token（词元/令牌），然后再对每个 token 进行编码（如使用 BERT 或大模型 LLM），得到高维的词向量/词嵌入（vector embedding）。词向量之间的距离能够反映 token 的语义之间的相似程度，语义越近的词元/token 在向量空间中的距离越近。

（2）选择模型架构。几乎所有的大模型都是基于 Transformer 架构，其原理已经在前面章节中进行了详述。Transformer 有三种使用形式：一是原生的 Transformer Encoder-Decoder 架构；二是 Encoder-Only 架构，如 BERT；三是 Decoder-Only 架构，如 GPT。注意力头的层数/个数可以是 12～96 个不等。

（3）大规模训练。对每个词嵌入序列，使用（2）中选定的模型架构进行训练。相关训练技术包括并行化、混合精度等。

具体训练时，可以在已有大模型（如 Llama 3.3）的基础上进行增量预训练（Continue Pretraining）；也可以使用 long-context learning（VLM）技术进行大模型训练。

（4）大模型评估。大模型训练结束后，需要使用 ARC、MMLU、TruthfulQA 等基准对大模型进行评估。

（5）大模型微调（Fine-tuning）。根据下游任务（具体任务需求），在小规模数据集上进行模型微调，提升其在某一方面的能力。

（6）大模型使用。可以使用普通的 prompt 指令、RAG（Retrieval-augmented generation）等方式，对大模型进行更好地使用。下节将对此进行更为详细的介绍。

17.3 大模型的应用方法

对大模型的应用，有以下六种方法和方式。

1. Prompt 提示词

这是最普通的使用方式，不需要对模型进行任何改动，只是通过 prompt 文本描述，送入大模型中，完成任务。

2. RAG（Retrieval-Augmented Generation，检索增强生成）

对于查询语句/给定的问题，首先从外部的知识库（具体垂直/细分领域的知识或数据集，如企业/机构自身的业务数据）中检索相关的参考资料，将其作为提示词的一部分，一起送入大模型中。

RAG 技术需要对外部的知识库对应的向量库（vector database）的检索和查询进行优化，而向量数据库 VectorDB 是有效增强 RAG 的向量检索能力（neural search）的代表性技术和产品。VectorDB 针对非结构化数据，使用深度学习技术（如 BERT、LLM 大模型）对其产生向量表示，如一句话对应一个（密集）向量，从而将非结构数据的检索问题转化为向量近似性检索问题（使用 ANN 近似最近邻搜索算法）。

使用 RAG + VectorDB 时，首先使用 BERT 之类的文本编码器对所有文本进行词嵌入编码，然后将该向量插入 VectorDB 中；提问/查询时，将整个 prompt/问题进行密集向量表示，然后在 VectorDB 中检索 k 个最相似的向量；最后，对 k 个返回的向量，寻找对应的编码前的段落/passages，将其作为额外提示词与原 prompt 一起送入大模型。

3. ICL（In-Context Learning，上下文学习）

In-Context Learning 通过举例/示例的方法给出大模型，通过一些具体例子来激发大模型进行学习，最后将（若干个）例子放入 prompt 中送入大模型。这种方式可能会导致 prompt 很长。当然，某种程度上也可以认为 RAG 是上下文学习的一种实现方式。

以上方法都不需要对模型进行任何更改（模型参数没有任何修改）。

4. LLM（Long-Context Learning，超长上下文学习）

超长上下文学习将默认的上下文长度从 4096 扩展到 200000，如 LongLoRA 项目和 Jamba 1.5。应用场景包括长文档摘要、多回合对话、指代消解等。

RAG 和 Long-Context Learning 两者用途不尽相同：RAG 在 prompt 中增加了相关的（额外的）背景信息内容，而不改变模型本身；long-context learning 是对模型内在能力的提升，通过扩展上下文，支持模型考虑更长的对话历史，支持更长的提示词，这是对模型自身能力的提升，涉及模型的修改。工程应用中，普遍认为 RAG 是最长久和最易使用的方式，因而普遍采用。

5. 模型微调（Fine-Tuning）

为了增强大模型的某一方面的能力（如对于文言文的理解和生成能力），要搜集对应的数据（如文言文的平行数据，数据中提供了文言文与现代汉语的对应关系），并将其用于大模型的微调训练，该新增能力将嵌在大模型中。此种方法对大模型的参数进行了局部修改。

6. 增量预训练（Continue Pretraining）

例如，Llama 3 不支持中文，如果要支持中文，就需要使用海量的中文语料库（包括无监督数据集），进行增量预训练。

相对于微调，增量预训练需要的数据量要大得多，如几十个 Billion 甚至更多的 token（词元），增量预训练后将得到改造后的基础大模型。然后，再针对某个或某些任务（如文言文翻译任务）对该模型进行微调。

最后，简单介绍主流的大语言模型（智能体）开发框架。LangChain 是帮助开发人员使用大语言模型构建应用程序的专业框架，开源，包括了相关的组件，支持多种大语言模型，如 GPT-3、Hugging Face Transformers 等。Phidata 是另外一款开源的大模型开发框架，特点是使用更为灵活，提供长期记忆（支持将聊天历史存储在数据库中）、知识（更为丰富的上下文）和工具（API 等）的整合。微软发布了 AutoGen 开源工具，旨在降低大模型开发和研究的门槛，简化了大模型工作流的编排、自动化和优化过程。除此之外，还有 Dify 大模型开发平台，部分开源，可以支持接入任何模型，适合新手、上手快。

本章参考文献

［1］ VASWANI A, SHAZEER N, PARMAR N, et al. Attention is All you Need ［C］// Advances in Neural Information Processing Systems（NIPS 2017），Long Beach：MIT Press，2017：5998-6008.

［2］ DEVLIN J, CHANG M W, LEE K, et al. BERT：Pre-training of Deep Bidirectional Transformers for Language Understanding ［C］//Proceedings of the 2019 Conference of the North American Chapter of the Association for Computational Linguistics：Human Language Technologies（NAACL-HLT 2019），Minneapolis：ACL，2019：4171-4186.

［3］ LEE T B, TROTT S. Large language models, explained with a minimum of math and jargon ［EB/OL］.（2024-07-27）［2024-09-14］. https://www. understandingai. org/p/large-language-models-explained-with.

［4］ HUANG Y Z, HUANG J. A Survey on Retrieval-Augmented Text Generation for Large Language Models ［Z］. arXiv pre-print，2024：2404. 10981.

［5］ KAPLAN J, MCCANDLISH S, HENIGHAN T, et al. Scaling Laws for Neural Language Models ［Z］. arXiv pre-print，2020：2001. 08361.

［6］ WANG X D, SALMANI M, OMIDI P, et al. Beyond the Limits：A Survey of Techniques to Extend the Context Length in Large Language Models ［Z］. arXiv pre-print，2024：2402. 02244.

第18章

视觉 Transformer 模型

本章主要内容

- 视觉 Transformer 模型 ViT
- 视觉 Transformer 模型 Swin Transformer

自从 Transformer 在自然语言处理任务上取得巨大成功后，计算机视觉界便开始探索将 Transformer 应用于计算机视觉领域，以期实现人工智能建模的大一统。Vision Transformer（ViT）并不是第一个此类尝试，却是第一次极为成功的尝试，具有里程碑式意义。ViT 的思想直接、简单且易于理解与实现，就是将图像切块（每个图像块为 16×16 像素），然后将每个图像块中的像素直接拉平为 1 维向量，经过线性变换后，直接输入到 Transformer Encoder 中，后续处理过程与 BERT 完全相同。尽管思路简单，但 ViT 在分类性能和推理速度方面取得了突破。受 ViT 启发，学术界提出了很多新的视觉 Transformer 模型，Swin Transformer 便是其中的典型代表，适用于多种下游任务。

18.1 视觉 Transformer 架构 ViT

18.1.1 ViT 模型架构及原理

ViT 作为首个视觉 Transformer，证明了 Transformer 不仅适用于自然语言处理（NLP），还可以在计算机视觉（CV）领域发挥作用，打破了两者的技术壁垒，为 Transformer 实现自然语言处理和计算机视觉的统一应用奠定了基础。

如图 18-1 所示，ViT 的设计理念比较直接，首先将图像切块，每个图像块为 16×16 像素，将每个图像块拉平（flatten）后得到的向量进行线性变换（如每个向量的长度为 768），接着添加每个图像块的位置信息对应的位置编码向量，将二维图像块转换为像自然语言那样的一维向量。所有图像块均转换为一维向量后，形成向量序列。同时，借鉴 BERT 的思想，在序列首部放置一个可学习的向量 < CLS >，并与位置 0 对应的位置编码向量相加。将上述向量序列作为 Transformer Encoder 的输入，经过 Transformer Encoder 的自注意力计算，<CLS>向量对应的输出向量 Z_0 将作为该图像的整体表征向量，再经过 MLP 头变换，最终可用于图像分类等任务。

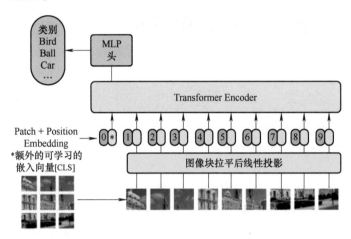

图 18-1　ViT 模型的主要思想和流程[1]

有关位置编码，既可以使用类似 BERT 的一维位置编码，也可以使用二维位置编码（二维位置编码对应的向量，其中一半长度表示的是每个图像块的横坐标位置的一维位置编码，另一半表示的是该图像块的纵坐标位置的一维位置编码）。作者通过消融实现发现，一维位置编码和二维位置编码的效果相当。

18.1.2　ViT 技术的优缺点

优点：ViT 的优点是"思想极简、实现极简"。它将图像切块，每个图像块拉平后进行线性变换，再加上位置编码，以此作为 Transformer Encoder 的输入，便可以像 BERT 处理自然语言一样处理图像数据。

缺点：ViT 可能会使得图像中像素间的空间关系部分丢失。图像的切分可能会破坏某些物体的空间结构，故当多种尺度的物体在同一幅图像中存在时，图像块的大小可能会影响模型的性能表现。ViT 主要适用于图像分类任务，在目标检测和图像分割方面不够理想。

18.2　Swin Transformer 架构

Swin Transformer[2]是视觉 Transformer 的典型代表，至今仍被广泛采用。在视觉 Transformer 开山之作 ViT 的基础上，Swin Transformer 进一步证明了，视觉 Transformer 可以 "大一统" 各类视觉任务，而成为一种通用技术。因为除了完成图像分类任务外，Swin Transformer 还可以胜任目标检测和图像分割任务，而 ViT 只能用于图像分类任务。

Swin Transformer 受 ViT 启发，尤其是受 ViT 超越卷积神经网络 CNN 的推理速度这一点的启发，但是 Swin Transformer 并不是对 ViT 的直接改进。实际上，在 Swin Transformer 论文作者发表在 ICCV 2019 论文 LR-Net[3] 中，已经设计了基于滑动窗口的 Transformer 视觉模型，但速度较慢；受 ViT 超越卷积神经网络 CNN 的推理速度的启发，作者认为 LR-Net 速度慢的原因是窗口的滑动过程，会导致自注意力计算时不同的 Query 对应的 Key 不同，即 Key 随着窗口的滑动而改变，从而使得计算非常耗时。为改进 LR-Net，该团队提出将注意力计算限制在一个局部窗口中，于是就有了窗口切分/不重叠窗口的设计（类似于 ViT），如图 18-2 的底部示意图中的红色窗口所示，目的是把自注意力计算限制在局部窗口（红色窗口）内，以提升计算速度，并具备提取局部性特征的能力；进一步地，为使不重叠窗口之间有信息交互，作者又设计了 Shifted Window（移位窗）机制，将所有窗口以 2 个元素的步幅向右下整体平移，如图 18-3 所示，然后，在新的窗口内，重新计算局部自注意力，使得原来分布在不相交的窗口内的部分特征之间可以进行信息交互。

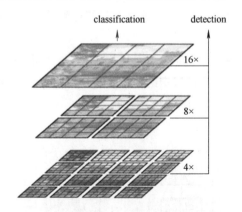

图 18-2　Swin Transformer 模型的主要思想和架构[2]

具体而言，Swin Transformer 的处理流程如下：

1）将尺寸为 224×224 像素的彩色输入图像（$224 \times 224 \times 3$），划分为 4×4 像素的图像块（patch），即每个图像块的尺寸为 4×4 像素（$4 \times 4 \times 3$）。最终将得到 56×56 个图像块，每个图像块的大小为 $4 \times 4 \times 3$。

然后，对每个图像块进行嵌入表示（Embedding）。具体而言，每个 $4 \times 4 \times 3$ 的 patch，拉平为向量后，向量长度为 48。再进行线性投影，将其长度变为 96。自此，图像块已经不存在了，变为一个特征张量（tensor）中的一个一维向量（长度为 96）。

具体实现时，Swin Transformer 使用卷积核大小为 4×4、数量为 96、步幅为 4 的卷积操作，nn. Conv2d(in_chans = 3，embed_dim = 96，kernel_size = 4，stride = 4）便可完成上述所有功能[4]。

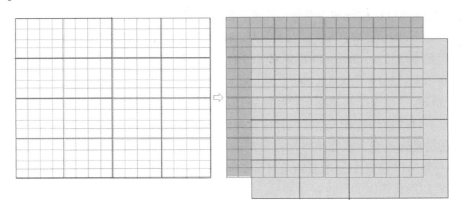

图 18-3　Swin Transformer 的 Shifted Window（移位窗）机制的思想示意图

最后，对每个图像块对应的特征向量（简称 patch 向量），加入该图像块在原图中的位置对应的位置编码。

注：由于将原图切分为 4×4 的小块，本步骤最终得到的特征向量的宽和高为原图的 1/4，而深度（通道数）为 96。

2）将整个特征张量（tensor）划分为若干个窗口，每个窗口中包括 7×7 个 patch 向量。

3）对步骤 2）中得到的 8 个窗口中的每个窗口中的 tensor，均送入 1 个 Swin Transformer Block 中进行处理，其结构如图 18-4 所示。

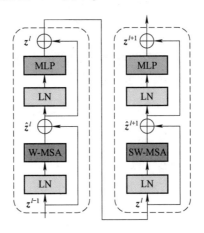

图 18-4　Swin Transformer Block 结构包括两个串联的自注意力计算模块

图 18-4 中，Swin Transformer Block 结构包括两个串联的自注意力计算模块，即 W-MSA（Window-based Multi-head Self Attention，基于窗口划分的自注意力机制）和 SW-MSA（Shifted-Window Multi-head Self Attention，基于移位窗机制的自注意力机制）。W-MSA 是普通的自注意力机制，只是局限在窗口内计算自注意力，以节约计算时间；SW-MSA 是先将所有窗口向右下整体平移 2 个元素的位置，再对每个窗口中的当前向量进行自注意力计算。

注意：SW-MSA 中，当窗口整体平移后，如图 18-3 所示，对于窗口中的空白区域，既可以用 padding 补零操作，也可以使用论文中的技巧，用左上方因平移不在窗口中的块填补。

4）对步骤3）得到的特征向量，进行类似于 2×2 池化操作的 Patch Merging，将每个 2×2 窗口内的 4 个 patch 向量串联，得到一个向量，其长度为 4×96，然后进行归一化。最后，再进行 MLP 操作，将每个 patch 向量的长度从 4×96 降为 192（2×96）。自此，特征向量的宽度和高度降为原来的一半，即为原图的 1/8，即 28×28，而深度（通道数）为 192。

5）对步骤4）中得到的特征张量，即 $28 \times 28 \times 192$ 的张量，重复步骤2）、3）、4），将得到一个 $14 \times 14 \times 384$ 的特征张量。此时步骤2）中窗口数量为 16 个，每个窗口中的 patch 向量数量恒为 $7 \times 7 = 49$ 个。

6）对步骤5）中得到的特征张量，即 $14 \times 14 \times 384$ 的张量，重复步骤2）、3）、4），将得到一个 $7 \times 7 \times 768$ 的特征张量。此时步骤2）中窗口数量为 4 个，每个窗口中的 patch 向量数量恒为 $7 \times 7 = 49$ 个。

7）对步骤6）中得到的特征张量，即 $7 \times 7 \times 768$ 的张量，不再进行上述的划分窗口等操作（因为 7×7 窗口已不可再划分），直接送入 1 个 Swin Transformer Block 中进行处理，在该步骤中，相当于此时对所有向量进行全局自注意力计算（此时和 ViT 完全一样）。

8）在步骤7）的基础上，根据下游任务的不同，接上不同的子网络，如分类任务，接入分类头即可。

图 18-5 对 Swin Transformer 的上述计算流程进行了更为直观的可视化整体归纳。

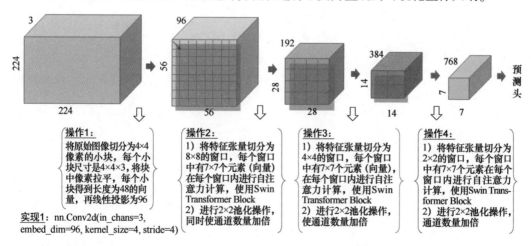

图 18-5　Swin Transformer 的整体计算流程

相较于 ViT 的只适用于图像分类任务，Swin Transformer 不仅适用于图像分类任务（整图的粒度），还可用于图像分割（像素级粒度）和目标检测（图像区域粒度）等任务，因为 Swin Transformer 的设计中融入了局部特征、多尺度特征等特性。

Swin Transformer v2[5] 对 Swin Transformer Block 中向量间的相似度计算公式从点乘/内积运算修改为余弦相似度计算；并在训练时使用了类似于 MAE 的自监督掩码学习预训练方法，取得了更佳的性能。

本章参考文献

［1］ RADFORD A, KIM J W, HALLACY C, et al. Learning Transferable Visual Models From Natural Language Supervision ［C］// Proceedings of the 38th International Conference on Machine Learning（ICML 2021）. 2021：8748-8763.

［2］ LIU Z, LIN Y T, CAO Y, et al. Swin Transformer：Hierarchical Vision Transformer using Shifted Windows ［C］// Proceedings of the IEEE/CVF International Conference on Computer Vision（ICCV 2021）. 2021：9992-10002.

［3］ HU H, ZHANG Z, XIE Z. D, et al. Local Relation Networks for Image Recognition ［C］// Proceedings of the IEEE/CVF International Conference on Computer Vision（ICCV 2019）. 2019：3463-3472.

［4］ SWIN_TRANSFORMER ［EB/OL］. https：//github. com/microsoft/Swin-Transformer/blob/main/models/swin_transformer. py.

［5］ LIU Z, HU H, LIN Y T, et al. Swin Transformer V2：Scaling Up Capacity and Resolution ［C］// Proceedings of the IEEE/CVF Conference on Computer Vision and Pattern Recognition（CVPR 2022）. 2022：11999-12009.

第19章

语言－视觉预训练模型和视觉大模型

本章主要内容
- 语言－视觉预训练技术 CLIP
- 视觉大模型预训练技术 MAE
- 视觉大模型 DINOv2

    自然语言处理（NLP）曾被誉为人工智能皇冠上的明珠，但自 2022 年年底 ChatGPT 横空出世以来，自然语言处理就不再是明珠了。因为，基于 Transformer（强大的人工智能算法）＋大语言数据（大量的数据），人类在自然语言处理领域取得了重大突破，以 ChatGPT 的出现为里程碑。在很多任务上，尤其是理解和生成人类语言方面，ChatGPT 展现出前所未有的强大功能，其在通用性、灵活性、泛化能力、适应能力、即时学习能力和交互能力等方面均取得了新的突破，模型可用性极高，在很多任务上能够基本满足人类的需要，如办公文案、艺术设计等。

    那么，为什么 AI 能在自然语言处理方面取得如此重大的突破，而不是在图像处理领域呢？究其原因，自然语言是人类智慧浓缩的结晶，符号短小精悍、语义精确，且在每次表达时都经过了人类大脑的加工和处理。有了人类智慧的加持，自然语言本质上是人类大脑加工、凝练、处理后的符号短小精悍、语义精确、关键信息明确的表征形式。因此，在输入到计算机进行处理之前，人类语言（自然语言）已具有非常准确的特征表达。

    而图像则不同，图像在相机中成像，并没有经过人类大脑的加工处理，使得图像中的信息表具有天然的多义性和混淆性，例如秋季在林荫道路上拍摄的照片，图像中包含汽车、落叶、天空、建筑、树木等信息，该图像天然地蕴含了多种不同方面的信息和含义，既有表示树木的物种特征，又有车辆的品牌、档次和外观特征，还能感受到落叶所表达的氛围、周围环境，以及季节、心情等多重含义，具有天然的多义性和混淆性，因此处理难度较大，目前的计算机视觉技术并没有在复杂图像处理和理解方面取得根本性的突破。

    近年来，基于自然语言处理领域的重大突破，计算机视觉技术开始尝试与自然语言处理技术和大语言模型挂钩，旨在利用大语言模型强大的语义表达能力，提升视觉理解的效果。粗略地说，目前的视觉大模型、视觉－语言多模态模型之所以能够取得一定的进展，主要原因是它们和大语言模型挂钩了，借助大语言模型强大的语义表达能力，视觉模型和多模态模型的语义理解能力得到了提升。

而将计算机视觉技术与自然语言处理、大语言模型挂钩的重要代表便是 CLIP（Contrastive Language-Image Pre-Training，文本 – 图像对比学习预训练技术），本章将详细介绍其原理和技术细节。

另外，本章还将介绍当前主流视觉大模型 DINO v2 和视觉预训练技术 MAE。

19.1 语言 – 视觉预训练模型——CLIP

19.1.1 CLIP 模型架构及原理

CLIP 的文本 – 图像特征对比学习预训练阶段的主要流程如下：

1) 构造文本 – 图像对（图像 – 文本对），例如，当前图像块中第一幅图像是狗的图像，对应的文本是"a photo of a dog"，它们分别放置于图像队列和文本队列的第一个位置上；依此类推，每个图像在对应位置上都有相应的文本描述。使用某种图像编码器（如 ResNet 或 Transformer）和文本编码器（如 BERT 或 ByT5），依次提取每个图像的特征和对应文本的文本特征。经过线性或非线性变换，使得图像和文本特征维度一致，如都是 768 维或 1024 维，然后对每个特征进行 L_2 归一化处理，使得每个特征向量的范数为 1。

2) 对当前图像块中的第一幅图像，计算该图像的特征与每个文本特征之间的余弦相似度，在图 19-1a 所示矩阵中，第一行表示该输入图像的特征与每个文本特征之间的余弦相似度值，对该行中的余弦相似度值组成的向量进行 Softmax 激活，然后计算交叉熵损失（期望第一个 Softmax 激活后的余弦相似度值最大，作为标签）。如此便得到了第一幅图像对应的损失，即计算-log（第 1 行第 1 个 Softmax 激活后的余弦相似度值）。依此类推，计算第 2 幅、第 3 幅……第 i 幅图像……第 n 幅图像对应的损失，即计算-log（第 i 行第 i 个 Softmax 激活后的余弦相似度值）。

3) 对当前图像块中的第一个文本对应的特征，计算其与每个图像特征之间的余弦相似度，图 19-1a 所示矩阵中，第一列表示该文本特征与每个图像特征之间的余弦相似度值，对该列中的余弦相似度值组成的向量进行 Softmax 激活，然后计算交叉熵损失（期望第一个余弦相似度值最大，作为标签），便得到了第一个文本对应的损失，即计算-log（第 1 列第 1 个 Softmax 激活后的余弦相似度值）。依此类推，计算第 2 个、第 3 个……第 i 个……第 n 个文本特征对应的损失，即计算-log（第 i 列第 i 个 Softmax 激活后的余弦相似度值）。

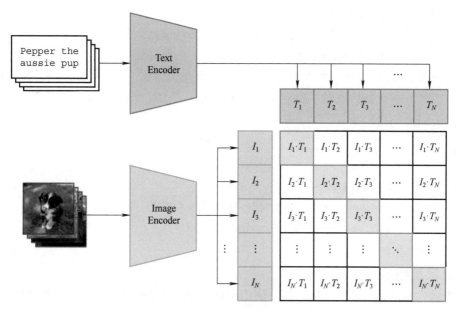

a）CLIP的文本–图像特征对比学习预训练阶段（期望图像与对应文本特征的余弦相似度最高）

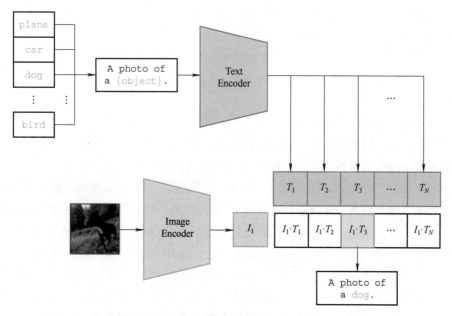

b）CLIP的预测阶段（寻找与输入图像特征余弦相似度最高的某个固定的文本特征）

图 19-1　CLIP 模型的主要思想和流程[1]

事实上,步骤2)和3)的描述只是为了便于理解,实际计算时,直接将当前图像块中按序排列的图像特征组成的矩阵与文本特征组成的矩阵的转置相乘,便可得到19-1a中矩阵,然后,对该矩阵进行两步处理:首先按行进行 Softmax 激活,对新矩阵的每个对角线上的元素 $I_i \cdot T_i$(按行进行 Softmax 激活后的 $I_i \cdot T_i$ 值)求对数后取负,得到对应的损失值;然后按列进行 Softmax 激活,对新矩阵的每个对角线上的元素 $I_i \cdot T_i$(按列进行 Softmax 激活后的 $I_i \cdot T_i$ 值)求对数后取负,得到对应的损失值。最后,将这两部分损失值相加,进行误差回传。对应伪代码如下[1,2]:

logits = np. dot(I_e, T_e. transpose()) # 图像特征与文本特征矩阵的转置相乘,相当于求余弦相似度

labels = np. arange(n) # (0, 1, 2, 3, 4, …)

$loss_i$ = cross_entropy_loss(logits, labels, axis = 0) # 先按行激活,再求对角线元素值的交叉熵

$loss_t$ = cross_entropy_loss(logits, labels, axis = 1) # 先按列激活,再求对角线元素值的交叉熵

loss = ($loss_i$ + $loss_t$)/2

CLIP 的预测阶段的主要工作如下:

对于输入图像,如图 19-1b 所示,使用图像编码器提取其图像特征,然后将该图像特征与每个文本特征计算余弦相似度,注意,每个类别均对应一个文本(如 dog 类别对应的文本是"a photo of a dog"),寻找与输入图像特征的余弦相似度最高的文本或该文本对应的类别,作为该图像的描述或对应标签/类别。

19.1.2 CLIP 技术的优缺点

CLIP 技术的本质是将图像的视觉特征与对应的文本语义特征挂钩,从而将图像和文本特征的学习关联起来。图像本身并没有明确的语义,而文本具有天然的语义,CLIP 让图像的特征与对应的文本的特征看齐、靠近,使得图像中表达的特征具有文本特征的语义性,进而使得图像的特征具有更佳的语义性。而且,2022 年年底至今,AI 在自然语言处理领域获得了巨大突破,借助大语言模型,将能进一步发挥 CLIP 的优势,使得图像获得更佳的语义特征。

由于经过 CLIP 的预训练,提取到的图像特征具有更佳的文本语义特征,因此,CLIP 具有更佳的零样本预测能力。即对于输入图像,基于 CLIP 的图像编码器,提取到其图像特征后,将该图像特征与 CLIP 的文本编码器对每个类别对应的文本特征(其中,某些类别只有类别名称,却没有训练样本)进行余弦相似度计算,便可对以前没见过的类别对应的图像,预测其类别。需要说明的是,这里的前提是类别字典已知,如所有的文字都在字典中,即便有的文字没有对应的文本图像;又如,每种哺乳动物的名称都已知,尽管有些哺乳动物暂时找不到图像。注意,即便 CLIP 具有更佳的零样本学习/预测能力,但是效果还是比较有限的,达不到理想状态,最好能够为每个类别提供一定的训练样本。

CLIP 的另外一个优点是可以用于多模态模型和系统中，更好地操纵图像的生成和改变。另外，在看图说话、以文搜图等任务上也可得到应用。

任何模型都不是完美的，CLIP 的缺点包括不具有细粒度区分和理解能力（fine-grained understanding）[3]，对于差别细微的图像和文本，CLIP 在特征方面的区分效果不显著。另外，尽管 CLIP 提升了零样本学习能力，但其零样本学习效果尚达不到理想状态。

最后需要说明的是，尽管 CLIP 名称 Contrastive Language-Image Pre-Training 中包括了 Contrastive，但是这里的 Contrastive 却不是对比学习的技术，而是将图像和文本图像特征对照的意思；而且，原始 CLIP 论文中，只使用了余弦相似度和交叉熵损失，并没有使用对比学习的损失函数和网络架构。CLIP 的落脚点是图像 – 文本对之间的大规模预训练，使得特征提取器提取到的视觉特征与文本特征对齐，从而使视觉特征具有更佳的语义性。但为了进一步提升 CLIP 模型的性能，可以在图像 – 文本特征余弦相似度矩阵上，使用其他更为先进的损失函数，包括对比学习中的 InfoNCE、DirectNCE、ProtoNCE、DCL 等损失[4]，近年，又涌现出 MetaCLIP 等新模型。

19.2　视觉预训练技术（MAE）

19.2.1　MAE 模型的模型架构及流程

MAE 是杰出计算机视觉专家何凯明提出的简单易用的视觉大模型预训练技术，其全称是 Masked Autoencoders[5]，即带掩码的自编码器。MAE 只对图像本身进行学习，而并没有使用标签信息，因此称作自编码器。本质上说，MAE 的思想和 BERT 一样，是将 BERT 的思想应用于计算机视觉领域的视觉大模型自监督学习预训练任务上，即对每个遮挡/遮蔽的图像块，通过自学习将其重构出来，最终达到预训练出一个好的视觉编码器的目的[6]。

如图 19-2 所示，MAE 的整体架构及流程如下。

1）将图像划分为若干小块，如每个小块 16×16 像素大小。均匀采样，仅采样/抽取其中的一少部分，如 25%。

2）将被选中（未被遮挡）的图像块送入 ViT 编码器中，以根据图像块的像素内容和图像块在图像中的位置进行编码。

3）每个被遮挡（未被选中）的图像块使用同一个可学习的向量表示，但分别加入每个被遮挡的图像块在图像中的不同位置信息。

4）将未被遮挡和遮挡的图像块都送入一个轻量的解码器中进行处理，任务是重建每个图像块，损失函数是 MSE 损失，尤其是对被遮挡的每个图像块，要求解码器最终的预测输出和原图像块的内容一模一样。

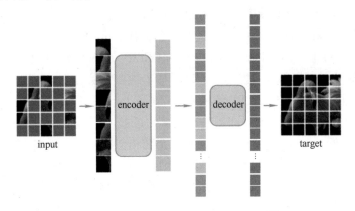

图 19-2　MAE 模型的主要思想和架构[5]

下面从具体实现流程的角度，介绍 MAE 模型的计算过程。

1）将图像划分为 16×16 像素的小块。

2）均匀采样，随机选择 25% 的图像块，对于选中的每个图像块，均使用 ViT/Transformer 进行编码（深度较深的 Transformer Encoder，编码时包括了图像块的像素内容及图像块的位置信息），然后进行一次线性投影。

3）对于其余的 75% 的图像块，均使用同一个可学习的向量重新表示，但分别加上图像块在图像中的不同位置信息。

4）将步骤2）和3）中每个图像块对应的特征送入轻量级的解码器网络（Transformer）中（深度较浅的 Transformer Encoder，如只有 1~8 个自注意力块），对每个图像块进行处理，任务是重建每个图像块。

5）损失函数使用 MSE 损失，对每个被遮挡的图像块，计算该图像块在步骤4）中的输出和原图像块的像素级 MSE 误差（即重构原始像素），然后对所有图像块的 MSE 损失求平均。

如图 19-3 所示，当75% 左右的图像内容被遮挡（移除）后，基于 MAE 方法/模型，能够成果复原出原图。每组图像的左侧为遮挡后的图像（约原图 25% 的内容），中间为 MAE 复原后的图像，右侧为真实图像/原始图像。可以看到，MAE 能够使用不到 25% 的像素块/内容，复原出原图。但相较于原图，MAE 复原出来的图像有一定的模糊，这是该算法美中不足之处。

在神经网络架构上，MAE 是非对称的，编码器使用很深的 Transformer Encoder/ViT（自注意力层数很多，如 24 层），而解码器则使用层数很浅的 Transformer Encoder（只有少数的 1~8 层深的自注意力）。MAE 训练结束后，将仅使用其编码器（Encoder），以对后续图像提取更佳的初始特征。在 MAE 预训练得到的视觉大模型的 Encoder 提取到的特征基础上，可以结合监督学习（分类或回归学习）等下游任务对模型进行调优。

图 19-3　MAE 模型的实验效果（每组包括 3 幅图像，左侧为遮挡后的图像/
输入图像，中间为 MAE 复原的图像，右侧为真实图像）

19.2.2　MAE 技术的优缺点

MAE 方法不需要使用图像标签，能够进行大规模自监督学习预训练，可用于在海量图像上高效地预训练视觉大模型，并适用于音频、视频等模态[7]，且能加快训练速度（3 倍左右）。

主要缺点是仅适用于 Transformer 架构，故仍需要较高的计算资源。

19.3　DINO v2 视觉大模型

19.3.1　DINO 模型架构

本书及相关文献曾指出 ViT 主要适用于分类任务，但文献［8］却指出，通过对 ViT 的最后一层［CLS］特征（token）的可视化，发现该特征是具有明显的类别区分性的特征，包括物体的边界，也就是说，ViT 已经学到了无监督图像分割所需的类别区分性的特征，如图 19-4 所示。这篇论文提出了 DINO 模型，进行自蒸馏无监督学习（Self-distillation with no labels，DINO）。DINO 主要用于无监督学习，以从图像中提取到更好的初始特征。

图 19-4　ViT 最后一层［CLS］特征可视化，表明 ViT 已学到无监督图像分割所需类别区分性特征

图 19-5 中，DINO 的神经网络架构的输入 x_1 和 x_2 是同一幅图像的两幅剪裁图像（并进行变换、增强）。具体而言，每幅图像的所有候选剪裁（增广）图像集合中，包含两幅更有全局视野的剪裁图像及若干幅聚焦局部视野的剪裁图像，前者为尺寸大的裁剪图像（尺寸占比 40% 以上）x_2，后者为尺寸小的裁剪图像（若干幅）x_1。右侧分支网络（Teacher 网络）只输入全局视野剪裁图像 x_2，而左侧分支网络（Student 网络）可认为只输入局部视野的剪裁图像 x_1。DINO 如此设计输入图像的目的是便于进行局部 – 全局对照（local-to-global correspondence）学习，即根据局部视野的图像，推断其周围的图像内容（更为全局的上下文内容）。图像剪裁后，再随机使用一些其他的图像增广，如颜色扰动、高斯模糊、曝光增强等。

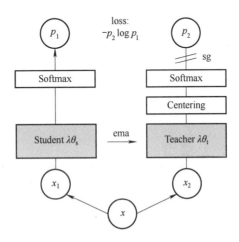

图 19-5　自蒸馏无监督学习模型 DINO 的主要神经网络架构

上述对输入图像的全局、局部裁剪策略，是 DINO 的关键思想和技术之一。因为 DINO 的技术架构与对比学习框架 BYOL 有一定的类似之处，而 DINO 具有独创性的思想恰恰就在于，让 Student 网络分支根据局部视图上的特征学习到 Teacher 网络分支上全局视图上的特征的思想，如图 19-6 所示。因此，此处在构造输入数据时，Teacher 分支输入全局视野的图像剪裁，而 Student 分支输入局部视野的图像剪裁的思想，就是 DINO 的主要创新点之一。另外，此处的 Teacher 也不是传统的蒸馏学习中的 Teacher 的思想，因为这里的 Teacher 并没有提前预训练好，而只是在全局视图上进行特征提取，让 Student 网络提取的特征（最后一层 logit 特征）与之对照而已。而且，在 DINO 中，除了 Student 网络的 logit 特征需要与 Teacher 网络的 logit 特征进行对照之外，在神经网络架构的其他方面，都是 Student 网络在更新 Teacher 网络（在一定程度上可以说，是 Student 网络在教 Teacher 网络）。因此，DINO 中的 Teacher 并非传统的蒸馏网络中的 Teacher。

图 19-6　DINO 的输入数据：Teacher 网络是更为全局的图像剪裁，而 Student 是局部的图像剪裁

具体而言，图 19-5 和图 19-6 中，DINO 神经网络的处理步骤如下：

1）初始化两个独立的骨干网络，即左侧的 Student 子网络及右侧的 Teacher 子网络，两者是两个独立的基于 ViT 的骨干网络，只是初始权值参数相同。

2）向左侧 Student 子网络中输入多幅局部视野图像裁剪（local-view crops）x_1；向右侧 Teacher 子网络输入两幅全局视野图像裁剪（global-view crops）x_2。

3）Student 子网络对输入的局部视野图像剪裁（crops）x_1 进行特征提取后，得到 logit 向量 s，对其进行 Softmax 归一化，即 Softmax(s/sp)，得到的向量中的每个元素记为 p_s。

4）Teacher 子网络对输入的全局视野图像剪裁（crops）x_2 进行特征提取后，对得到的 logit 向量 t，先进行 Centering 平滑化操作（$t\text{-}c$，即 Teacher 子网络得到的 logit 向量减去过去累计的平均 logit 向量 c），再进行锐化 Softmax 操作，得到的向量中的每个元素记为 p_t。这两步合并表示为 Softmax$((t\text{-}c)/tau)$，相当于进行 Smoothing 平滑（Centering）和 Sharpen 锐化（Softmax）的对抗学习，这也是 DINO 神经网络架构的特殊之处。

5）求 Student 子网络的输出相较于 Teacher 子网络输出的软分类损失 $-p_t\log(p_s)$，即将 Teacher 子网络的输出作为 Student 子网络分类损失计算的参照标准（ground-truth），让局部视野图像上提取到的特征达到与全局视野图像上提取到的特征相同的效果，进行软分类交叉熵损失计算（即软 Cross Entropy 分类损失），以更好地对图像上下文进行理解。

6）将上述软分类损失在 Student 子网络中进行误差回传和权值参数更新，但 Teacher 子网络此时冻结，不直接进行误差回传，而是随后基于 ema（exponential moving average）动量更新策略，将 Student 子网络更新后的权值，乘较小的百分比（≤0.004），同步更新到 Teacher 子网络中，使得 Teacher 子网络的权值参数也得到了轻度更新。相当于 Teacher 子网络自己不直接进行参数更新，而是通过 Student 子网络间接地进行权值的动量更新。公式表示为

$$\theta_t \leftarrow \lambda\theta_t + (1-\lambda)\theta_s, \lambda \leq 0.004$$

7）同样基于动量更新策略，更新 Teacher 子网络中的平均向量值 c。公式表示为

$$c \leftarrow mc + (1-m) \times \frac{1}{B}\sum_{i=0}^{B} t_i$$

即求先 Teacher 子网络在当前批中的 2 幅全局视野图像裁剪上提取到的特征对应的 logit 向量的平均值，再乘以 $(1-m)$ 的百分比，动量更新到原来的 c 向量上，m 一般取 0.9。

综上所述，DINO 的主要创新性在于：通过分别输入局部视野图像剪裁和全局视野图像剪裁，提取局部视野图像裁剪特征和全局视野图像剪裁特征，然后基于软分类交叉熵损失，使模型能够通过局部视野图像更好地理解全局视野图像。另外，DINO 还使用了先平滑再锐化的对抗学习技巧，防止模型崩塌；并利用局部视野特征提取网络（Student）动量更新全局视野提取网络（Teacher）的技巧。

19.3.2 DINOv2 预训练视觉大模型

以 DINO 自蒸馏无监督学习模型为基础，Meta 预训练了视觉大模型 DINOv2。如今，由于其通用性，DINOv2 已被广泛应用于图像分类、分割、深度估计、图像检索等任务中。事实上，笔者在参加 ECCV2024 时注意到，很多论文中的方法都使用 DINOv2 视觉大模型作为骨干网络，而不是使用 ViT 或 Swin Transformer，也不是 SAM 模型。由此可见，DINOv2 是非常重要的、得到多数研究人员重视的、先进的、前沿的、性能极佳的视觉大模型。DINO 和 DINOv2 的关系是：DINO 是神经网络架构设计（即 DINO 是技术、是神经网络架构），DINOv2 是基于 DINO 在大规模精选数据上预训练出来的大模型，即 DINOv2 是视觉预训练大模型，是基于 DINO 神经网络架构/技术训练出来的。

从 DINO 技术到 DINOv2 大模型，主要工作包括以下几方面：

1）数据集层面，构建精选的 1.4 亿幅数据集。Meta 从 25 个不同来源的数据集、共计

12 亿幅图像中自动筛选出 1.4 亿幅图像，筛选依据是不同概念下的图像数量平衡，剔除与概念不相关的图像。

2）技术细节层面，使用了正则化方法，使训练更加稳定；采用了 PyTorch 中最新的混合精度及分布式训练技术，及针对 Transformer 进行了多项加速优化的 xFormers 自注意力计算技术，以加速模型训练。

3）大规模规模预训练方面，使用更新后的 DINO 技术并结合 iBOT 损失，基于图像级别的分类、像素级别的掩码训练等任务，在精选数据集上进行大规模预训练，最后发布无监督预训练大模型 DINOv2。而且，还可通过使用 self-distillation 自蒸馏学习技术，将 DINOv2 大模型压缩为较小的模型。

作者通过大量的实验发现，DINOv2 大模型的表征学习能力方面的性能超越了图像–文本预训练模型 CLIP/OpenCLIP，能够克服此类图像–文本预训练技术受限于提示词的内容完整性的缺陷，尤其是提示词对物体空间位置关系描述方面的缺陷。DINOv2 不依赖于提示词，能够针对完全无标注的图像进行自监督学习，也不再受限于标注图像的有限性。

使用 DINOv2 视觉大模型时，作者指出，使用 DINOv2 时，无须对该大模型调优，可直接作为冻结的 backbone 使用，后面接上 MLP 分类头等下游任务所需的子网络。例如，在深度估计任务上，直接使用 DINOv2 的特征用于深度估计，其性能已经超过了现有最佳方法。

本章参考文献

［1］RADFORD A, KIM J W, HALLACY C, et al. Learning Transferable Visual Models From Natural Language Supervision［C］// Proceedings of the 38th International Conference on Machine Learning（ICML 2021）. 2021：8748-8763.

［2］YANG A, PAN J, LIN J, et al. Chinese CLIP：Contrastive Vision-Language Pretraining in Chinese［J/OL］. arXiv preprint, 2022, arXiv：2211.01335.

［3］CLIP：Contrastive Language-Image Pre-Training［EB/OL］. https：//viso.ai/deep-learning/clip-machine-learning/.

［4］张重生，陈杰，李岐龙，等. 深度对比学习综述［J］. 自动化学报, 2023, 49（1）：15-39.

［5］HE K, CHEN X, XIE S, et al. Masked Autoencoders Are Scalable Vision Learners［C］// Proceedings of the IEEE/CVF Conference on Computer Vision and Pattern Recognition（CVPR 2022）. 2022：15979-15988.

［6］SINGH M, DUVAL Q, ALWALA K. V, et al. The effectiveness of MAE pre-pretraining for billion-scale pretraining［C］// Proceedings of the IEEE/CVF International Conference on Computer Vision（ICCV 2023）. 2023：5461-5471.

［7］MAE. Masked Autoencoder is all you need for any modality — Method Summary［EB/OL］. https：//medium.com/the-last-neural-cell/08-summary-masked-autoencoder-is-all-you-need-for-any-modality-3ced90dd0a26.

[8] CARON M, TOUVRON H, MISRA I, et al. Emerging Properties in Self-Supervised Vision Transformers [C]// Proceedings of the IEEE/CVF International Conference on Computer Vision (ICCV 2021). 2021: 9630-9640.

[9] OQUAB M, et al. DINOv2: Learning Robust Visual Features without Supervision [J]. Transactions on Machine Learning Research, 2024.

[10] DINOv2: State-of-the-art computer vision models with self-supervised learning [EB/OL]. https://ai.meta.com/blog/dino-v2-computer-vision-self-supervised-learning/.